出入境检验检疫行业标准汇编

动物检疫卷

（上）

国家认证认可监督管理委员会　编

中国质检出版社
中国标准出版社

北　京

图书在版编目(CIP)数据

出入境检验检疫行业标准汇编.动物检疫卷.上/国家认证认可监督管理委员会编.—北京:中国标准出版社,2012

ISBN 978-7-5066-6615-2

Ⅰ.①出… Ⅱ.①国… Ⅲ.①国境检疫:卫生检疫-行业标准-汇编-中国②兽疫-国境检疫-行业标准-汇编-中国 Ⅳ.①R185.3-65②S851.34-65

中国版本图书馆CIP数据核字(2012)第007118号

中国质检出版社
中国标准出版社 出版发行

北京市朝阳区和平里西街甲2号(100013)
北京市西城区三里河北街16号(100045)

网址:www.spc.net.cn
总编室:(010)64275323 发行中心:(010)51780235
读者服务部:(010)68523946
中国标准出版社秦皇岛印刷厂印刷
各地新华书店经销

*

开本 880×1230 1/16 印张 27.5 字数 730 千字
2012年6月第一版 2012年6月第一次印刷

*

定价 140.00 元

《出入境检验检疫行业标准汇编》

总编委会

主　任　孙大伟

副主任　王大宁　陈洪俊　史小卫

编　委　（按姓氏笔画排序）

马吉湘　马　萍　冯增健　刘仲书　孙颖杰　朱韦静

毕玉国　江　丽　汤礼军　吴　彤　张志华　张顺合

杜　飞　杨锡佺　邹兴伟　陈冬东　周　超　郑自强

郑建国　桂家祥　梁　均　戴建平

《出入境检验检疫行业标准汇编　动物检疫卷》

编　委　会

序

检验检疫标准化工作始于上世纪二十年代末，由于进出口贸易的需要，品质检验机构开始制定部分商品的品质和检测方法标准。新中国成立后，为促进和规范我国商品进出口工作，国家规定进出口商品检验部门可制定外贸标准。1992年，为配合《中华人民共和国标准化法》的实施，进出口商品检验部门将原外贸标准和专业标准调整为进出口商品检验行业标准，代号SN。1998年，原国家进出口商品检验局、动植物检疫局和卫生检疫局"三检"合并，进出口商品检验行业标准随之更名为检验检疫行业标准。2001年底，国家质量监督检验检疫总局成立，检验检疫标准化工作整体划归国家认证认可监督管理委员会管理，由此开启了检验检疫标准化工作新篇章。

时光荏苒，不知不觉中检验检疫标准化工作已经走过了八十多个年头。2003年我曾主持编写了《出入境检验检疫行业标准汇编》，八年来，检验检疫标准化工作又有了长足的发展：行业标准数量从当初的1484项发展到现在的3181项；标准的质量也稳步提升，方法标准验证要求已比肩国际权威机构，规程标准也已开始向国际通行的合格评定程序靠拢；国际地位显著提升；标准制修订各个环节管理更加科学系统；与检验检疫业务和科技工作的联动机制逐渐成熟；检验检疫标准对检验检疫业务的覆盖日趋完善，检验检疫标准体系不断健全。今天，我非常高兴地看到检验检疫标准化工作不断推进，检验检疫行业标准再次修订汇编成册，作为检验检疫行政执法的技术依据，行业标准多年来在保国安民、服务外贸、服务质检事业发展等方面发挥着越来越重要的作用，成为检验检疫业务工作不可或缺的技术支撑。

作为一个在检验检疫部门工作了几十年的老兵，我衷心希望检验检疫标准化工作能够在继承和发扬老一辈优良作风和传统的基础上，站在国家和社会的高度，开拓创新，不断进取，持之以恒，再创辉煌；也祝愿检验检疫行业标准进一步提升国际地位，更好地为检验检疫业务工作服务，在严把国门、促进外贸，推动检验检疫事业科学发展方面做出更大贡献。

2011年9月

前　　言

出入境检验检疫行业标准是检验检疫系统技术执法的主要依据，自1992年起，检验检疫系统已发布的行业标准达3753项，现行有效的3181项。一直以来，检验检疫行业标准受到了系统内外相关部门的普遍关注和使用。为了便于检验检疫技术执法，更好地服务外贸，也便于生产部门和相关单位的人员在工作中及时掌握、查找和使用检验检疫行业标准，组织出版《出入境检验检疫行业标准汇编》丛书，它在一定程度上反映了检验检疫行业标准化事业发展的基本情况和主要成就。

《出入境检验检疫行业标准汇编》是我国检验检疫行业标准化方面的一套大型丛书，按专业分类分别立卷。本套丛书收录了截至2011年7月1日前发布并有效的出入境检验检疫行业标准3181项，其中有36项标准因各种原因仅收录了标准名称。本套丛书由中国标准出版社陆续出版，分卷情况如下：

——动物检疫卷；

——纺织检验卷；

——化工品、矿产品及金属材料卷；

——机电卷；

——鉴定卷；

——轻工检验卷；

——食品、化妆品检验卷；

——卫生检疫卷；

——危险品包装检验卷；

——植物检疫卷；

——管理卷。

本卷为动物检疫卷，收集了截至2011年7月1日批准发布的动物检疫方面行业标准231项。动物检疫卷分为上册、中册和下册，上册内容包括：通用标准、检验检疫监督管理标准、动物产品检验检疫标准、饲料检验检疫标准、其他检疫物标准和动物检疫实验室管理标准；中册内容：动物检验检疫标准(1)；下册内容：动物检验检疫标准(2)。

本汇编可供出入境检验检疫行业管理部门、科研机构、技术部门、出口企业的技术人员，各级出入境检验检疫局、检验机构、检测机构的相关人员使用。

编　者

2011年9月

目　　录

通 用 标 准

检验检疫监督管理标准

（一）隔离场建设

（二）风 险 分 析

动物产品检验检疫标准

（一）食用动物产品

（二）非食用动物产品

注：本汇编收集的标准年代号用四位数字表示。

饲料检验检疫标准

（一）动物源性饲料

（二）饲料添加剂检疫

其他检疫物标准

（一）疫苗、血清和诊断液

（二）实验用菌种和毒种

动物检疫实验室管理标准

（一）实验室通用要求

（二）实验室生物安全标准

通 用 标 准

中华人民共和国出入境检验检疫行业标准

SN/T 1255—2007
代替 SN/T 1255—2003

出入境动物检验检疫技术标准编写的基本规定

General rules for drafting technical standards of the entry and exit animal inspection and quarantine

2007-08-06 发布　　2008-03-01 实施

中华人民共和国国家质量监督检验检疫总局　发布

前言

本标准是对 SN/T 1255—2003《出入境动物检验检疫标准编写的基本规定》的修订，与前一版本相比，主要差异如下：

——标准名称改为《出入境动物检验检疫技术标准编写的基本规定》；

——对第 7 章“规范性技术要素”项下的条目进行了调整和补充；

——在“资料性附录”部分增加了对疫病进行概述的要求；

——删除了原标准的附录 A“封面格式”。

本标准由国家认证认可监督管理委员会提出并归口。

本标准起草单位：中华人民共和国福建出入境检验检疫局、中华人民共和国辽宁检验检疫局、中华人民共和国北京检验检疫局。

本标准主要起草人：孙颖杰、简中友、林禹、苏永生、张兆平。

本标准所代替标准的历次版本发布情况为：

SN/T 1255—2003。

出入境动物检验检疫技术标准编写的基本规定

1 范围

本标准规定了出入境动物检验检疫技术标准编写的基本要求、标准的构成、条文编排和编写细则。

本标准适用于出入境动物检验检疫技术标准的编写。

2 规范性引用文件

下列文件中的条款通过本标准的引用而成为本标准的条款。凡是注日期的引用文件，其随后所有的修改单(不包括勘误的内容)或修订版均不适用于本标准，然而，鼓励根据本标准达成协议的各方研究是否可使用这些文件的最新版本。凡是不注日期的引用文件，其最新版本适用于本标准。

GB/T 1.1—2000 标准化工作导则 第1部分：标准的结构和编写规则

GB/T 20000.2 标准化工作指南 第2部分：采用国际标准的规则

GB/T 20000.3 标准化工作指南 第3部分：引用文件

3 编写要求

出入境动物检验检疫技术标准的编写应符合 GB/T 1.1—2000 的规定要求。

4 出入境动物检验检疫技术标准的要素构成

标准的一般构成和编写顺序如下：

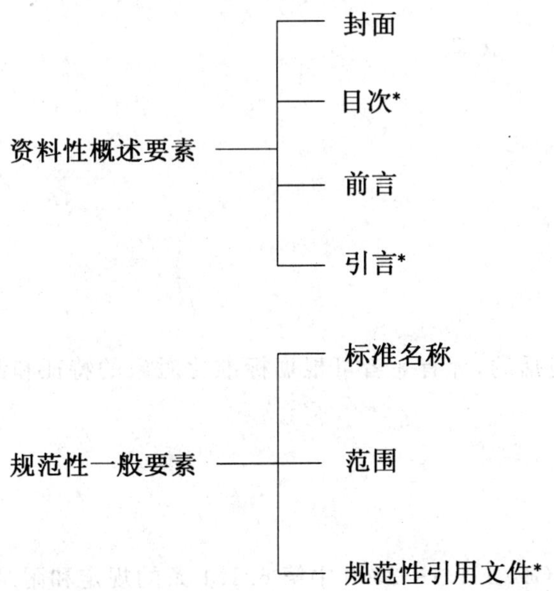

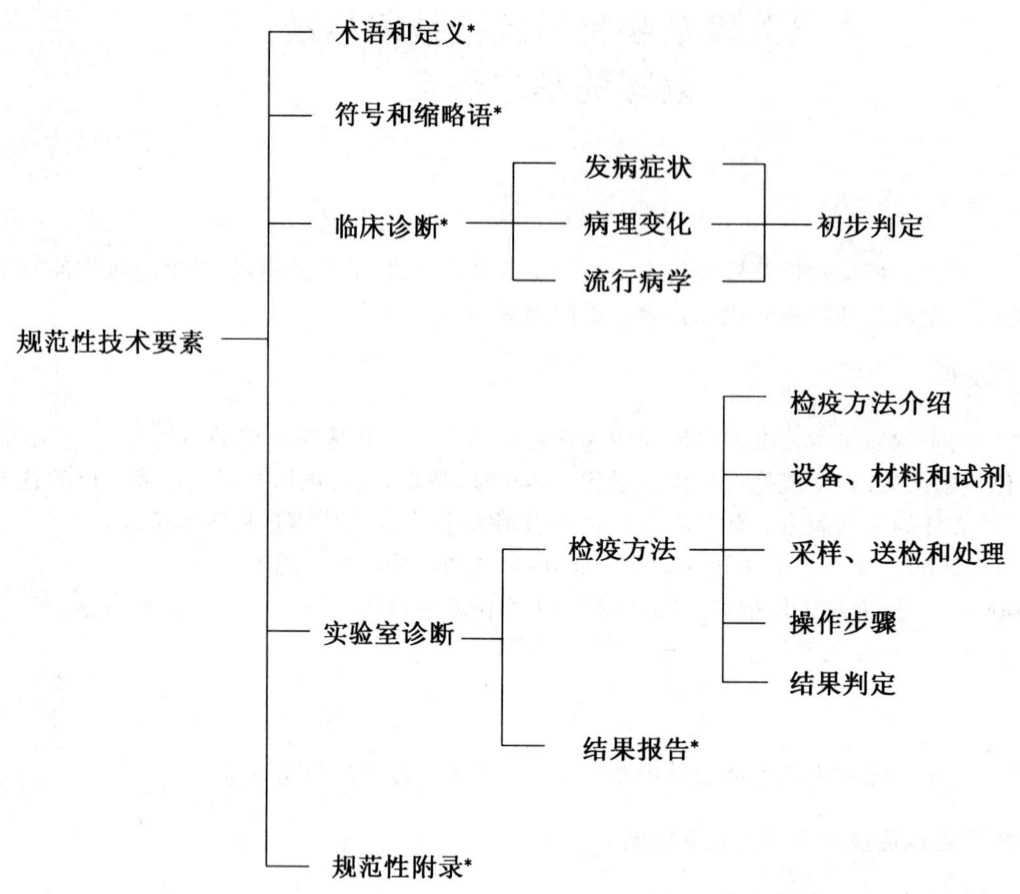

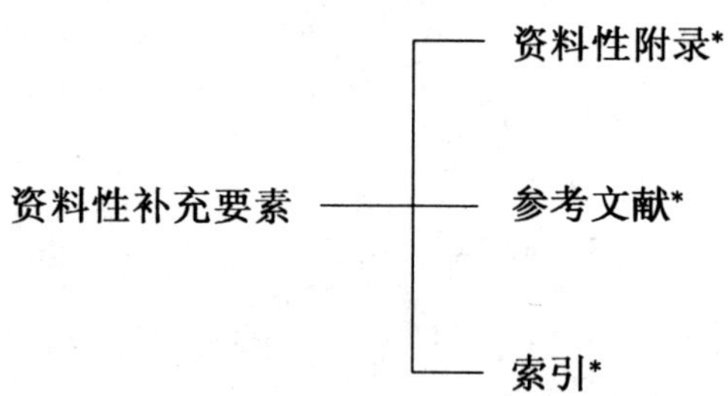

上述构成要素不是任何一项标准都需要全部包括的，标有＊者可根据标准化对象的特征和制定标准化的目的而取舍。

5 资料性概述要素

5.1 封面

每项标准均应有封面，封面的编写要求应符合 GB/T 1.1—2000 中第 6.1.1 条的规定和附录 H 图 H.2 的要求。

5.2 目次

应符合 GB/T 1.1—2000 中 6.1.2 条的规定。

5.3 前言

每项标准均应有前言，前言由特定部分和基本部分组成。

在特定部分适当给出下列信息：

——对于系列标准或有多个部分组成的标准，在第一项标准或标准的第一部分的前言中应说明标准的预计结构。在系列标准的每一项标准或标准的每一部分的前言中，应列出所有已知的其他标准或其他部分的名称；

——说明与对应的国际标准、导则、指南或其他文件的一致性程度，写出对应的国际文件的编号、文件名称的中文译文，并列出与所采用国际标准的技术差异和所做的编辑性修改，具体方法见GB/T 20000.2；

——说明标准代替或废除的全部或部分其他文件；

——说明与标准前一版本相比的重大技术变化；

——说明标准与其他标准或文件的关系；

——说明标准中的附录哪些是规范性附录，哪些是资料性附录。

基本部分适当给出下列信息：

——本标准由国家认证认可监督管理委员会提出并归口；

——本标准起草单位；

——本标准主要起草人；

——本标准所代替标准的历次版本发布情况。

5.4 引言

引言为可选要素。如果需要，可在引言中给出编制该标准的原因，以及有关标准技术内容的特殊信息或说明。引言不应包含要求。

引言不编号。当需要对引言的内容分条时，条的编号为0.1、0.2等，如果引言中有图、表、公式或脚注，则应从引言开始使用阿拉伯数字从1编号。

6 规范性一般要素

6.1 标准名称

标准名称应由检验检疫类别、检疫对象几个尽可能短的独立要素组成。编排顺序为检验检疫类别-检疫对象-检疫规范，如：

猪繁殖与呼吸综合征检疫规范

检验检疫类别：猪

检疫对象：繁殖与呼吸综合征

标准名称同时附英文名称，编排顺序为“Quarantine protocol-for-(疾病名称)”，如：Quarantine protocol for porcine reproductive and respiratory syndrome

疾病名称：Porcine reproductive and respiratory syndrome

6.2 范围

应采用下列用语明确说明标准的主要内容和适用的界限：

“本标准规定了……”；

“本标准适用于……”。

如果标准分部分出版，则应将上述表述中的“本标准……”改为“SN/T XXXXX 的本部分……”或“本部分……”。

6.3 规范性引用文件

规范性引用文件是可选要素，应符合GB/T 1.1—2000中6.2.3条的规定。

引用文件的原则和具体方法见GB/T 20000.3。

7 规范性技术要素

7.1 术语和定义

术语和定义为可选要素。任何不是一看就懂或众所周知的术语,或在不同情况下有不同解释的术语或检验检疫鉴定中重要的专业名词,均应给出定义予以明确。应使用下列适合的引导语:

——“下列术语和定义适用于本标准”;

——“……确立的以及下列术语和定义适用于本标准”;

——“下列术语和定义适用于SN/T XXXXX的本部分”;

——“……确立的以及下列术语和定义适用于SN/T XXXXX的本部分”。

7.2 符号和缩略语

符号和缩略语为可选要素,应列出理解本标准所必要的符号和缩略语的一览表。

这一要素也可与7.1条内容合并,以便使术语、定义、符号、缩略语及其单位放在适当的复合标题下,例如“术语、定义、符号和缩略语”。

7.3 临床诊断

7.3.1 发病症状

描述动物发病症状及其临床诊断意义。

7.3.2 病理变化

描述染病后的病理变化及其临床诊断意义。

7.3.3 流行病学

描述疾病的流行病学特征及其临床诊断意义。

7.4 实验室诊断

7.4.1 检疫方法

7.4.1.1 检疫方法介绍

列出目前使用的检疫方法,并进行说明。

每种检疫方法按下列格式编写。

7.4.1.2 设备、材料和试剂

说明主要仪器设备和技术参数,以及主要试剂、生物材料、标本、标准品、标准图谱材料等。

设备、材料和试剂的商品名的使用应符合GB/T 1.1—2000中6.6.3条的规定。

7.4.1.3 采样、送检和处理

规定采样的要求、标准、方法,样品保存、运送的条件和要求,以及样品的处理等。

7.4.1.4 操作步骤

包括预备试验和正式试验。应说明具体的操作步骤、方法、技术参数等。

7.4.1.5 结果判定

检疫结果的表述和判断结果的方法。

7.4.2 结果报告

给出报告检疫结果的必要信息。

7.5 规范性附录

规范性附录为可选要素,它给出标准的附加条款,应按GB/T 1.1—2000中6.3.8条编写。

8 资料性补充要素

8.1 资料性附录

资料性附录为可选要素,应符合GB/T 1.1—2000中6.4.1条的规定。

在资料性附录部分对疫病进行概述，内容包括“定义”、“病原”、“流行病学”、“症状”、“发病机理与病理变化”、“检疫及诊断”等内容。

8.2 参考文献

参考文献为标准的可选要素。如果有参考文献，则应置于资料性附录之后。

8.3 索引

索引为标准的可选要素。如果有索引，则应作为标准的最后一个要素。

中华人民共和国出入境检验检疫行业标准

SN/T 2028—2007

出入境动物检疫术语

Terms for entry and exit animal quarantine

2007-12-24 发布　　　　2008-07-01 实施

中华人民共和国
国家质量监督检验检疫总局 发布

前 言

本标准由国家认证认可监督管理委员会提出并归口。

本标准起草单位:中华人民共和国广东出入境检验检疫局、中华人民共和国深圳出入境检验检疫局和中华人民共和国江苏出入境检验检疫局。

本标准的主要起草人:刘中勇、许如苏、陈茹、范万红、唐泰山、陈冠武、朱道中。

本标准系首次发布的出入境检验检疫行业标准。

出入境动物检疫术语

1 范围

本标准规定了出入境动物检疫的基本术语及定义。

本标准适用于出入境动物检疫及相关领域中基本术语和基本概念的统一理解和使用。

2 基础术语与定义

2.1

动物 animals

饲养的、野生的活动物，包括畜、禽、兽、水生动物、蚕、蜂、实验动物等。

2.1.1

陆生动物 terrestrial animals

家畜、家禽和蜜蜂。

2.1.1.1

家畜 livestock

人工驯养的哺乳类动物，如马、奶牛、水牛、黄牛、牦牛、绵羊、山羊、猪、兔、骡、驴、骆驼等。

2.1.1.1.1

种畜 breeding livestock

供繁殖用的成年公、母畜。

2.1.1.2

家禽 poultry

人工驯养的禽类，如鸡、鸭、鹅、鸽子、鹌鹑等。

2.1.1.2.1

种禽 breeding birds

以提供胚蛋为用途的禽。

2.1.1.2.2

初孵雏 day-old birds

孵出后不超过 72 h 的幼雏。

2.1.2

水生动物 aquatic animals

来自养殖或野生的，用于饲养、放养于水环境或供人类消费的鱼类、软体动物和甲壳动物、两栖动物等处于各个阶段的生命体包括卵和配子。

2.1.2.1

种用水生动物 broodstock

性成熟的鱼、软体动物、甲壳类动物等。

2.1.3

观赏动物 ornamental animals

供人类观赏的动物如观赏鸟、观赏鱼。

2.1.4

演艺动物　show business animals

用于表演、展示活动的家养的或野生的动物，如虎、狮、熊、鹿、骆驼、猴、大熊猫、小熊猫、狗、猫、鸟、蛇、海豚、海狮、海豹等。

2.1.5

竞技动物　tournament animals

供体育比赛使用的动物，常见的有马、犬、赛鸽等。

2.1.6

伴侣动物　pets

陪伴人类生活，为人类提供情感满足的动物，即宠物，如狗。

2.1.7

野生动物　wildlife

生存在天然自由状态下，或虽来源于天然自由状态，并已经过人工饲养但尚未发生进化变异、仍保存其固有习惯和生产能力的各种动物。

2.1.8

实验动物　experimental animals

经人工饲育、对其携带的微生物实行控制、遗传背景明确或者来源清楚的、符合科学实验、药品及生物制品的鉴定及其他科学研究的要求，用于科学研究、教学、生产、鉴定以及其他科学实验的动物，如兔、豚鼠、小白鼠、猴子等。

2.2

卵　oocyte

经过人工手段采集自雌性哺乳动物生殖器官，用以繁殖动物的生殖细胞。

2.3

精液　semen

雄性动物生殖器官分泌出来的含有生殖细胞的液体，常特指人工授精的精液。

2.4

胚胎　embryo

哺乳动物或鸟类活的受精卵正在母体或卵壳内发育的新生命体。

2.5

种蛋　hatching egg

已受精的禽蛋，用于孵化后代或实验接种。

2.6

动物产品　animal products

来源于动物，未经加工或者虽经加工但仍有可能传播疫病的产品，如生皮张、毛类、肉类、脏器、油脂、水产品、奶制品、蛋类、血液、精液、胚胎、骨、蹄、角等。

2.6.1

肉　meat

动物体的所有可食用部分。

2.6.1.1

鲜肉　fresh meat

没有经过可改变感官性状和理化特性处理的肉，包括冷冻肉、冷藏肉、肉末和机械分割肉。

2.6.1.2

肉制品　meat products

经过某种处理，导致其感官性状和理化特性发生不可逆性改变的肉。

2.6.2

水产品　aquatic animal products

死的水生动物及其来源于水生动物的产品。

2.6.3

蛋及蛋制品　egg and egg products

鲜蛋、再制蛋、冰蛋品、干蛋品及其制品，但不包括种蛋。

2.6.3.1

鲜蛋　fresh eggs

新鲜或冷藏的鸡蛋、鸭蛋、鹌鹑蛋等鲜禽蛋。

2.6.3.2

再制蛋　processed eggs

皮蛋、咸蛋、糟蛋等。

2.6.3.3

冰蛋品　freezed egg products

以新鲜蛋或冷藏蛋为原料，经加工处理、冷冻等过程而制成的冰全蛋、巴氏消毒冰全蛋、冰蛋黄、冰蛋白等。

2.6.3.4

干蛋品　dried egg products

以新鲜蛋或冷藏蛋为原料，经打蛋、过滤、消毒、喷雾干燥或经发酵、干燥等过程而制成的全蛋粉、巴氏消毒全蛋粉、蛋黄粉、蛋白片（粉）等。

2.6.4

乳　milk

通过一次或多次挤奶，从泌乳动物正常乳房获得的、未添加也未抽提任何成分的分泌物。

2.6.4.1

乳制品　milk products

对乳进行加工后获得的产品。

2.6.5

肠衣　animal casings

采用健康家畜消化系统的食道、胃、小肠、大肠和泌尿系统的膀胱等器官，经过加工，保留所需要的组织。根据加工方法的不同，肠衣可分为盐渍肠衣和干制肠衣。用肠衣专用盐腌制的肠衣称为盐渍肠衣；而用自然光或烘房等将肠衣脱水、杀菌的肠衣称为干制肠衣。

2.6.6

油脂　oil and fat

经加工而成的符合一定标准的动物油和脂肪的统称。如牛油等。

2.6.7

生皮张　peltry

从动物身上剥离，未经鞣制加工的皮张，包括鲜皮、盐腌皮、风干皮、冷冻皮等。

2.6.8

鞣制皮　tanned skin

生皮经过化学处理（鞣制）和机械加工后的产品如蓝湿皮。

2.6.9

含脂毛 greasy wool

从绵羊身上或绵羊皮上剪下的未经洗涤、溶剂脱脂、炭化及其他方法处理过的羊毛如原毛等。

2.6.10

洗净毛 scoured wool

经洗涤去除油脂、尘杂后的羊毛。

2.6.11

炭化毛 carbonized wool

经过炭化处理、去除植物性杂质后的羊毛。

2.6.12

猪鬃 bristles

从猪身上取下来的能适用于制刷原料用途的鬃毛的统称。

2.6.13

羽毛 feather

禽类(包括家禽和野生禽鸟)体表所生长的毛，由毛片、绒子和毛梗组成。按使用价值分为装饰羽毛和填充羽毛。

2.6.14

肉骨粉 meat-and-bone meal

从动物组织提取的固体蛋白质产品，包括任何蛋白质中间产物，但分子量小于 10 000 道尔顿的蛋白胨和氨基酸除外。

2.6.15

鱼粉 fishmeal

用鱼或鱼制品的下脚料制成的粉状物。

2.7

其他检疫物 other quarantine objects

动物疫苗、血清、诊断液、动植物废弃物等。

2.7.1

疫苗 vaccine

用病原微生物、寄生虫或其组分或代谢产物经加工制成或者用合成肽或基因工程方法制成、用于人工主动免疫的生物制品。

2.7.2

有机肥 organic fertilizer

主要来源于植物和(或)动物，施于土壤以提供植物营养为主要功能的含碳物料。

2.7.3

生物制品 biological products

用于诊断疾病的生物试剂，用于预防或治疗疾病的血清，用于预防疾病而进行免疫接种的疫苗，传染性因子的遗传物质，来自动物的内分泌组织等。

2.8

疾病 disease

有临床和(或)病理表现的感染。

2.8.1

动物传染病 infectious disease of animals, communicable disease of animals

由病原微生物引起的，具有一定的潜伏期和临诊表现，并具有传染性的动物疾病。

2.8.2

寄生虫病　parasitosis

由暂时或永久地在宿主体内或体表营寄生生活的动物(寄生虫)引起的疾病。

2.8.3

人兽共患病　zoonosis

在动物和人之间能够自然传播的疾病或感染。

2.8.4

突发疾病　emerging disease

由于已有病原发生进化或变异导致出现一种新的感染,或一种已知疾病传播到一个新地方或传给了新的动物种群,或一种以前未认识的病原或首次诊断的疾病,其特点是对动物或公共卫生有重大影响。

2.9

生物安全实验室　biosafety laboratory

对病原微生物进行试验操作时所产生的生物危害具有物理防护能力的实验室。根据防护水平高低,分为P1、P2、P3和P4四级实验室,其中P1实验室生物安全防护水平最低,P4实验室生物安全防护水平最高。

2.10

动物检疫　animal quarantine

为了防止或控制动物疫病的发生、流行与传播,遵照国家法律,运用强制性手段和国家标准、相关行业标准和有关规定以及其他科学技术方法对动物及动物产品进行的现场检查、临床诊断、实验室检验和检疫处理的一种行政行为。

2.11

动物卫生状态　animal health status

依据《陆生动物卫生法典》在相关章节所列某种动物疾病标准判定的一个国家或地区该种动物疾病的状态。

2.12

兽医食品卫生　veterinary food hygiene

为确保供人或动物消费的动物产品安全和卫生,在生产、加工、贮存、运输和销售时,按有关法律法规要求,这些产品应达到的卫生条件。

2.13

动物检疫审批　approval of importing animal and animal products

国家出入境检验检疫机关或其授权的口岸出入境检验检疫机构依照《中华人民共和国进出境动植物检疫法》及其实施条例和《农业转基因生物安全管理条例》等有关规定,对输入的动物、动物产品或因科学研究等特殊需要引进的禁止进境物以及过境动物、过境转基因动物产品、微生物等事先进行审核,并最终决定是否允许进境或过境的行政行为。

2.14

检疫处理　quarantine treatment

检验检疫机构单方面采取的强制性措施,即对违章入境或经检疫不合格的进出境动物、动物产品和其他检疫物采取的除害、扑杀、销毁、退回、截留、封存、不准入境、不准出境、不准过境等措施。

2.15

官方兽医　official veterinarian

国家兽医行政管理部门授权的兽医。其职责是执行与动物卫生和(或)公共卫生有关的指定任务和对商品进行相关检查。必要时,依据《陆生动物卫生法典》1.2条款的相关规定出证。

2.16

应急预案　emergency plan

为了有效预防、及时控制和消除突发重大动物疫情及其危害，指导和规范重大动物疫情的应急处理工作，最大程度地限制动物疫情的传播与扩散，减少重大动物疫情造成的危害，保障人民身体健康和农牧渔业生产安全而采取的一系列控制措施和处置方法，包括完善的应急指挥系统，强有力的应急工程救援保障体系，综合协调、应对自如的相互支持系统，充分备灾的保障供应体系，体现综合救援的应急队伍等。应急预案对突发公共事件的预测预警、信息报告、应急响应、应急处置、恢复重建及调查评估等机制作了明确规定，形成了包含事前、事发、事中、事后等各环节的一整套工作运行机制。

3　检疫审批术语与定义

3.1

商品　commodity

动物，食用性动物产品，动物饲料用、药用、外科用、农业或工业用的动物产品，精液，胚胎/卵子，生物制品和病原材料。

3.2

出口国　exporting country

向其他国家输出商品的国家。

3.3

进口国　importing country

商品最后运达的国家。

3.4

过境国　transit country

向进口国运输商品，需要经其境地通过或在其边境口岸中途停留的国家。

3.5

装运地　place of shipment

商品装进交通工具的地方或将商品交给中介机构运往国外的地方。

3.6

指运地　place of clearance of goods

进境商品在进口国办理结关手续的地点。

3.7

目的地　destination

进境商品的最终到达地。

3.8

疫区　epidemic area

疫病爆发或流行所波及的区域。

3.9

非疫区　free zone

依据《陆生动物卫生法典》规定，能满足无疫状态的条件，证明不存在某种特定疾病的地区。在该区域内及其边界，对动物和动物产品及其运输过程实施有效的适当的官方兽医控制。

3.10

缓冲区　buffer zone

在一个无疫国或非疫区内建立一个区别于不同动物卫生状态的区，并基于疾病的流行病学特性而对该区采取措施，以防止致病原传入无疫国或非疫区。这些措施包括但不限于免疫、移运控制和增加疾病监督检查力度。

3.11

地区/区域　zone/region

为了国际贸易需要，在一国境内界定一个具有特定疾病的独特卫生状态的动物亚群的地区，对该地区采取监督、控制和生物安全措施。

3.12

地区化　zoning

基于人工或者自然的地理区域，为控制疾病而在一国境内划分不同区域。

3.13

区域化　regionalization

基于相同的疾病流行状态和控制措施，将国家的部分地区或全部、相邻若干个国家的部分地区或全部划分为一个连片的区域，如将东南亚划分为禽流感疫区。

3.14

风险分析　risk analysis

由危害因素确定、风险评估、风险管理和风险交流构成的整个过程。

3.14.1

风险　risk

在特定时间内，对进口国的动物或人体健康造成危害的可能性及严重程度。

3.14.1.1

可接受风险　acceptable risk

由成员国确定的、与保护国内动物和公共卫生相适应的风险水平。

3.14.2

危害　hazard

对人或动物健康具有潜在负面影响的生物、化学或物理因子；或指动物或动物产品处于对人类或动物健康具有潜在负面影响的一种状态。

3.14.2.1

危害因素确定　hazard identification

确定行将进口的商品可能传入病原体的过程。

3.14.2.2

有毒有害物质　poisonous and harmful materials

对农牧渔业生产、人体健康和生态环境造成危害的生物、物理和化学物质。

3.14.3

风险评估　risk assessment

对病原生物传入进口国、在进口国定植和传播的可能性及其造成的生物和经济危害的评估。

3.14.3.1

传入评估　introduction assessment

对危害因素的传入途径以及通过该途径传入的可能性的评估。

3.14.3.2

发生评估　occurrence assessment

危害因素传入后，对进口国农牧渔业生产、人体健康和生态环境造成危害的途径以及发生危害的可能性的评估。

3.14.3.3

后果评估　aftereffect assessment

危害因素传入后，对进口国农牧渔业生产、人体健康和生态环境所造成的后果的评估。

3.14.3.4

定性风险评估　qualitative risk assessment

用定性术语如高、中、低或者极低等表示风险可能性或者后果严重性的风险评估方式。

3.14.3.5

定量风险评估　quantitative risk assessment

用数字表示风险分析结果的风险评估方式。

3.14.4

风险预测　risk forecast

对传入评估、发生评估和后果评估的结果进行综合分析，以获得对进口风险的评估。

3.14.5

风险交流　risk communication

风险评估人员、管理人员及其他有关方面之间相互交换风险信息的过程。

3.14.6

风险管理　risk management

为降低风险水平而进行危害因素确定，控制措施选择和对所选措施进行实施的过程。

4　检疫术语与定义

4.1

口岸检疫　port quarantine

在口岸对出入国境的动物、动物产品、装载动物或动物产品或来自疫区的运输工具等进行的检疫和检疫处理。

4.2

进境检疫　importing quarantine

对从国外输入境内的动物、动物产品及其运输工具等进行的检疫和检疫处理。

4.3

出境检疫　exporting quarantine

对从我国口岸向国外输出的动物、动物产品及其他检疫物进行的检疫及检疫监督的过程。

4.4

过境检疫　transit quarantine

对经过我国口岸运输的动物、动物产品及其他检疫物进行的检疫。

4.5

产地检疫　quarantine in producing area

在动物及动物产品的生产地进行的检疫。

4.6

隔离检疫　quarantine

依据检疫协议或有关标准，将拟出入境的动物置于与其他动物无直接或间接接触的隔离状态，在特定时间内进行必要的临床观察，必要时进行检验和检疫处理。

4.6.1

隔离场　quarantine station

在兽医当局控制下隔离动物的设施。这种设施能使被隔离动物与其他动物无直接或间接接触，达到在隔离检疫期间防止特定病原传播的目的。

4.7

现场检疫　quarantine on the spot

检验检疫人员通过视、听、闻或借助简单的工具在现场对动物或动物产品实施的检查，也包括必要时按相关规定进行的采样。

4.8

传染源　source of infection

体内有病原体寄居、生长、繁殖，并能将其排出体外的动物或人，包括患病动物和带菌(毒)动物或人。

4.8.1

疫源地　nidus of infection

有传染源存在或被传染源排出的病原体污染的地区。

4.8.2

自然疫源性疾病　disease of natural nidus

其病原体于天然条件下能在野生动物体内繁殖，在野生动物间传播，并在一定条件下可传染给人或畜禽的疫病。

4.8.3

自然疫源地　natural epidemic nidus

存在自然疫源性疾病的地区。

4.8.4

病例　case

感染某种病原，有或无临床症状的动物个体。

4.8.5

病原携带者　pathogen carrier

体内有病原体寄居、生长和繁殖并有可能排出体外而无症状的动物或人。

4.8.6

患病动物　sick animals

表现某疾病临床症状的动物。

4.8.7

感染动物　infected animals

被病原体侵害并发生可见或隐性反应的动物。

4.8.8

疑似感染动物　suspicious infected animals

与患病动物处于同一传染环境中，有感染该疫病可能的易感动物，如与患病动物同舍饲养、同车运输或位于患病动物临近下风的易感动物。

4.8.9

假定健康动物　supposed healthy animals

发病动物的大群体中除患病或疑似感染动物以外的动物，对这些动物要采取隔离、紧急预防接种、观察和诊断等措施，直至确定为健康动物并经必要安全处理为止。

4.9

传染　infection

又称感染，指宿主中存在病原体。

4.9.1

潜伏期　incubation period

从病原侵入动物机体到首次出现疾病临床症状的最长时间。

4.9.2

传染期　infective period

受感染动物成为传染源的最长期限。

4.10

传播　transmission(of epidemic)

由传染源向外界或胎血循环散布病原体，通过各种途径再感染另外的动物或人的过程。

4.10.1

传播途径　route of transmission

病原体传播的路径。常见的有空气、饲料、水、土壤和虫媒等途径。

4.10.2

传播媒介　transmission vector

从传染源将病原体传播给易感动物的各种外界环境因素。传播媒介可以是生物，也可以是无生命的物体。

4.10.3

传播方式　mode of transmission

疫病传播的方法与形式。根据不同分类依据，分为水平传播、纵向(垂直)传播、机械传播、生物性传播、直接接触传播和间接接触传播等。

4.11

易感动物　susceptible animals

对某种病原体或致病因子缺乏足够的抵抗力而易受其感染的动物。

4.12

诊断　diagnosis

对疾病性质的确定。

4.12.1

临床诊断　clinical diagnosis

通过现场观察和检查对病例的病性和病情做出判断的方法。

4.12.1.1

症状　symptom

动物体因发生疾病而表现出来的异常状态。

4.12.1.2

发病率　morbidity

动物群体在某期间内某病的新病例发生的频率，常以百分率表示。

$$\text{发病率}=\frac{\text{某期间某病新发病例数}}{\text{同期该动物群体动物的平均数}}\times 100\%$$

4.12.1.3

死亡率　mortality

动物群体在某期间内死亡总数与同期该群动物平均总数之比值，常以百分率表示。

$$\text{死亡率}=\frac{\text{某期间动物死亡总数}}{\text{同期该群动物的平均总数}}\times 100\%$$

4.12.2

病理学诊断　pathological diagnosis

通过病理剖检或(和)病理组织学检查,对病例的病性和病情做出判断的方法。

4.12.3

流行病学诊断　epidemiological diagnosis

通过对病例的流行病学调查和分析,对其病性和病情做出判断的方法。

4.12.4

实验室诊断　laboratory diagnosis

通过物理、化学、生物学等试验,对取自病例的样品进行检查,获取具有诊断价值的数据,而对病例的病性和病情做出判断的方法。

5　实验室检验术语与定义

5.1

检验　inspection

对有关特性的测量、测试、观察或校准,并做出评价的过程。

5.2

试验　test

用于对某种感染或疾病作出阳性或阴性分类的一种程序。OIE《陆生动物疫苗和诊断手册》将其分为指定试验、替代试验、筛选试验和确诊试验;而《水生动物诊断手册》将其分为诊断性试验(适用于有临床症状的发病个体)、监测性试验(适用于表面健康个体)和确诊性试验(适用于对早期试验结果的确认)。

5.2.1

临界值/阈值　cut-off/threshold

用于区分阴性和阳性结果的试验数值,可包括不确定或可疑区间。

5.2.2

敏感性　sensitivity

已知感染参考动物试验呈阳性的比例,感染参考动物试验呈阴性即为假阴性。

5.2.3

特异性　specificity

已知未感染参考动物试验呈阴性的比例,未感染参考动物试验呈阳性即为假阳性。

5.3

灭菌　sterilization

杀灭物体上所有病原性和非病原性微生物(包括细菌繁殖体和芽胞)的方法。

5.4

病原体　pathogen

能引起疾病的生物体,包括寄生虫和致病性微生物。

5.4.1

致病性微生物　pathogenic organism

能引起疾病的微生物,包括细菌、真菌、放线菌、螺旋体、支原体、衣原体、立克次体、病毒、类病毒等。

5.5

样品　sample

取自动物、动物产品或环境、拟通过检验或试验反映动物个体、群体、产品或环境有关状况的材料或物品。

5.5.1

病料　pathological materials

从动物活体或尸体采集的，含有或怀疑含有传染病或寄生虫病病原的拟送往实验室的样品。

5.6

室温　room temperature

工作舒适的环境温度，一般指18℃～25℃。如试验要求室温，则应将室温控制(可通过空调调节)在18℃～25℃。

5.7

病原分离鉴定　isolation and identification of pathogen

通过相应试验操作程序，从样品中取得病原体的纯培养物，并经过进一步试验对病原体进行定性的过程。

5.8

血清学试验　serological test

借助抗原抗体在体外的相互反应而进行的各种试验。

5.9

分子生物学检验技术　molecular biological test technique

根据核酸、蛋白质等生物大分子相互作用的原理，从分子水平对特定生物体或病原体进行检测的试验技术。包括核酸杂交、聚合酶链式反应、限制性片段长度多态性分析、免疫印迹、生物芯片技术等。

6　疫情与免疫术语与定义

6.1

疫情　epidemic situation, epizootie situation

动物疫病发生、发展及相关情况。

6.2

疫情报告　report on epidemic situation

按照政府规定，兽医和有关人员及时向上级领导机关所作的关于疫病发生、流行情况的报告。

6.3

法定报告疾病　notifiable disease

兽医行政部门制定的疾病名录内的疾病。这些疾病一旦被发现或怀疑，按国家法规规定应尽早报告兽医主管当局。

6.4

流行病学单位　epidemiological unit

暴露于病原的机会大致相同的有特定流行病学关系的一组动物。可以是因为共享一个环境如同一栏，或有共同的管理措施，通常是指同群动物。但是流行病学单位也可指一个居民村的动物或同一个建筑内的动物。流行病学单位因不同疾病，甚至是不同病原株而异。

6.5

爆发　outbreak of disease or infection

一个流行病学单位内发生一个或多个病例或感染。

6.6

疫点　epidemic spot

发生疫病的自然单位(如：圈、舍、场、村)。疫点在一定时期内成为疫源地。

6.7

受威胁区　risk area

与疫区相邻，并存在该疫区疫病传入危险的地区。

6.8

流行病学调查　epidemiological survey

对疫病或其他群发性疾病的发生频率、分布、发展过程、原因及自然和社会条件等相关影响因素进行系统调查，以查明疫病发展趋向和规律，评估防治效果的过程。

6.8.1

监测　surveillance

为了发现疾病或病原而对特定动物群体或亚群进行的调查。监测的频率和类型取决于病原或疾病的流行病学和动物的出栏量。

6.8.2

监视　monitoring

对特定动物群体或亚群及其环境进行连续调查以监测疾病流行或病原特性变化的过程。

6.9

预防　prophylaxis

采取措施防止疫病发生和流行的过程。

6.10

免疫　vaccination

通过对易感动物接种一种含有受控疾病适当抗原的疫苗而使易感动物成功获得免疫的过程。

6.10.1

强制性免疫　compulsory vaccination

以行政甚至法律手段执行的免疫接种。

6.10.2

计划免疫　planned vaccination

依据国家或地方消灭、控制疫病的要求，有计划进行的免疫接种。

6.10.3

紧急免疫　emergency vaccination

为扑灭、控制某种疫病，在疫区或疫点对易感动物尽快进行的突击性免疫接种。

6.10.4

免疫监测　immune surveillance

普检或抽检动物群体的抗体水平，以监控群体的免疫状态，为实施计划免疫和增强免疫提供依据。

6.11

净化　cleaning

对某发病单元如某养殖场、地区或国家采取一系列措施，达到消灭和清除传染源的一种手段。

7　检疫处理术语与定义

7.1

封存　sealing up

将可能携带病原体的物品存放在指定地点，并采取阻断性措施（如：隔离、密封等）以杜绝病原体传播的一种检疫处理方式。物品封存后需经检验检疫机构同意后方可移动和解封。

7.2

销毁　destroy

将动物尸体、违章入境或经检疫不合格的动物、动物产品及其他检疫物进行焚烧、深埋、化制等无害化处理，以彻底消灭其所携带的病原体的一种检疫处理方式。

7.3

退回　withdrawal

在检验检疫机构的监管下，将违章入境或经检疫不合格的进境动物、动物产品和其他检疫物退回输出国或地区的一种检疫处理方式。

7.4

扑灭　elimination

在一定区域内，采取紧急措施以迅速消灭某一疫病的一种检疫处理方式。

7.4.1

隔离　isolation

将疫病感染动物、疑似感染动物和病原携带动物与健康动物在空间上间隔开，并采取必要措施切断传播途径，以杜绝疫病继续扩散的一种检疫处理方式。

7.4.2

封锁　block

某一疫病爆发后，为切断传播途径，禁止人、动物、车辆或其他可能携带病原体的物品在疫区与其周围区之间出入的一种检疫处理方式。

7.4.3

扑杀　stamp out

将被某疫病感染的动物（有时包括可疑感染动物）全部杀死并进行无害化处理，以彻底消灭传染源和切断传播途径的一种检疫处理方式。

7.4.3.1

扑杀政策　stamping-out policy

某一疾病确诊后，在兽医行政管理部门授权下，宰杀感染动物及同群可疑感染动物，并在必要时宰杀直接接触或可能引起病原传播的间接接触动物。牧场内所有易感动物，不论是否已经免疫接种均应宰杀，尸体应予焚烧或深埋，或应用可消除被宰动物尸体或其产物传播疫病的其他方法处理。

扑杀政策同时要配合《陆生动物卫生法典》规定的方法进行清洁消毒。

7.4.3.2

改良扑杀政策　modified stamping-out policy

在扑杀政策不能完全执行时，经与 OIE 联系后，采取部分执行的一种扑杀政策。

7.5

根除　eradication

在一个国家或地区内消灭病原。

7.6

控制　control

采取措施使疫病不再继续蔓延和发展的过程。

7.7

消毒　disinfection

在彻底清洗后，为消除动物疾病包括人兽共患病在内的传染性病原和寄生性病原而采取的行动。适用于牧场、交通工具及被直接或间接污染的各种物体。

7.8

驱虫 repelling-parasite

应用药物驱除、杀灭宿主动物体内或体表寄生虫的过程。

7.9

杀虫 disinfestation

杀灭引起疾病的节肢动物或潜在携带动物疾病包括人兽共患病传染病原的媒介昆虫的过程。

7.10

无害化处理 bio-safety disposal

用物理、化学或生物学方法或这些方法的组合等处理带有或疑似带有病原体的动物尸体、动物产品或其他物品的过程,其目的是消灭传染源,切断传播途径,破坏毒素,保障人畜健康安全。

中 文 索 引

B

C

D

F

G

H

J

K

L

M

P

Q

R

S

T

W

X

Y

Z

英 文 索 引

A

B

C

D

E

F

G

H

I

P

Q

R

S

中华人民共和国出入境检验检疫行业标准

SN/T 2123—2008

出入境动物检疫实验样品采集、运输和保存规范

Protocol of collection, transportation and storage of samples for entry and exit animal quarantine

2008-09-04 发布　　　　2009-03-16 实施

中华人民共和国国家质量监督检验检疫总局 发布

前　言

本标准主要依据OIE公布的《陆生动物诊断试验与疫苗手册》(2004版)第1.1.1章和《国际水生动物疾病诊断手册》(2006版)第1.1.4章中有关内容编制而成。

本标准的附录A为规范性附录。

本标准由国家认证认可监督管理委员会提出并归口。

本标准起草单位:中华人民共和国深圳出入境检验检疫局。

本标准主要起草人:范万红、曾少灵、吕建强、詹爱军、秦智锋、曹琛福。

本标准是首次发布的出入境检验检疫行业标准。

出入境动物检疫实验样品
采集、运输和保存规范

1 范围

本标准规定了出入境动物和动物产品检疫实验样品的采集、运输和保存的要求。

本标准适用于出入境动物和动物产品检疫实验样品的采集、运输和保存。

2 规范性引用文件

下列文件中的条款通过本标准的引用而成为本标准的条款。凡是注日期的引用文件，其随后所有的修改单(不包括勘误的内容)或修订版均不适用于本标准，然而，鼓励根据本标准达成协议的各方研究是否可使用这些文件的最新版本。凡是不注日期的引用文件，其最新版本适用于本标准。

GB/T 18088 出入境动物检疫采样

国际动物卫生组织(OIE) 陆生动物诊断试验与疫苗手册

国际动物卫生组织(OIE) 国际水生动物疾病诊断手册

3 术语和定义

GB/T 18088确立的以及下列术语和定义适用于本标准。

3.1

合同货物 contract goods

一次发运或接收的货物，其数量以指定的合同或货运清单为凭证。可以由一批或多批批量货物组成。

3.2

批量货物 batch goods

数量确定的货物品质应均匀一致(同一品种或种类，产地相同，包装一致等)。属于合同货物中的某一批，通过它们可以综合评价合同货物的质量。

3.3

抽检货物 sampling goods

从批量货物中的一个位置取出的少量货物。多个抽检货物应从批量货物中的不同位置采样。

3.4

混合货样 mixing sample

条件允许，从某一特定批量货物采样、混合，即为混合货样。

3.5

缩减样品 cutting sample

混合货样经缩减而获得对该批量货物具有代表性的样品。

3.6

检验样品 testing sample

在实验室中进行检测的样品。

4 样品的采集

4.1 采样要求

4.1.1 采样应按相关规定进行。

4.1.2 在采样之前应确认货、证相符。

4.1.3 采样过程中应避免环境等不良因素的影响，防止污染样品。

4.1.4 使用无菌采样用具，如注射器、采血器、试管、探子、铲子、匙、采样器、广口瓶、剪子、样品袋等应经过消毒灭菌处理。

4.1.5 根据样品种类如盒、袋、瓶和罐装者，应取完整未开封的。如果样品很大，则需用无菌采样器采样；样品是固体粉末，应边取边混合；样品是液体的，通过振摇混匀即可取样；冷冻样品应保持在冷冻状态采样、保存及运输，非冷冻动物产品需在 0 ℃～5 ℃中保存及运输。

4.1.6 采样前或采样后应在盛装样品的容器或样品袋上立即贴注标签，标签内容应能够全面反映样品的相关信息，如样品品名、来源、数量、采样地点、采样人及采样日期等。

4.1.7 采样后应出具采样单一式三份，一份留采样单位存查，一份交货主或其代理人，一份随同样品送实验室。

4.1.8 采样过程应完全符合我国相关生物安全管理法律法规和规章的要求和规定，加强个人防护，以防止病原扩散和人畜共患病的发生。

4.2 样品采集

4.2.1 活体样品的采集

4.2.1.1 血液样品的采集

采血前用 75%酒精棉球消毒采血部位后施行采血。采血部位、采血方法及采血量依据动物种类、品种、个体大小等不同情况和具体的检测要求而定。

4.2.1.2 排泄物样品的采集

从动物的直肠或泄殖腔采集新鲜排泄物，直接置于灭菌容器中。也可以用棉拭子从直肠或泄殖腔擦拭采集后放入含磷酸盐缓冲液的灭菌容器中。

4.2.1.3 皮肤及其附属物的采集

以灭菌针筒吸取完整水泡中的水泡液置无菌管保存。检验螨、虱子或真菌时先清除表皮上的羽绒和羽毛，用解剖刀刮取深层皮屑。

4.2.1.4 生殖道和尿道样品的采集

使用棉拭子采集子宫颈和尿道样品。

4.2.1.5 精液的采集

通过人造阴道、人工刺激等人工采精的方法采集精液样品。采样器具不得接触消毒清洗液，避免破坏样品的生物活性。

4.2.1.6 眼部分泌物样品的采集

提起眼睑，用棉拭子在其表面轻轻刮拭采集眼部分泌物样品。

4.2.1.7 鼻腔分泌物样品的采集

以保存液润湿拭子，擦拭鼻腔收集分泌物完成采样。动物出现病毒感染症状时应使用长型鼻腔采样器进行采样。

4.2.1.8 乳汁样品的采集

采样前清洗乳头，弃去最初流出的乳汁，收集其后流出的乳汁作为乳汁样品。采样过程不得使用消毒剂。

4.2.2 非活体样品的采集

4.2.2.1 动物尸体样品的采集

依据动物的大小和种类，选择合适的采样工具。样品容器应标明采样日期、组织名称和动物尸检情况。出现可疑狂犬病或海绵状脑病症状，应取动物完整头颅作为样品。用作微生物检测的样品应避免肠内容物污染组织样品。用作细菌培养或病毒分离样品的采样工具不应接触消毒类溶剂。

4.2.2.2 饲料样品的采集

饲料样品从饲料槽和水槽里采集。

4.2.2.3 蜜蜂样品的采集

在蜂窝附近采集成年的蜜蜂尸体或接近死亡的个体，后者加以冷冻法致死。另外直接从蜂巢中采集有异常形态变化的部分作为蜂巢样品。

4.2.3 鱼样品采集

4.2.3.1 刚孵化或处于卵黄囊期的幼鱼，采集整条鱼为样品，并去除其卵黄囊。

4.2.3.2 长度为 4 cm～6 cm 的鱼，采集全部内脏(包括肾脏)和脑髓，沿鳃盖后沿切下鱼头并稍作挤压可得脑髓。

4.2.3.3 长度超过 6 cm 的鱼，采集肾脏、脾脏和脑髓。

4.2.3.4 处于繁殖期的鱼(也称亲鱼)采集精液、卵液或相关组织。

4.2.3.5 混样时最多以来自 5 头鱼的样品为单位进行混样。若采集的是亲鱼的卵液，则按照 1 mL/条鱼的量进行采集，混样后每份样品不超过 5 mL。

4.3 采样数量

4.3.1 出入境动物的采样数量

动物的采样数量根据 OIE《陆生动物诊断试验与疫苗手册》中所提出的概率把关的采样原则计算或采用 OIE《国际水生动物疾病诊断手册》中所指定的采样数量。出入境动物的采样数量见附录 A 表 A.1。

4.3.2 出入境动物产品的采样数量

动物产品的采样数量根据 OIE《陆生动物诊断试验与疫苗手册》中所提出的概率把关的采样原则计算。出入境动物产品的采样数量见附录 A 表 A.2。

4.3.3 对采样数量有特殊要求或规定的情况

出入境动物和动物产品凡属已经签订了双边检疫协议或议定书的，其采样数量按检疫协议或议定书的要求进行采样。

4.4 样品的随附信息

4.4.1 货主或代理人的姓名和联系地址、疫病发生的地理位置、联系电话和传真号码。

4.4.2 送样人的姓名、联系地址、电子邮件地址、电话和传真号码。

4.4.3 样品动物的种类、怀疑感染的疾病和申请进行的检测项目。

4.4.4 向样品接收实验室提供完整的样品信息档案，包括以下信息：

a) 动物尸检的项目清单和情况描述、尸检结果；
b) 农场出现病畜的时间长短，新进动物需注明来源地；
c) 首宗病畜出现的时间以及后续出现的病畜或死亡个例的发生时间，附带说明曾经报送同类病畜的数目情况；
d) 描述疾病在畜禽中传播的情况；
e) 农场的动物数量，病死的动物数量，以及出现病征的动物数量、年龄、性别和种类；
f) 病征描述和病状持续期，病畜体温，病畜的口、眼睛和四肢情况，以及产奶和产蛋的情况；
g) 提供货物途经的国际路线，或从国外或外地输入动物的引进信息等；
h) 动物接受过的任何治疗方案、治疗时间、疫苗注射史和时间；

i) 动物其他病史和实际饲养的观察记录。

5 样品的运输

5.1 样品的包装

5.1.1 一般要求

保证样品包装良好，确保到达实验室的样品外观完整且在运输途中不发生泄漏。样品的包装分为三部分：主要承载容器、中间夹层包装垫料和坚固的包装外壳。

5.1.2 液体样品的包装要求

5.1.2.1 主要承载容器的中间夹层包装应防漏。

5.1.2.2 使用具有良好吸附能力的材料包裹承载容器，防止液体泄漏等情况的发生。

5.1.2.3 若同时使用多个承载容器，应将每个容器分开包装或以坚固的架子固定后间隔固定，防止容器在运输途中互相擦碰。

5.1.3 固体样品的包装要求

5.1.3.1 主要承载容器应密封无孔，不得超过外壳包装的质量限制，中间的夹层包装应密封无孔。

5.1.3.2 使用具有良好吸附能力的材料包裹主要承载容器，防止内容物外漏。

5.2 样品的运输

5.2.1 样品的保存和运输

5.2.1.1 根据专业要求及检测对象确定样品的保存方法。

5.2.1.2 应在 24 h 内将样品送到检测实验室。特殊情况下，根据待检对象的要求和运输的要求作相应处理。

5.2.2 填报送检单

按下列内容填报送检单：送检单位、送检日期、样品名称、采样部位、数量、来源、货主信息、申请检测的项目等。送检时，必须同时提交采样单，供检验人员参考。

6 样品的保存

6.1 血清样品的保存

血清的保存条件以不影响血清的免疫学与生物学特性为原则。根据不同使用目的，血清保存分为短期保存和长期保存两种情况。1 周内进行检测的血清样品可置于 4 ℃作短期保存。1 周后进行检测或检测后需要留样的血清样品作长期保存，一般有三种方法：深度冷藏、制成纸上样品干燥后室温保存和冷冻干燥保存，同时应根据不同的检测对象，在保持样品生物学活性的前提下选择合适的长期保存的冷冻温度和方式。

6.2 组织器官样品的保存

用作病毒检测的组织器官采集后应尽快冷藏。使用干冰冷藏需密封样品，防止二氧化碳影响样品的生物活性。不能马上进行检验的样品，要低温保存。

6.3 乳汁样品的保存

用作血清学检测的乳汁样品不可冻藏、加热或者是剧烈振荡，不能及时送达实验室可加入防腐剂，但要进行病毒中和试验的乳汁样品在保存时不可添加防腐剂。乳汁样品用作细菌检测时可冷藏。

6.4 喉、鼻咽或直肠拭子的保存

将拭子放入含磷酸盐缓冲液的灭菌容器中，根据不同使用目的选择性加入复合抗生素，冷藏保存，如需长期保存则置于－20 ℃以下。

6.5 尿或腹水等体液的保存

直接收入灭菌瓶中冷藏保存。

6.6 粪便样品的保存

直接采集的粪便样品应置于灭菌的螺盖试管或塑料样品袋中,不可使用胶塞试管。直肠或泄殖腔拭子以等量含复合抗生素的磷酸盐缓冲液浸泡,并置于灭菌的螺盖试管中保存。运送时间超过 24 h 或用作寄生虫检测的样品须在 4 ℃下保存。

6.7 鱼样品的保存

6.7.1 用作病毒检测的鱼类样品的保存

采集到的鱼器官、器官浆质或卵液应以灭菌试管盛装并保存在 4 ℃。器官样品以添加抗生素的细胞培养液或汉氏平衡盐溶液(HBSS)悬浮,每份器官至少浸泡在 5 份运输液中。采用的抗生素浓度一般为:庆大霉素(1 000 μg/mL),青霉素(800 IU/mL),硫酸链霉素(800 μg/mL)等。器官样品也可浸泡在含浓度为 400 IU/mL 的制霉菌素或两性霉素 B 等抗真菌药物的缓冲液中。运输时间超过 12 h,需加入 5%～10%的血清或蛋白来稳定病毒。

6.7.2 用作细菌检测的鱼类样品的保存

新鲜采集到的鱼器官或卵液等组织样品应以灭菌试管盛装并保存在 4 ℃。运输液中不可添加任何抗生素或抑霉菌素。

6.8 样品保存期

对发出检疫报告后的样品,根据检测项目的要求和有关样品处理的规定,确定样品的保存期。

附　录　A
（规范性附录）
出入境动物及动物产品的采样数量

A.1　出入境动物的采样数量

采样按照 GB/T 18088 进行，具体见表 A.1。

表 A.1　出入境动物的采样数量

<table>
<tr><th colspan="2">动　物　种　类</th><th colspan="2">采　样　数　量</th></tr>
<tr><td colspan="2">大家畜(牛、马、驼等)、中家畜(猪、山羊、绵羊等)</td><td colspan="2">逐头采样。</td></tr>
<tr><td colspan="2">小家畜(兔、貂等)、两栖动物、爬行动物</td><td colspan="2">进口种用：逐头采样；
进口非种用：按下述“实验动物”一栏的规定采样；
出口：按输入国检疫要求采样。</td></tr>
<tr><td colspan="2">野生动物(虎、豹、狼、黄鼬、狐等)</td><td colspan="2">偶蹄类、灵长类动物逐头采样；
其他动物按检疫要求采样。</td></tr>
<tr><td colspan="2">伴侣动物(狗、猫)</td><td colspan="2">逐头采样或按检疫要求采样。</td></tr>
<tr><td colspan="2">鸵鸟</td><td colspan="2">进口：逐头采样；
出口：按输入国检疫要求采样。</td></tr>
<tr><td colspan="2" rowspan="7">其他禽鸟类(成年禽、雏禽及其种蛋，鹰、雕、鸡、鸭、鹅、鸽、画眉、百灵鸟等)</td><td>批量货物的总数</td><td>采样个数</td></tr>
<tr><td>≤50 只(枚)</td><td>20 只(枚)或逐个采样</td></tr>
<tr><td>51 只～100 只(枚)</td><td>23 只(枚)</td></tr>
<tr><td>101 只～250 只(枚)</td><td>25 只(枚)</td></tr>
<tr><td>251 只～500 只(枚)</td><td>26 只(枚)</td></tr>
<tr><td>501 只～1 000 只(枚)</td><td>27 只(枚)</td></tr>
<tr><td>＞1 000 只(枚)</td><td>27(最多 30)只(枚)</td></tr>
<tr><td colspan="2" rowspan="7">实验动物(犬、兔、小白鼠、大白鼠、豚鼠等)</td><td>批量货物的总数</td><td>采样个数</td></tr>
<tr><td>≤50 只(个)</td><td>20 只(个)或逐个采样</td></tr>
<tr><td>51 只～100 只(个)</td><td>23 只(个)</td></tr>
<tr><td>101 只～250 只(个)</td><td>25 只(个)</td></tr>
<tr><td>251 只～500 只(个)</td><td>26 只(个)</td></tr>
<tr><td>501 只～1 000 只(个)</td><td>27 只(个)</td></tr>
<tr><td>＞1 000 只(个)</td><td>27(最多 30)只(个)</td></tr>
<tr><td colspan="2">蜂(种蜂、蜂王、工蜂、蜂卵及幼蜂)</td><td colspan="2">按每个检疫项目分别采取工蜂或幼虫 30 只；
蜂王采其蜂卵或幼蜂 30 只。</td></tr>
<tr><td rowspan="3">水生动物</td><td>亲鱼</td><td colspan="2">逐条采样，取精、卵液或血、粪便等。可疑患病者立即取样。</td></tr>
<tr><td>亲虾</td><td colspan="2">亲虾产卵后逐条取样。可疑患病者立即取样。</td></tr>
<tr><td>观赏鱼、鱼苗、虾苗及其受精卵(尾或粒)</td><td colspan="2">150 尾(粒)。</td></tr>
<tr><td colspan="2">动物胚胎、卵母细胞、动物精液</td><td colspan="2">按所鉴定的双边检疫议定书的要求采样。</td></tr>
</table>

表 A.1(续)

<table>
<tr><th>动 物 种 类</th><th colspan="3">采 样 数 量</th></tr>
<tr><td rowspan="7">食用鱼、鳖、虾、蟹、贝类</td><td>批量货物的总数</td><td>采样个数</td><td>备 注</td></tr>
<tr><td>≤50 尾(粒)</td><td>20 尾(粒)</td><td rowspan="6">尽可能选择可疑患病者</td></tr>
<tr><td>51 尾～100 尾(粒)</td><td>23 尾(粒)</td></tr>
<tr><td>101 尾～250 尾(粒)</td><td>25 尾(粒)</td></tr>
<tr><td>251 尾～500 尾(粒)</td><td>26 尾(粒)</td></tr>
<tr><td>501 尾～10 000 尾(粒)</td><td>27 尾(粒)</td></tr>
<tr><td>>10 000 尾(粒)</td><td>30 尾(粒)</td></tr>
<tr><td rowspan="7">种蚕、蚕卵</td><td>批量货物的总数</td><td colspan="2">采样个数(按 10%感染)</td></tr>
<tr><td>≤50 条(只)</td><td colspan="2">20 条(只)或逐条(只)采样</td></tr>
<tr><td>51 条～100 条(只)</td><td colspan="2">23 条(只)</td></tr>
<tr><td>101 条～250 条(只)</td><td colspan="2">25 条(只)</td></tr>
<tr><td>251 条～500 条(只)</td><td colspan="2">26 条(只)</td></tr>
<tr><td>501 条～1 000 条(只)</td><td colspan="2">27 条(只)</td></tr>
<tr><td>>1 000 条(只)</td><td colspan="2">27(最多 30)条(只)</td></tr>
</table>

A.2 出入境动物产品的采样数量

采样按照 GB/T 18088 进行,具体见表 A.2。

表 A.2 出入境动物产品的采样数量

<table>
<tr><th colspan="2">动物产品种类</th><th>批量货物的总数</th><th>抽检货物的采样数</th><th>每份样品的量</th></tr>
<tr><td colspan="2" rowspan="4">肉脏类(肉类、脏器、肉粉)、奶类、蛋品类</td><td>≤100 t</td><td>7 份</td><td rowspan="4">100 g/份～500 g/份</td></tr>
<tr><td>101 t～250 t</td><td>8 份</td></tr>
<tr><td>251 t～10 000 t</td><td>9 份</td></tr>
<tr><td>>10 000 t</td><td>最多 10 份</td></tr>
<tr><td colspan="2" rowspan="4">动物油脂(不含食用动物油)</td><td>≤100 t</td><td>7 份</td><td rowspan="4">100 g/份～200 g/份</td></tr>
<tr><td>101 t～250 t</td><td>8 份</td></tr>
<tr><td>251 t～10 000 t</td><td>9 份</td></tr>
<tr><td>>10 000 t</td><td>最多 10 份</td></tr>
<tr><td colspan="2" rowspan="4">动物性药材</td><td>≤100 t</td><td>7 份</td><td rowspan="4">5 g/份～10 g/份</td></tr>
<tr><td>101 t～250 t</td><td>8 份</td></tr>
<tr><td>251 t～10 000 t</td><td>9 份</td></tr>
<tr><td>>10 000 t</td><td>最多 10 份</td></tr>
<tr><td rowspan="5">皮张类</td><td>大、中动物原皮张</td><td>—</td><td>逐张采样</td><td rowspan="5">2 cm²/张</td></tr>
<tr><td rowspan="4">大、中动物分割皮、小动物原皮张</td><td>≤100 张</td><td>7 张</td></tr>
<tr><td>101 张～250 张</td><td>8 张</td></tr>
<tr><td>251 张～10 000 张</td><td>9 张</td></tr>
<tr><td>>10 000 张</td><td>最多 10 张</td></tr>
</table>

表 A.2（续）

动物产品种类	批量货物的总数	抽检货物的采样数	每份样品的量
毛、羽、绒、鬃、尾	≤100 t	7 份	50 g/份
	101 t～250 t	8 份	
	251 t～10 000 t	9 份	
	>10 000 t	最多 10 份	
蚕茧	≤100 只	7 份	10 只/份
	101 只～250 只	8 份	
	251 只～10 000 只	9 份	
	>10 000 只	最多 10 份	
骨蹄角类（包括生骨粉、碎骨）	≤100 t	7 份	20 g/份～50 g/份
	101 t～250 t	8 份	
	251 t～10 000 t	9 份	
	>10 000 t	最多 10 份	
动物性饲料（鱼粉、肉骨粉、蒸制骨粉、血粉、鳗鱼饲料、虾饲料等）	≤100 t	11 份	100 g/份～500 g/份
	101 t～250 t	15 份	
	251 t～10 000 t	17 份	
	>10 000 t	20 份	
水生动物产品（鱼、虾、蟹、贝等冷冻及干制品）	≤100 t	7 份	100 g/份～500 g/份
	101 t～250 t	8 份	
	251 t～10 000 t	9 份	
	>10 000 t	最多 10 份	
其他动物的加工品（蜂蜜等）	≤10 t	7 份	50 g/份
	11 t～50 t	8 份	
	>50 t	9(最多 10)份	

中华人民共和国出入境检验检疫行业标准

SN/T 2384—2009

动物检疫标准英文用语翻译规范

Specification of translating frequent used paragraphs and vocabularies to English for animal quarantine standards

2009-09-02 发布　　2010-03-16 实施

中华人民共和国
国家质量监督检验检疫总局 发布

前 言

本标准由国家认证认可监督管理委员会提出并归口。

本标准起草单位：中华人民共和国珠海出入境检验检疫局、中华人民共和国江苏出入境检验检疫局和中华人民共和国中山出入境检验检疫局。

本标准主要起草人：黄建珍、姜淼、王云华、吴小伦、黄新民、吕建能、罗宝正、廖秀云、薄清如、马洪波。

本标准系首次发布的出入境检验检疫行业标准。

动物检疫标准英文用语翻译规范

1 范围

本标准给出了动物检疫标准英文常用词和常用语表述指南。

本标准适用于动物检疫标准用语的英文翻译。

2 英文用语的采用规则

本标准相当的部分词语分别采自 OIE 标准、国家标准和行业标准。采用和编排顺序是:OIE 标准的词语,国家标准的词语,行业标准的词语。

3 标准常用语的英文表述

3.1 封面用语

3.1.1 中华人民共和国出入境检验检疫行业标准

Professional Standard of Entry-Exit Inspection and Quarantine of the People's Republic of China

3.1.2 中华人民共和国国家质量监督检验检疫总局发布

Issued by General Administration of Quality Supervision, Inspection and Quarantine of the People's Republic of China

3.1.3 发布日期

issue date

3.1.4 实施日期

implementation date

3.1.5 等同采用

IDT identical

3.1.6 修改采用

MOD modified

3.1.7 等效采用

EQV equivalent

3.1.8 非等效采用

NEQ not equivalent

3.1.9 代替

replace

3.2 目次用语

3.2.1 目次

contents

3.2.2 附录

appendix; annex

3.2.2.1 规范性附录

normative appendix

3.2.2.2 资料性附录

informative appendix

3.2.3 **参考文献**

reference;bibliography

3.2.4 **索引**

index

3.2.5 **图**

figure

3.2.6 **表**

table

3.3 **前言用语**

3.3.1 **前言**

foreword

3.3.2 **本标准等同采用 IEC(ISO)××××标准**

This standard is identical to IEC(ISO)××××

3.3.3 **本标准修改采用 IEC(ISO)××××标准**

This standard is modified in relation to IEC(ISO)××××

3.3.4 **本标准等效采用 IEC(ISO)××××标准**

This standard is equivalent to IEC(ISO)××××

3.3.5 **本标准非等效采用 IEC(ISO)××××标准**

This standard is not equivalent to IEC(ISO)××××

3.3.6 **本标准的附录××××为规范性附录**

Annex ××××/Annexes ×××× of this standard is/are normative

3.3.7 **本标准的附录×为资料性附录**

Annex ××××/Annexes×××× of this standard is/are informative

3.3.8 **本标准对先前版本技术内容做了下述重要修改**

There have been some significant changes in this standard over its previous edition in the following technical aspects

3.3.9 **本标准与所采用的国际标准的主要技术差异**

The main technical difference between this standard and the international standard adopted

3.3.10 **本标准从实施之日起代替××××**

This standard will replace ×××× from the implementation date of this standard

3.3.11 **本标准由国家认证认可监督管理委员会提出并归口**

This standard was proposed by and is under the jurisdiction of Certification and Accreditation Administration of the People's Republic of China

3.3.12 **本标准起草单位:××××、××××、××××**

This standard was drafted by ××××,××××,××××

3.3.13 **本标准主要起草人:×××、×××、×××**

This standard was mainly drafted by ×××,×××,×××

3.3.14 **本标准系首次发布的出入境检验检疫行业标准**

This is the first edition of the professional standard in the field of entry-exit inspection and quarantine

3.4 **引言用语**

3.4.1 **引言**

introduction

3.5 范围用语

3.5.1 范围

scope

3.5.2 本标准规定了……的方法

This standard specifies a method of...

3.5.3 本标准给出了……的指南

This standard gives guidelines for...

3.5.4 本标准界定了……的术语

This standard defines terms of...

3.5.5 本标准确立了……的一般原则

This standard establishes general principles for...

3.5.6 本标准适用于……

This standard is applicable to...

3.6 规范性引用文件用语

3.6.1 规范性引用文件

normative references

3.6.2 下列文件中的条款通过本标准的引用而成为本标准的条款。凡是注日期的引用文件，其随后所有的修改单(不包括勘误的内容)或修订版均不适用于本标准，然而，鼓励根据本标准达成协议的各方研究是否可使用这些文件的最新版本。凡是不注日期的引用文件，其最新版本适用于本标准。

The following documents contain provisions which, through reference in this text, constitute provisions of this standard. For dated references, subsequent amendments to (not including corrigenda), or revisions of, any of these publications do not apply. However, parties to agreements based on this standard are encouraged to investigate the possibility of applying the most recent editions of the documents indicated below. For undated references, the latest edition of the documents refered to applies.

3.7 术语和定义用语

3.7.1 术语和定义

terms and definitions

3.7.2 下列术语和定义适用于本标准

For the purposes of this standard, the terms and definitions given in the following apply

3.7.3 ××××确立的以及下列术语和定义适用于本标准

For the purposes of this standard, the terms and definitions given in ×××× and the following apply

3.8 符号和缩略语用语

3.8.1 符号和缩略语

symbols and abbreviated terms (abbreviation)

3.9 要求用语

3.9.1 要求

requirement

3.10 内容和方法用语

3.10.1 内容和方法

contents and method

3.11 标准化术语

3.11.1 标准化

standardization

3.11.2 强制性标准
mandatory standard

3.11.3 推荐性标准
voluntary standard

3.11.4 国际标准
international standard

3.11.5 国家标准
national standard

3.11.6 行业标准
professional standard

3.11.7 地方标准
provincial standard

3.11.8 企业标准
enterprise standard

3.11.9 导则
directive

3.11.10 法规
regulation

3.11.11 技术法规
technical regulation

3.11.12 规范
specification

3.11.13 技术规范
technical specification

3.11.14 通用规范
general specification

3.11.15 规程
protocol

3.11.16 操作规程
practice protocol

3.11.17 规则
rule

3.11.18 基本规则
general rule

3.11.19 指南
guide

3.11.20 手册
handbook

3.11.21 规范性文件(标准文件)
normative document

3.11.22 指导性技术文件
technical guide document

3.11.23 技术报告

technical report

3.12 标准文件的层次

3.12.1 部分

part

3.12.2 篇

section

3.12.3 章

clause;chapter

3.12.4 条

sub-clause

3.12.5 段

paragraph

3.12.6 列项

list

3.13 标准文件内容

3.13.1 条文

text

3.13.2 条款

provision

3.13.3 陈述

statement

3.13.4 指示

instruction

3.13.5 推荐

recommendation

3.13.6 必达要求

exclusive requirement

3.13.7 任选要求

optional requirement

3.13.8 通用要求

general requirement

3.13.9 特殊要求

particular (special) requirement

3.13.10 安全要求

safty requirement

3.14 标准文件的制定

3.14.1 标准计划

program of standard development

3.14.2 标准项目

project of standard development

3.14.3 标准草案

draft standard

3.14.4 标准征求意见稿
draft standard for comment

3.14.5 标准送审稿
draft standard for examination

3.14.6 标准报批稿
draft standard for approval

3.14.7 标准出版稿
final draft standard

3.14.8 有效期限
period of validity

3.14.9 审查
examination

3.14.10 函审
the standard examination by correspondence

3.14.11 会审
joint examination

3.14.12 审核
examination and verification

3.14.13 审批
examination and approval

3.14.14 复审
review

3.14.15 勘误表
corrigenda

3.14.16 增补
supplement

3.14.17 修正
amendment

3.14.18 修订
revision

3.14.19 重印
reprint

3.14.20 新版
new edition

4 动物检疫常用术语的英文表述

4.1 动物检疫程序用语

4.1.1 动物检疫
animal qurantine

4.1.2 现场检疫
quarantine on-the-spot

4.1.3 隔离检疫
quarantine

4.1.4 实验室检验

laboratory inspection

4.1.5 注册登记

registration

4.1.6 隔离场检疫

quarantine in the isolation facility

4.1.7 中转场检疫

assembly quarantine

4.1.8 临床检疫

clinical quarantine

4.1.9 进境检疫

entry quarantine;importing quarantine

4.1.10 出境检疫

exit quarantine;exporting quarantine

4.1.11 过境检疫

transit quarantine

4.1.12 产地检疫

quarantine in origin area;quarantine in producing area

4.1.13 口岸检疫

port quarantine;port quarantine inspection

4.1.14 运输工具检疫

quarantine of means of transport

4.1.15 携带物和邮寄物检疫

carryon and mailing quarantine

4.1.16 隔离饲养

isolated feeding;isolated raising

4.1.17 检疫审批

examination and approval of quarantine inspection

4.1.18 动物检疫审批

approval of importing animal and animal product

4.2 检疫范围用语

4.2.1 动物

animal

4.2.2 水生动物

aquatic animal

4.2.3 水生贝类动物

shellfish

4.2.4 野生动物

wildlife

4.2.5 实验动物

experimental animal

4.2.6 演艺动物

show business animal

4.2.7 竞技动物
tournament animal

4.2.8 观赏动物
ornamental animal

4.2.9 哨兵动物
sentinel animal

4.2.10 伴侣动物
pet

4.2.11 动物产品
animal product

4.2.12 水产品
aquatic animal product

4.2.13 食用性动物产品
edible animal product

4.2.14 非食用性动物产品
inedible animal product

4.2.15 肠衣
animal casing

4.2.16 动物源性饲料
feedstuff derived from animal

4.2.17 动物尸体
carcass

4.2.18 血液
blood

4.2.19 血粉
blood meal

4.2.20 血浆
plasma

4.2.21 血清
serum;sera *pl.*

4.2.22 鱼苗
fry

4.2.23 胚胎
embryo

4.2.24 生皮张
peltry

4.2.25 鞣制皮
tanned skin

4.2.26 含脂毛
greasy wool

4.2.27 洗净毛
scoured wool

4.2.28 碳化毛

carbonized wool

4.2.29 猪鬃

bristle

4.2.30 皮张

hide and skin

4.2.31 羽毛

feather

4.2.32 肉

meat

4.2.33 肉制品

meat product

4.2.34 肉骨粉

meat-and-bone meal

4.2.35 骨粉

bone meal

4.2.36 鱼粉

fish meal

4.2.37 乳

milk

4.2.38 乳制品

milk product

4.2.39 精液

semen

4.2.40 卵子

ovum;ova *pl.*

4.2.41 繁殖材料

breeding material

4.2.42 种用水生动物

broodstock

4.2.43 种畜

breeding livestock

4.2.44 种禽

breeding bird

4.2.45 种蛋

hatching egg

4.2.46 家畜

livestock

4.2.47 家禽

poultry

4.2.48 鲜肉

fresh meat

4.2.49 鲜蛋

flesh egg

4.2.50 病原微生物

pathogenic micro-organism；pathogenic organism

4.2.51 病原体

pathogen

4.2.52 病毒

virus

4.2.53 细菌

bacteria

4.2.54 霉菌

mold

4.2.55 寄生虫

parasite

4.2.56 生物因子

biological agent

4.2.57 生物制品

biological product

4.2.58 疫苗

vaccine

4.2.59 明胶

gelatine

4.2.60 油脂

oil and fat

4.2.61 废弃物

discharge

4.2.62 排泄物

excreta

4.2.63 野味

venison

4.3 地点相关用语

4.3.1 直接过境区

area of direct transit

4.3.2 缓冲区

buffer zone

4.3.3 出口国家(地区)

exporting country (area)

4.3.4 进口国家(地区)

importing country (area)

4.3.5 疫区

epidemic area

4.3.6 (某病)无疫区

(certain epidemic) free zone

4.3.7 监管区

surveillance zone

4.3.8 过境国

transit country

4.3.9 口岸

frontier post;port

4.3.10 疫点

epidemic spot

4.3.11 受威胁区

risk area

4.3.12 疫源地

nidus of infection

4.3.13 自然疫源地

natural epidemic nidus

4.3.14 启运地

place of shipment

4.4 检疫监管用语

4.4.1 监测

surveillance

4.4.2 检疫监督管理

quarantine supervision

4.4.3 注册养殖场

registered establishment

4.4.4 水生动物养殖场

aquaculture establishment

4.4.5 无疫病水产养殖场

free aquaculture establishment

4.4.6 注册加工厂

registered factory

4.4.7 认可屠宰场

approved abattoir

4.4.8 电子监管

electronic supervision

4.4.9 后续监管

follow-up supervision

4.4.10 残留监控

residue monitoring

4.4.11 疫情监测

epidemic monitoring

4.4.12 疫情

epidemic situation;epizootie situation

4.4.13 疫情报告

report on epidemic situation

4.4.14 法定通报疫病

notifiable disease

4.4.15 爆发

outbreak of disease or infection

4.4.16 散发[性]

sporadic

4.4.17 周期性

periodicity

4.4.18 季节性

seasonal

4.4.19 传染周期

infective period

4.4.20 感染率

infection rate

4.4.21 发病率

morbidity;incidence rate

4.4.22 死亡率

mortality

4.4.23 流行率

prevalence infectious rate

4.4.24 流行病学调查

epidemiological survey

4.4.25 流行性

epidemicity

4.4.26 地方流行性

endemic;enzootic

4.4.27 预防

prophylaxis

4.4.28 免疫

vaccination

4.4.29 主动免疫

active immunity

4.4.30 被动免疫

passive immunity

4.4.31 获得免疫

acquired immunity

4.4.32 强制性免疫

compulsory vaccination

4.4.33 紧急免疫

emergency vaccination

4.4.34 免疫监测

immune surveillance

4.4.35 免疫状态

immunity status

4.5 检疫处理用语

4.5.1 检疫处理

quarantine treatment

4.5.2 禁止进境

entry prohibit

4.5.3 无害化处理

biosafety disposal

4.5.4 封锁

block

4.5.5 销毁

destroy

4.5.6 熏蒸

fumigation

4.5.7 隔离

isolation

4.5.8 消毒

disinfection

4.5.9 消毒剂

disinfectant

4.5.10 灭菌

sterilization

4.5.11 封存

sealing up

4.5.12 杀虫

insect elimination;disinfestation

4.5.13 驱虫

repelling-parasite

4.5.14 灭鼠

deratization

4.5.15 签发证书

certificate issuance

4.5.16 扑杀

stamp out

4.5.17 扑杀政策

stamping-out policy

4.5.18 退回

withdrawal

4.5.19 追溯

tracing back

4.5.20 根除

eradication

4.5.21 净化

cleaning

4.5.22 **移动控制**

movement control

4.5.23 **焚化**

cremation

4.6 **动物检疫证书**

4.6.1 **兽医卫生证书**

Veterinary health certificate

4.6.2 **动物健康证书**

Animal health certificate

4.6.3 **原产地证书**

Certificate of origin

4.6.4 **国际动物运输证书**

International animal transport certificate

4.6.5 **辅助证书**

Supplementary certificate

4.6.6 **动物健康处理证书**

Health certification of treatment against[ectoparasites and endoparasites]

4.6.7 **出口动物包装材料证书**

Certificate of casings for export animal

4.6.8 **动物血缘证书**

Certificate of pedigree

4.6.9 **出口动物检验证书**

Certificate of inspection for export animals

4.6.10 **啮齿动物健康证书**

Health certificate for rodents

4.6.11 **出口动物饲料卫生证书**

Sanitary certificate for export of animal feed stuffs

4.6.12 **动物携带者证书**

Official certificate for animal runners

4.6.13 **动物检疫健康证书**

Health certificate of animal quarantine

4.6.14 **可食用动物包装卫生证书**

Sanitary certificate for edible animal casing

4.6.15 **动物原产地和健康证书**

Certificate of origin and health

4.6.16 **非食用动物产品装船声明**

Declaration and certificate for shipments of inedible animal products

4.6.17 **非食用动物副产品证书**

Certificate to accompany inedible animal byproducts

4.6.18 **反刍动物、马和猪皮毛装船声明**

Declaration and certificate for shipments of skins, hides and wool from domestics ruminants, equines and pigs.

4.6.19 非反刍动物、马和猪皮毛装船声明

Declaration and certificate for shipments of skins, hides and wool from species other than domestics ruminants, equines and pigs.

4.6.20 出口狼和犬兽医健康证书

Veterinary health certificate for export of dogs and wolves

4.6.21 出口牛(猪)精液兽医卫生证书

Veterinary health certificate for export of bovine (porcine) semen

4.6.22 出口牛(猪)体外受精胚胎兽医卫生证书

Veterinary health certificate for export of bovine (porcine) in vitro fertilized embryos

4.6.23 出口非食用猪明胶兽医卫生证书

Veterinary health certificate for export of inedible porcine gelatine

4.6.24 出口种猪健康证书

Health certificate for export of breeding pigs

4.6.25 出口含脂羊毛卫生证书

Health certificate for export of greasy wool

4.6.26 出口羽绒羽毛卫生证书

Health certificate for export of raw eider down/raw duck feathers

4.6.27 出口已加工羊皮卫生证书

Health certificate for export of treated sheepskins

4.6.28 出口宠物食品卫生证书

Sanitary certificate for export of pet food

4.6.29 出口禽/种蛋兽医健康证书

Veterinary health certificate for export of poultry or poultry hatching eggs

4.6.30 出口鱼粉卫生证书

Sanitary certificate for export of fish meal

4.6.31 出口生牛皮兽医卫生证书

Veterinary health certificate for export of raw bovine hides

4.6.32 出口盐湿牛皮兽医卫生证书

Veterinary health certificate for export of wetsalted cow hides/bull hides

4.6.33 出口盐湿猪皮兽医卫生证书

Veterinary health certificate for export of wetsalted pig skins/pig croupons

4.6.34 国际水生动物健康证书

International aquatic animal health certificate

4.6.35 熏蒸/消毒证书

Fumigation or disinfection certificate

4.6.36 运输工具检疫证书

Quarantine certificate for conveyance

4.6.37 特殊危险物证书

Certificate for special hazardous materials

4.7 疾病相关用语

4.7.1 病例

case

4.7.2 死亡

death

4.7.3 诊断

diagnosis

4.7.4 病理学诊断

pathological diagnosis

4.7.5 流行病学诊断

epidemiological diagnosis

4.7.6 疾病

disease

4.7.7 新发疾病

emerging disease

4.7.8 传染

infection

4.7.9 传染病

infectious disease

4.7.10 再发疾病

re-emerging disease

4.7.11 动物传染病

infectious disease of animal;communicable disease of animal

4.7.12 寄生虫病

parasitosis

4.7.13 人畜[兽]共患病

zoonosis

4.7.14 自然疫源性疾病

disease of natural nidus

4.7.15 传播

transmission

4.7.16 传染源

source of infection

4.7.17 传播媒介

transmission vector

4.7.18 传播途径

route of transmission

4.7.19 传播方式

mode of transmission

4.7.20 易感动物

susceptible animal

4.7.21 中间寄主

intermediate host

4.7.22 病原携带者

pathogen carrier

4.7.23 媒介生物

medium biology

4.7.24 潜伏期

incubation period

4.7.25 感染期

infection period

4.7.26 症状

symptom

4.8 实验室检验相关用语

4.8.1 测试

testing

4.8.2 水平测试

proficiency testing

4.8.3 试验

test

4.8.4 等效试验

equivalency test

4.8.5 证实试验

confirmatory test

4.8.6 替代试验

alternative test

4.8.7 试验报告

test report

4.8.8 检验

inspection

4.8.9 检测实验室

testing laboratory

4.8.10 校准实验室

calibration laboratory

4.8.11 参考实验室

reference laboratory

4.8.12 OIE 参考实验室

OIE reference laboratory

4.8.13 生物安全实验室

biosafety laboratory

4.8.14 生物安全动物实验室

animal biosafety laboratory

4.8.15 认可的实验室

approved laboratory

4.8.16 实验室能力验证

laboratory proficiency testing

4.8.17 实验室间比对试验

interlaboratory test comparison

4.8.18 符合

conformity

4.8.19 临界值(阈值)

cut-off (threshold)

4.8.20 结果判定

determination of result

4.8.21 鉴定

identification

4.8.22 不符合

inconformity

4.8.23 分离

isolation

4.8.24 病原

pathogen

4.8.25 病料

pathological material

4.8.26 样品

sample

4.8.27 标本

specimen

4.8.28 敏感性

sensitivity

4.8.29 血清学试验

serological test

4.8.30 特异性

specificity

4.8.31 病原分离鉴定

isolation and identification of pathogen

4.8.32 组织培养

tissue cultivation

4.8.33 标准毒株

standard virus strain

4.8.34 菌株

bacterial strain

4.8.35 原始细胞(系,储液,种子)

master cell (line,stock,seed)

4.8.36 原始种毒(菌种)

master seed virus (strain)

4.8.37 原代细胞

primary cell

4.8.38 抗原

antigen

4.8.39 抗体

antibody

4.8.40 抗血清

antiserum

4.8.41 标准试剂

standard reagent

4.8.42 诊断试剂

diagnostic reagent

4.8.43 诊断试剂盒

kit for diagnosis

4.8.44 剂量

dose

4.8.45 稀释度

dilutions

4.8.46 内部审核

in-house check

4.8.47 过程控制

in-process control

4.8.48 普通级动物

conventional animal

4.8.49 清洁动物

clean animal

4.8.50 无特定病原动物

specific pathogen free animal

4.8.51 无菌动物

germ free animal

4.8.52 悉生动物

gnotobiotic animal

4.8.53 生物安全

biosafety

4.8.54 生物安全防护水平

biosafety level BSL

4.8.55 生物安全柜

biological safety cabinet BSC

4.8.56 生物危害评估

assessment of biological risk

4.8.57 环境参数

environmental parameter

4.8.58 危险废弃物

hazardous waste

4.8.59 危害程度分级

levels of risk

4.8.60 危险标识
marks of danger;signs of danger

4.8.61 个人防护装备
personal protective equipment PPE

4.8.62 防护屏障
protective barrier

4.8.63 一级屏障
primary barrier

4.8.64 二级屏障
secondary barrier

4.8.65 污染区
contamination zone

4.8.66 半污染区
semi-contamination zone

4.8.67 清洁区
non-contaminatione zone

4.8.68 洁净度7级(8级)
cleanliness class 7(8)

4.8.69 气溶胶
aerosol

4.8.70 高压消毒
autoclaving

4.9 危害风险分析相关用语

4.9.1 适当保护水平
appropriate level of protection

4.9.2 危害
hazard

4.9.3 危害识别
hazard identification

4.9.4 风险
risk

4.9.5 可接受风险
acceptable risk

4.9.6 风险分析
risk analysis

4.9.7 风险评估
risk assessment

4.9.8 定性风险评估
qualitative risk assessment

4.9.9 定量风险评估
quantitative risk assessment

4.9.10 风险管理
risk management

4.9.11 风险预测

risk forecast

4.9.12 风险预警

risk alarm

4.9.13 风险交流

risk communication

4.9.14 有毒有害物质

poisonous and harmful materials

4.10 常用缩略语

4.10.1 病原鉴定

Agent id. agent identification

4.10.2 凝集试验

Agg. agglutination test

4.10.3 琼脂凝胶免疫扩散试验

AGID agar gel immunodiffusion

4.10.4 缓冲布氏杆菌抗原试验

BBAT buffered Brucella antigen test

4.10.5 牛胎肾细胞

BFK bovine fetal kidney [cells]

4.10.6 牛血清白蛋白

BSA bovine serum albumin

4.10.7 牛血清因子

BSF bovine serum factors

4.10.8 绒毛尿囊膜

CAM chorioallantoic membrane

4.10.9 鸡胚成纤维细胞

CEF chicken embryo fibroblast

4.10.10 补体结合试验

CF complement fixation

4.10.11 克隆形成单位

CFU colony-forming unit

4.10.12 对流免疫电泳

CIEP counter immunoelectrophoresis

4.10.13 迟发型过敏试验

DTH delayed-type hypersensitivity

4.10.14 酶联免疫吸附试验

ELISA enzyme-linked immunosorbent assay

4.10.15 胚感染剂量

EID egg-infective dose

4.10.16 荧光抗体病毒中和试验

FAVN fluorescent antibody virus neutralisation

4.10.17 荧光偏振试验

FPA fluorescence polarisation assay

4.10.18 荧光抗体试验

FAT fluorescent antibody test

4.10.19 生长抑制试验

GIT growth inhibition test

4.10.20 血凝试验

HA haemagglutination

4.10.21 血细胞吸附[试验]

HAD haemadsorption

4.10.22 血凝抑制试验

HI haemagglutination inhibition

4.10.23 辣根过氧化物酶

HRPO horseradish peroxidase

4.10.24 免疫印迹试验

IB im munoblot test

4.10.25 半数感染剂量

ID_{50} median infectious dose

4.10.26 间接荧光抗体试验

IFA indirect fluorescent antibody

4.10.27 间接血凝试验

IHA indirect haemagglutination

4.1 0.28 免疫过氧化物酶单层试验

IPMA immunoperoxidase monolayer assay

4.10.29 国际单位

IU international units

4.10.30 乳胶凝集试验

LA latex agglutination

4.10.31 致死剂量

LD lethal dose

4.10.32 单克隆抗体

MAb monoclonal antibody

4.10.33 显微凝集试验

MAT microscopic agglutination test

4.10.34 原始种毒

MSV master seed virus

4.10.35 中和指数

NI neutralisation index

4.10.36 中和过氧化物酶结合试验

NPLA neutralising peroxidase-linked assay

4.10.37 聚丙烯酰胺凝胶电泳

PAGE polyacrylamide gel electrophoresis

4.10.38 过典希夫反应

PAS periodic acid-Schiff [reaction]

4.10.39 聚合酶链反应
PCR polymerase chain reaction

4.10.40 保护剂量
PD protective dose

4.10.41 蚀斑形成单位
PFU plaque-forming unit

4.10.42 被动血凝试验
PHA passive haemagglutination [test]

4.10.43 蚀斑减数中和试验
PRN plaque reduction neutralisation

4.10.44 红细胞
RBC red blood cell

4.10.45 限制性片段长度多态性
RFLP restriction fragment length polymorphism

4.10.46 兔肾细胞
RK rabbit kidney

4.10.47 快速血清凝集[试验]
RSA rapid serum agglutination

4.10.48 反转录聚合酶链反应
RT-PCR reverse-transcription polymerase chain reaction

4.10.49 放射免疫试验
RIA radioimmunoassay

4.10.50 血清凝集试验
SAT serum agglutination test

4.10.51 绵羊红细胞
SRBC sheep red blood cells

4.10.52 组织培养半数感染量
$TCID_{50}$ tissue culture infective dose

4.10.53 病毒中和试验
VN virus neutralisation

4.11 其他专业用语

4.11.1 人工授精
artificial insemination

4.11.2 育种站
breeding station

4.11.3 日龄
day-old

4.11.4 动物卫生状态
animal health status

4.11.5 动物福利
animal welfare

4.11.6 双边检疫协定
bilateral quarantine agreement

4.11.7 禁止进境物名录
the catalogues of objects prohibited from entering

4.11.8 屠宰
slaughter

4.11.9 屠宰场
abattoir;slaughterhouse

4.11.10 胴体
carcass

4.11.11 印章
seal

4.11.12 标识
marking

4.11.13 封识
sealing

4.11.14 发货
shipment

4.11.15 名录
list

4.11.16 应急预案
contingency plan;emergency plan

4.11.17 官方兽医
official veterinarian

4.11.18 签证官员
certifying official

4.11.19 官方机构
competent authority

4.11.20 兽医行政机关
veterinary administration

4.11.21 通告
notification

5 其他术语的英文表述

5.1 量和单位用语

5.1.1 长度
length

5.1.2 宽度
breadth

5.1.3 高度
height

5.1.4 厚度
thickness

5.1.5 公里
kilometer

5.1.6　米

metre

5.1.7　厘米

centimeter

5.1.8　毫米

millimeter

5.1.9　微米

micron

5.1.10　体积

volume

5.1.11　面积

acreage

5.1.12　平方米

square meter

5.1.13　时间

time

5.1.14　时间间隔

time interval

5.1.15　持续时间

duration

5.1.16　容量

capacity

5.1.17　升

litre

5.1.18　毫升

milliliter

5.1.19　微升

microlitre

5.1.20　质量

mass

5.1.21　克分子[量]、摩尔

Mol

5.1.22　吨

tonne

5.1.23　千克(公斤)

kilogram

5.1.24　克

gram

5.1.25　毫克

milligram

5.1.26　批次

lot

5.1.27 日(天)
day

5.1.28 小时
hour

5.1.29 秒
second

5.1.30 分
minute

5.1.31 摄氏度
degree celsius;degree centigrade

5.1.32 速度
rapidity

5.2 参考文献、索引用语

5.2.1 主要责任者
primary responsibility

5.2.2 其他责任者
subordinate responsibility

5.2.3 专著
monograph

5.2.4 连续出版物
serials

5.2.5 电子文献
electronic document

5.2.6 专利文献
patent document

5.2.7 题名
title

5.2.8 版本项
edition

5.2.9 出版项
publication

5.2.10 出版地
publication place

5.2.11 出版者
publisher

5.2.12 专利号
kind of patent document

5.3 表格、图、注释、附录用语

5.3.1 续
continued

5.3.2 注
note

5.3.3 脚注
footnote

中 文 索 引

D

E

F

G

H

J

T

W

X

Y

Z

英 文 索 引

A

B

C

D

E

F

G

H

I

J

K

L

M

N

O

P

Q

R

S

V

W

Z

检验检疫监督管理标准

（一）隔离场建设

中华人民共和国出入境检验检疫行业标准

SN/T 1491—2004

进境牛羊临时隔离场建设的要求

Requirements of the isolation facilities for imported cattle and sheep (or goats)

2004-11-17 发布　　　　2005-04-01 实施

中华人民共和国国家质量监督检验检疫总局　发布

前　言

本标准由国家认证认可监督管理委员会提出并归口。

本标准起草单位：中华人民共和国国家质量监督检验检疫总局动植司，中华人民共和国江苏出入境检验检疫局、中华人民共和国北京出入境检验检疫局、中华人民共和国山东出入境检验检疫局、中华人民共和国天津出入境检验检疫局。

本标准主要起草人：冯学平、彭志生、张敬友、吴向前、卢晓中、张永年、崔向东、陈世松。

本标准系首次发布的出入境检验检疫行业标准。

进境牛羊临时隔离场建设的要求

1 范围

本标准规定了进境牛羊临时隔离场建设的要求。

本标准适用于进境牛羊临时隔离场的建设。

2 规范性引用文件

下列文件中的条款通过本标准的引用而成为本标准的条款。凡是注日期的引用文件，其随后所有的修改单(不包括勘误的内容)或修订版均不适用于本标准，然而，鼓励根据本标准达成协议的各方研究是否可使用这些文件的最新版本。凡是不注日期的引用文件，其最新版本适用于本标准。

GB 16548 畜禽病害肉尸及其产品无害化处理规程

3 选址

3.1 环境要求

3.1.1 临时隔离场应设于每个国家一类开放口岸，邻近港口码头或国际机场，离入境口岸距离小于50 km，交通便利，口岸具有装运动物的条件。

3.1.2 临时隔离场所在地周围10 km范围内没有世界动物卫生组织(OIE)A类动物疫病中的牛羊疫病发生和流行。

3.1.3 临时隔离场要远离野生动物保护区10 km以上。

3.1.4 临时隔离场周围3 km范围内无动物饲养场、屠宰厂、制革厂、兽医院、畜牧兽医研究所、人工授精站、胚胎移植站、农贸市场、学校、医院、居民区、主干道等场所。

3.1.5 临时隔离场周围环境条件符合动物卫生要求。

3.1.6 从口岸到隔离场运输途中不能通过牛羊疫病的疫区。

3.1.7 临时隔离场内应有必要的供水、电设施，水质符合国家饮用水标准。

3.2 实验室(能力)要求

3.2.1 承担进境检测任务的实验室应获得中国实验室国家认可委员会认可资格。

3.2.2 承担进境检测任务的实验室须具有开展检测项目的实验室条件，人员、技术、仪器设备等能够满足检测工作的需要。

3.2.3 必要时国家质检总局组织专家组对拟承担检测任务的实验室进行考核。

4 设施要求

4.1 围墙与通道

4.1.1 分区

临时隔离场内应布局合理，分设生活办公区、隔离区。隔离区内应包括隔离饲养区、病畜隔离区、粪便污水处理区、草料储藏区等。临时隔离场与外界和场内各区之间应建有围墙及消毒通道。

4.1.2 围墙

4.1.2.1 外围墙：临时隔离场的四周必须有不低于2 m的实心围墙，与外界有效隔离。

4.1.2.2 内围墙：临时隔离场内各区之间以不低于1.65 m实心围墙分隔。

4.1.3 通道

4.1.3.1 应分别设有人员、动物和车辆进出隔离场的通道，隔离场的出入口须有消毒设施。

4.1.3.2 临时隔离场通道须设动物和车辆进出的消毒池，消毒池的宽度与门同宽，长度不得少于4 m，深度不得少于0.2 m。人员的出、入通道要设有洗手消毒设施、消毒池或者消毒垫。

4.1.4 淋浴室和更衣室

人员进出隔离区的通道要设淋浴室、更衣室。备有专用工作服、鞋、帽。淋浴室应能满足人员进出洗浴的要求。淋浴室和更衣室内应具有供冷暖设备。

4.1.5 门卫室

临时隔离场人员进出通道须设门卫室。

4.1.6 卫生间

生活办公区和隔离区内应分别设有男、女卫生间。

4.2 警示标志

临时隔离场进出通道等处应设有“动物隔离场，请勿靠近”等醒目警示标志。

4.3 隔离区

4.3.1 动物装卸台

须设有牢固、安全的动物装卸台，装卸场地地面应硬化，并能满足动物装卸的需要。须有车辆清理消毒的场所，并配备必要的消毒设施。

4.3.2 隔离饲养区

4.3.2.1 动物饲养舍内饲养面积每头牛不少于5.0 m^2、每头羊不少于2 m^2。地面应防滑、防积水，地面和墙壁易于清洗、消毒。

4.3.2.2 隔离饲养舍要有必要的饲养设施，设有运送草料通道(净道)、运输动物排泄物的通道(脏道)，净道和脏道须分开设置。

4.3.2.3 隔离饲养舍内应分圈饲养，每个圈饲养量不超过100头，地面要有一定的坡度，圈内要设污水排放槽。

4.3.2.4 隔离饲养舍相对封闭。

4.3.2.5 隔离饲养舍应安装上下水设施。

4.3.2.6 隔离饲养舍应配备必要的通风、照明等设备。

4.3.2.7 应有防鸟防鼠设施。

4.3.2.8 隔离区应建有适合动物采样的保定设施，满足检疫工作的需要。

4.3.3 病畜隔离区

4.3.3.1 病畜隔离区内建有能容纳总量5%的病畜隔离室，病畜隔离室须完全封闭，地面要防滑防渗漏，易于清洗消毒，须设有诊疗保护设施。

4.3.3.2 病畜隔离区内应建有动物尸体解剖室。室内应有必要的解剖设施。

4.3.4 粪便污水处理区

4.3.4.1 污水处理

应建有与动物容量相适应的污水处理设施，污水的排放应符合防疫和环保要求。

4.3.4.2 储粪池

应建有与动物容量相适应的储粪池，对动物粪便集中堆积进行发酵处理。

4.3.5 草料储藏区

草料储藏区应有饲草和精料储存设施，容量应和隔离动物的数量相适应。应具有防鼠、防火设施，便于熏蒸处理。

4.3.6 病死畜和阳性动物处理

病死畜和阳性动物按照GB 16548规定的执行。

4.3.7 饲养员休息室、兽医诊疗室

隔离饲养区内应建设有与本场隔离规模相符的饲养员休息室、兽医诊疗室，并备有基本诊疗设备。

4.4 生活区

4.4.1 办公室

办公室、驻场兽医办公室应有电脑、电话、电视、传真机等办公设备，能满足日常办公的需要。

4.4.2 食堂

生活区内应建有与驻场人员数量相适应的食堂，设有独立操作间、仓库、餐厅等。生活区人员餐厅须与隔离区驻场人员餐厅有效隔离，避免交叉感染。

4.4.3 宿舍

生活区内应建设有满足检验检疫机构派驻兽医人员、采血人员住宿的宿舍。宿舍应具有洗漱、供暖、空调、电脑、电话、电视等必备的生活设施。

4.4.4 生活区垃圾处理

在进境动物隔离期间，生活垃圾应集中堆放，隔离动物放行后，经消毒处理后方可运出临时隔离场。

5 隔离场的其他配套设施

5.1 配备有供暖、降温设备。

5.2 场内应配备消防设备。

5.3 场内应配备机动消毒器。

5.4 配备必要的交通工具。

6 规章制度

临时隔离场应建立如下规章制度：

——完善的防疫消毒制度；

——对人员、交通工具、物品等进出登记及管理制度；

——对隔离场工作人员体检和防疫知识培训的制度；

——饲养管理制度；

——隔离场日常监管制度；

——防火、防盗等安全保障制度和措施；

——采送样管理规定。

中华人民共和国出入境检验检疫行业标准

SN/T 2032—2007

进境种猪临时隔离场建设规范

Requirement of construction of provisional quarantine facilities for imported breeding swine

2007-12-24 发布　　　　2008-07-01 实施

中华人民共和国国家质量监督检验检疫总局　发布

前言

本标准由国家认证认可监督管理委员会提出并归口。

本标准起草单位：中华人民共和国广东出入境检验检疫局。

本标准主要起草人：朱广勤、梁刚、林志雄、王燕昌。

本标准系首次发布的出入境检验检疫行业标准。

进境种猪临时隔离场建设规范

1 范围

本标准规定了进境种猪临时隔离场建设的要求。

本标准适用于进境种猪临时隔离场的建设。

2 规范性引用文件

下列文件中的条款通过本标准的引用而成为本标准的条款。凡是注日期的引用文件，其随后所有的修改单(不包括勘误的内容)或修订版均不适用于本标准，然而，鼓励根据本标准达成协议的各方研究是否可使用这些文件的最新版本。凡是不注日期的引用文件，其最新版本适用于本标准。

GB 5749 生活饮用水卫生标准

GB 14554 恶臭污染物排放标准

GB 16548 病害动物和病害动物产品生物安全处理规程

3 选址

3.1 临时隔离场应设于国家一类开放口岸，临近港口、码头或国际机场，离入境口岸距离小于 50 km，交通便利。

3.2 临时隔离场所在地周围 10 km 范围内，1 年内没有世界动物卫生组织(OIE)规定应通报疫病中猪及其他偶蹄动物疫病的发生和流行。

3.3 临时隔离场要远离野生动物保护区 10 km 以上。

3.4 临时隔离场应避开水源保护区，周围 3 km 范围内无陆生动物饲养场、屠宰厂、制革厂、兽医院、畜牧兽医研究所、人工授精站、胚胎移植站、农贸市场、学校、医院、居民区、主干道等。

3.5 临时隔离场场址应地势高燥，排水良好。

3.6 运输线路应避开可能导致猪感染疫病的地区。

3.7 临时隔离场内应有必要的供水、供电设施，水质符合 GB 5749 的要求。

4 设施要求

4.1 布局及配套设施

4.1.1 分区

临时隔离场内应分区布局，分设办公区、生活区、隔离区，临时隔离场与外界、场内各区之间应建有围墙及消毒通道。隔离区内应设置下列小区：饲料储藏操作区、隔离饲养区、病畜隔离区、粪便污水处理区、死畜和疫畜处理区等。

4.1.2 围墙

4.1.2.1 外围墙：临时隔离场的四周应有不低于 2.5 m 的实心围墙，与外界有效隔离。如临时隔离场具备有临水、临崖等较好的自然隔离条件的外围部分，可不建外围墙，但需加装围栏。

4.1.2.2 内围墙：临时隔离场内各区之间有不低于 2 m 的实心围墙分隔。

4.1.3 大门和通道

4.1.3.1 临时隔离场大门应设在办公区，并设门卫室。大门和各区之间应设置人员及车辆专用出入通道。

4.1.3.2 临时隔离场大门和各区之间的车辆、动物出入通道须设消毒池，消毒池应与门等宽，长度不小于 4 m,深度不小于 0.2 m,并设专用的车辆清洗消毒场地。人员的出入通道要有洗手消毒设施、消毒池或者消毒垫。

4.1.4 淋浴室和更衣室

各区之间的人员出入通道要设淋浴室、更衣室,并备有专用工作服、鞋、帽。淋浴室应能满足人员进出洗浴的要求。淋浴室和更衣室内应具有供冷暖设备,更衣室配备紫外线消毒设施。

4.1.5 卫生间

场内各区应分别设置男、女卫生间。

4.2 警示标志

临时隔离场进出通道等处应设有"动物隔离场,请勿靠近"等醒目警示标志。

4.3 办公区

4.3.1 用途

本区用于动物隔离期间临时隔离场的内外联系、物资采购和膳食加工。

4.3.2 办公室

办公室应有电子计算机、电话、传真机等办公设备,能满足日常办公需要。

4.3.3 食堂

办公区内应建有与驻场人员数量相适应的食堂,设有独立操作间、仓库、餐厅等,办公区人员餐厅须与隔离区驻场工作人员餐厅有效隔离,膳食应通过专用的传递通道传送到隔离区工作人员餐厅。

4.4 生活区

4.4.1 要求

临时隔离场应在办公区与隔离区之间设立生活区,区内应设有与该区内驻场工作人员数量相适应的供水、供电、供冷暖、康乐及消防等设施,隔离区内工作人员宿舍、餐厅、消毒器具、用具仓库等都应设在该区。

4.4.2 驻场兽医检疫官员办公室

办公室应有可连接互联网的电子计算机、打印机、电话、传真机等办公设备,能满足日常办公需要。

4.4.3 宿舍

该区内应建设有满足检验检疫机构派驻兽医检疫官员、场内工作人员住宿的宿舍。宿舍应具有洗漱、供冷暖、电视等必备的生活设施。

4.4.4 生活区垃圾处理

在进境动物隔离期间,生活垃圾应集中堆放,隔离动物放行后,经消毒处理方可运出临时隔离场。

4.5 隔离区

4.5.1 动物装卸台

隔离区应设牢固、安全的动物装卸台,装卸台应与隔离区的内围墙相连,有动物通道与猪舍连接,通道内有消毒池,用于动物蹄足浸泡消毒;装卸台的装卸场地应硬底化,有充足的面积满足动物装卸的需要,并有车辆清洗、消毒的场所,配备必要的消毒设施。

4.5.2 饲养区

4.5.2.1 饲养舍

饲养舍应为封闭式,舍内应分圈饲养,每个猪圈面积一般为 20 m^2,饲养密度为每头成年母猪不少于 2 m^2、每头成年公猪不少于 6 m^2,舍内地面设计要有坡度,防滑、防积水,地面和墙壁易于清洗、消毒;舍内要配备通风、冲洗、照明、冷暖等设备,防蚊、防鼠、防鸟等设施,圈内应设污水排放槽,配备自动饮水器及饲料槽。

4.5.2.2 通道

饲养舍外应分别设置运送饲料的净道、运送动物排泄物的脏道及动物通道,净道和脏道应分开设置;连接饲养舍间的动物通道的各关闸要开启自如。

4.5.3 **病畜隔离区**

病畜隔离区内应建能容纳隔离动物总数5%的病畜隔离舍，病畜隔离舍须完全封闭，并设置专用的通道和消毒设施，舍内设施与饲养区相同。

4.5.4 **粪便污水处理区**

4.5.4.1 **污水处理**

应建有与动物数量相适应的污水储存和处理设施，防止渗漏、溢漏，污水的排放应达到GB 14554的要求。

4.5.4.2 **储粪池**

应建有与动物数量相适应的储粪池，对动物粪便进行无害化处理。

4.5.5 **饲料储藏区**

临时隔离场应建有与隔离动物数量相适应的饲料仓库，应具有防鼠、防鸟、防火设施，便于熏蒸处理。

4.5.6 **病死畜及疫畜处理区**

4.5.6.1 区内应建有动物解剖室，室内配备必要的解剖及病料采集设施和用品。

4.5.6.2 区内应建有与本场隔离动物规模相匹配的动物扑杀及进行无害化处理的场所和设施。

4.5.6.3 病死畜和疫畜应按GB 16548规定进行处理。

4.5.7 **饲养员休息室，兽医诊断室**

隔离饲养区内应建设与本场隔离规模相匹配的饲养员休息室和兽医诊断室，兽医诊断室应配备进行动物诊疗的药物、器械、必要的采样工具和冷藏设备。

4.6 **配套设备**

4.6.1 饲料加工设备。

4.6.2 运输及清粪设备。

4.6.3 消防设备。

4.6.4 其他配套设备。

5 管理要求

临时隔离场应建立如下规章制度：

a) 防疫消毒制度；

b) 饲养管理制度；

c) 人员管理制度；

d) 门卫制度，包括人员、交通工具、物品等进出登记及管理制度；

e) 隔离期间动物日常监管，记录及档案保存制度等；

f) 防火、防盗等安全保障制度和措施；

g) 采、送样管理规定。

中华人民共和国出入境检验检疫行业标准

SN/T 2523—2010

进境鱼类临时隔离场建设规范

Construction practice of temporary isolation facilities for entry fishes

2010-03-02 发布　　　　2010-09-16 实施

中华人民共和国
国家质量监督检验检疫总局　发布

前　言

本标准由国家认证认可监督管理委员会提出并归口。

本标准起草单位:中华人民共和国珠海出入境检验检疫局、中华人民共和国江苏出入境检验检疫局、中华人民共和国辽宁出入境检验检疫局。

本标准主要起草人:周新朋、杨海燕、马珊珊、李东明、付蕾、郑帆、陈德镁、郗鑫、陈琨、胡德刚。

本标准系首次发布的出入境检验检疫行业标准。

进境鱼类临时隔离场建设规范

1 范围

本标准规定了进境鱼类临时隔离场建设的要求。

本标准适用于进境鱼类临时隔离场的建设，其他水生动物亦可参照执行。

2 规范性引用文件

下列文件中的条款通过本标准的引用而成为本标准的条款。凡是注日期的引用文件，其随后所有的修改单（不包括勘误的内容）或修订版均不适用于本标准，然而，鼓励根据本标准达成协议的各方研究是否可使用这些文件的最新版本。凡是不注日期的引用文件，其最新版本适用于本标准。

GB 11607 渔业水质标准

NY 5051 无公害食品 淡水养殖用水水质

NY 5052 无公害食品 海水养殖用水水质

3 选址

3.1 临时隔离场所在地周边没有世界动物卫生组织（OIE）规定应当通报和农业部规定应当上报的水生动物疾病发生和流行。

3.2 临时隔离场周围1 km范围内无水产养殖场（包括苗种场）、动物饲养场、屠宰厂、水产品加工厂、兽医院、农贸市场、医院等场所。

3.3 临时隔离场周围环境条件符合动物防疫要求。

3.4 临时隔离场具有独立水源，水质符合GB 11607、NY 5051、NY 5052。场内应有必要的供水、电设施。

4 设施要求

4.1 分区

临时隔离场内布局应合理，分设生活办公区、隔离区，生活区与隔离区应建有隔离墙。隔离区内应包括隔离养殖池、病鱼观察池、工器具存放室、饲料存放室、药物储藏室、兽医工作室等。临时隔离场与外界应建有围墙及消毒通道。

4.2 围墙与通道

4.2.1 围墙

临时隔离场的四周应有实心围墙，围墙地下部分不少于0.5 m，地上部分不低于1.5 m，与外界有效隔离。围墙墙面粗糙，顶端需设置倒檐。

4.2.2 通道

4.2.2.1 应分别设有人员、车辆进出隔离场的通道，隔离场的出入口应有消毒设施。

4.2.2.2 临时隔离场通道应设车辆进出的消毒池，消毒池的宽度与门同宽，长度不得少于4 m，深度不得少于0.2 m。人员的出、入通道要设有洗手消毒设施、消毒池（或者消毒垫）。

4.2.3 门卫室

临时隔离场进出通道应设门卫室。

4.3 警示标志

临时隔离场进出通道等处应设有“动物隔离场，请勿靠近”等醒目警示标志。

4.4 隔离区

4.4.1 动物装卸设施

应设有能满足动物装卸需要的装卸设施。应有车辆、生产工具清理消毒的场所，并配备必要的消毒设施。

4.4.2 进排水设施

隔离场进排水应分设，塘间不得过水。

进水区：应建有必要的水源过滤、消毒、处理设施。进水需经臭氧、紫外线或药剂消毒等方法处理。

污水处理区：应建有与隔离规模相适应的污水处理设施，污水排放应经无害化处理。

4.4.3 隔离养殖池

隔离养殖池布局应合理、形状规则。池全部用水泥硬化，池深不低于 2 m，池底向出口水呈 15°倾斜，滞水深度最多不超过 0.3 m，池壁光滑，池边有防止泥沙随雨水冲入池的设施；进排水口需设置滤网，能有效防止水生动物逃逸。

4.4.4 病鱼观察池

病鱼观察池应与隔离养殖池标准相一致，用于病鱼的隔离观察、治疗。病鱼观察池与隔离养殖池供排水系统要完全独立。

4.4.5 工器具存放室

工器具存放室应与本场隔离规模相一致，已消毒工具和未消毒工具应分开摆放。渔具专池专用。

4.4.6 饲料存放室

饲料存放室应清洁干燥、通风良好，具有防鼠、防火、防尘设施，并有专人管理。

饲喂鲜活饵料的，应有相应的冷藏或冷冻设备，以防饵料腐败变质。

4.4.7 药物储藏室

药物储藏室应由专人管理，药物应按其说明书要求的储存条件分类存放，集中发放，并有相应的购买、使用、存放记录。

4.4.8 养殖员休息室

养殖员休息室应与本场养殖人员数量相一致。

4.4.9 兽医工作室

兽医工作室应备有必要的水质检测设备和水生动物疾病诊疗设施。由具备水生动物养殖和疫病防治知识的专业技术人员负责相关检测、诊疗工作。

4.4.10 废弃物处理区

建有废弃物无害化处理区，并配备死鱼和废弃物的无害化处理设施。

4.5 生活区

4.5.1 办公室

办公室应有必要的办公设备，能满足日常办公的需要。

4.5.2 生活区垃圾处理

在进境动物隔离期间，生活垃圾应集中堆放；隔离动物放行后，经无害化消毒处理后方可运出临时隔离场。

5 隔离场的其他配套设施

5.1 进水口、隔离养殖池、病鱼观察池、排水口应有对水质进行持续监测或定时监测的设施。

5.2 配备满足隔离水生动物生产需要的水质调控设备。

5.3 配备与隔离生产规模相适应的充氧设备。

5.4 配备有应急发电设备。

5.5 根据引进动物的需要，配备有相应的制冷或加热设备。

5.6 配备必要的运输工具。

5.7 场内应配备机动消毒器。

6 规章制度

临时隔离场应建立如下规章制度：

a) 水生动物疫病监控体系和疫情报告制度；

b) 养殖管理、药物和饲料的使用及管理、防疫消毒制度；

c) 废弃物、废水无害化处理制度；

d) 对隔离场工作人员体检、培训、管理制度；

e) 人员、交通工具、物品等进出登记及管理制度；

f) 防火、防盗等安全保障制度和措施；

g) 应急处置制度。

中华人民共和国出入境检验检疫行业标准

SN/T 2699—2010

出境淡水鱼养殖场建设要求

Construction requirement of aquaculture farm for exported fresh water fish

2010-11-01 发布　　　　2011-05-01 实施

中华人民共和国
国家质量监督检验检疫总局　发布

前　言

本标准按照 GB/T 1.1—2009 给出的规则起草。

本标准由国家认证认可监督管理委员会提出并归口。

本标准起草单位:中华人民共和国湖北出入境检验检疫局、中华人民共和国江苏出入境检验检疫局、中华人民共和国四川出入境检验检疫局、中华人民共和国山西出入境检验检疫局。

本标准主要起草人:冯汉利、郭明星、赵晖、曾宪东、王振华、王维志、黄晟、廉慧峰、徐共和、陈建军、陈秀开、余华。

出境淡水鱼养殖场建设要求

1 范围

本标准规定了出境淡水鱼养殖场选址、设施布局、设备等方面的建设要求。

本标准适用于出境淡水鱼类养殖场的建设,其他水生动物养殖场建设亦可参照执行。

2 规范性引用文件

下列文件对于本文件的应用是必不可少的。凡是注日期的引用文件,仅注日期的版本适用于本文件。凡是不注日期的引用文件,其最新版本(包括所有的修改单)适用于文件。

GB 11607 渔业水质标准

GB/T 18407.4 农产品安全质量 无公害水产品产地环境要求

GB/T 20014.13 良好农业规范 第13部分:水产养殖基础控制点与符合性规范

GB/T 20014.14 良好农业规范 第14部分:水产池塘养殖基础控制点与符合性规范

GB/T 20014.16 良好农业规范 第16部分:水产网箱养殖基础控制点与符合性规范

3 术语和定义

下列术语和定义适用于本文件。

3.1

水产养殖场 aquaculture farm

以所有类型和模式从事水产养殖活动的组织。

3.2

淡水鱼 fresh water fish

能生活在盐度为千分之三的淡水之中的鱼类,其部分或一生时间生活在淡水中。

3.3

池塘养殖 pond culture

利用人工开挖或天然池塘进行水生动物养殖的生产方式。

3.4

网箱养殖 net cage culture

在网箱中进行水生动物养殖的生产方式。

3.5

养殖投入品 aquaculture applied material

水生动物养殖过程中所使用的苗种、饲料、饲料添加剂、渔药及其他化学品和生物制剂。

3.6

化学品 chemical compound

养殖场场地内所用的洗涤剂、消毒剂、燃料油等,但不包括渔药。

3.7

渔药 fishery drug

用于预防、控制和治疗水产养殖对象的病害,促进养殖品种健康成长,增强机体抗病能力以及改善养殖水体质量的物质。

4 选址及环境要求

4.1 出境淡水鱼养殖场应选择生态环境良好、交通便利的水域，无工业“三废”及农业、城镇生活、畜禽养殖、医疗废弃物等污染，且周边距离 1 km 内无水产加工厂。场区位于水生动物疫病非疫区，过去两年内没有发生国际动物卫生组织(OIE)规定应当通报和农业部规定应上报的水生动物疾病。

4.2 网箱养殖区应符合淡水水域功能区划要求，并远离工业区、人口密集区或港口，周边无污染源，且避开洪水等自然灾害频发的区域。网箱养殖场的选址和规划符合 GB/T 20014.13 的要求。

4.3 出境淡水鱼养殖场应水源充足，具有独立水源，水质符合 GB 11607 水质要求。具有政府主管部门或者检验检疫机构出具的有效水质监测或检测报告。

4.4 出境淡水鱼养殖场底质要求无工业废弃物和生活垃圾、无异色、异臭，有毒有害物质限量符合 GB/T 18407.4 的规定。

4.5 出境淡水鱼养殖场养殖水域面积应具备一定规模，水泥池养殖面积一般不少于 1.33 hm^2(20 亩)，土池养殖面积不少于 6.67 hm^2(100 亩)。开放式水域养殖场面积不少于 33.33 hm^2(500 亩)，网箱养殖的网箱数一般不少于 20 个。

4.6 网箱应位于水深适度的区域，网箱距离水底距离符合 GB/T 20014.16 的要求。

5 设施布局

5.1 总则

出境淡水鱼养殖场应布局合理、分区科学，标识明确并符合养殖对象生态要求，且不会对其造成应激或污染。

5.2 池塘养殖

5.2.1 分区

出境淡水鱼养殖场内布局应合理，分设生活办公区、养殖区、生活区与养殖区应分开管理。养殖区内应包括养殖池、隔离观察池、工器具存放室、饲料存放室、药物储藏室、水产技术工作室等，且设置明显的标识。

5.2.2 进排水系统

5.2.2.1 应符合 GB/T 20014.14 要求。

5.2.2.2 进排水(渠道)应分别设置，防止进排水交叉污染，并有相应的进出水过滤消毒处理措施。

5.2.2.3 进排水应高进低排，即进水口高于池塘水面，排水口位于池塘最低水位线以下。

5.2.3 装卸设施

出境淡水鱼养殖场应设有能满足装卸需要的装卸设施以及相关车辆、生产工具清理消毒的场所，并配备必要的消毒设施。

5.2.4 养殖区

5.2.4.1 总要求

具有与外部环境隔离设施，且设置明显的标识。如隔离墙、网、栅栏或其他有效措施。

5.2.4.2 **养殖池**

养殖池布局应合理、形状规则。池底形状应易于排水和捕捞,池深应符合养殖种类特性的要求。

5.2.4.3 **隔离观察池**

出境淡水鱼养殖场应具有独立的引进水生动物隔离观察池,应与养殖池标准相一致,观察池与养殖池供排水系统要完全独立,并有相应的进出水过滤消毒处理措施。

5.2.4.4 **工器具存放室**

工器具存放室应与本场养殖规模相一致,已消毒工具和未消毒工具应分开摆放,渔具专池专用。

5.2.4.5 **饲料存放室**

饲料存放室应清洁干燥、通风良好,具有防鼠、防虫、防火、防尘防霉设施,存放室专人管理。

饲喂鲜活饵料的(来自于水生动物疫病非疫区),应有相应的设备,以防饵料腐败变质。

5.2.4.6 **药物储藏室**

配备独立的药物储藏室指定专人管理,室内应具有药物存放设施。

5.2.4.7 **养殖员休息室**

养殖员休息室应与本场养殖人员数量相适应。

5.2.4.8 **水产技术工作室**

水产技术工作室应备有必要的水质检测设备和水生动物疾病诊疗设施及药物,并配备具有相关资质的专业技术人员负责有关检测、诊疗工作。

5.2.4.9 **废弃物处理区**

建有独立的废弃物无害化处理区,并配备死鱼和废弃物的无害化处理设施。

5.2.4.10 **养殖排放水处理**

应建有与养殖规模相适应的污水处理设施,污水排放应经无害化处理且达环保要求。

5.2.5 **生活区**

5.2.5.1 **办公室**

办公室应有必要的办公设备,能满足日常办公的需要。

5.2.5.2 **生活区垃圾处理**

生活垃圾应集中堆放,并及时无害化消毒处理。

5.3 **网箱养殖**

5.3.1 网箱养殖水域应科学规划、网箱布局合理,并根据养殖种类和水域环境保护要求确定网箱间距、网箱设置总面积。

5.3.2 应绘制网箱平面布局图,并体现相关设施位置等内容。

5.3.3 网箱设置应与水体养殖容量相适应，以减少病害发生降低环境污染。网箱设置规划符合GB/T 20014.13的要求

6 设备

6.1 进排水设施：养殖场内池塘进排水应分设，排水区应建有必要的水处理设施。

6.2 养殖、捕捞等操作相关的工具：应用无毒无害的适宜材料建造，接触面应平滑，避免引起养殖产品损伤。

6.3 自动报警装置：主要依赖人工通风换气和温度控制的养殖场，应根据需要安装自动报警装置。

6.4 应配备与养殖产品的病害防治工作需要相适应的必要设备，如水质检测、水生动物疾病诊疗基本设施设备、消毒设施等。

6.5 根据需要配备与生产规模相适应的充氧设备。

6.6 根据需要配备有应急发电设备。

6.7 根据饲养鱼类的需要，配备有相应的制冷或加热设备。

6.8 配备必要的运输工具。

6.9 配备水生动物防逃、防盗设施。

6.10 应配备消防设备。

6.11 网箱养殖应配备牢固结实、耐流、能抵御一定的风浪网箱，制作材料需无毒、无害、无腐蚀。

6.12 根据需要，养殖场内需配备必要的饲料、饵料加工设备。

7 规章制度

7.1 水生动物疫病监控体系和疫情报告制度。

7.2 从场外引进水生动物的管理制度。

7.3 养殖管理、药物和饲料的使用及管理、防疫消毒制度。

7.4 废弃物、废水无害化处理制度。

7.5 人员体验、培训、管理制度。

7.6 人员、交通工具、物品等进出养殖场登记及管理制度。

7.7 防火、防盗等安全保障制度和措施。

7.8 疫情等突发事件应急处置制度。

（二）风 险 分 析

中华人民共和国出入境检验检疫行业标准

SN/T 2486—2010

进出境动物和动物产品风险分析程序和技术要求

Procedure and technical requirement of risk analysis for entry and exit animal and animal product

2010-03-02 发布　　　　2010-09-16 实施

中华人民共和国国家质量监督检验检疫总局 发布

前　言

本标准的附录C为规范性附录，附录A、附录B和附录D为资料性附录。

本标准由国家认证认可监督管理委员会提出并归口。

本标准起草单位：中华人民共和国黑龙江出入境检验检疫局、中华人民共和国上海出入境检验检疫局。

本标准主要起草人：由轩、张子群、刘学忠、马飞、杨凤新、蒋成玉。

本标准系首次发布的出入境检验检疫行业标准。

进出境动物和动物产品风险分析程序和技术要求

1 范围

本标准规定了对进出境动物和动物产品传播动物疫病的风险进行分析的工作程序和技术要求指南。

本标准适用于进出境动物和动物产品传播动物疫病的风险分析。

2 术语和定义

下列术语和定义适用于本标准。

2.1

动物 animal

野生、饲养的活动物，如畜、禽、兽、蛇、龟、鱼、虾、蟹、贝、蚕、蜂等。

2.2

动物产品 animal product

来源于动物未经加工或者虽经加工但仍可能传播动物疫病的产品，如生皮张、毛类、肉类、脏器、油脂、奶制品、蛋类、血液、精液、胚胎、骨、蹄、角等。

2.3

危害 hazard

进出境动物或动物产品可能携带的动物疫病，或进出境动物或动物产品可能对社会、经济或生态环境产生负面影响的因素。

2.4

动物疫病 animal epidemic

开展进境风险分析时，动物疫病是指根据《中华人民共和国进出境动植物检疫法》规定的进境动物一、二类传染病、寄生虫病和根据《中华人民共和国动物防疫法》规定的一、二、三类动物疫病，以及其他对人体健康和畜牧业生产安全构成威胁的病毒病、细菌病、寄生虫病和人兽共患病；开展出境风险分析时，动物疫病是输入国家法律规定的应通报疫病或实施官方控制的疫病。

2.5

危害确认 hazard identification

可能随进出境动物或动物产品传播的动物疫病的鉴定过程。

2.6

风险 risk

在一定时期内，危害发生的可能性及发生后潜在的不利后果(包括对经济、环境影响)。

2.7

风险分析 risk analysis

危害确认、风险评估、风险交流和风险管理的过程。

2.8

风险评估 risk assessment

估计或预测风险发生的可能性大小或概率及其严重程度，以便确定是否采取风险管理措施。

2.9

风险管理　risk management

根据风险评估结果，确定、选择和实施能够降低风险水平的措施的过程。

2.10

风险交流　risk communication

风险分析过程中风险评估人员、风险管理人员和有关各方相互交换风险信息的过程。

2.11

风险因素　risk factor

对风险的发生具有潜在影响的事物或事件。

2.12

区域　zone;region

一个国家的一部分，或几个国家相互毗邻的部分，该部分具有明显的界限，通过对于特定疫病实施相同的监测、控制和生物安全措施，该部分内的动物具有相同的健康状况，且健康状况与该国家其他部分的动物的健康状况不同。

2.13

区域化　zoning

出于控制疫病的目的，对具有相同动物健康状况的区域进行鉴别和确定，并划定有效的人工、天然或法定界限。

2.14

疫区　infected zone

不存在某种动物疫病的状况未被证实和确认的区域。

2.15

非疫区　free zone

已被证实和确认不存在某种动物疫病的区域。在该区域内，官方兽医机构对动物和动物产品及其流动实施控制措施。

2.16

场景分析　scenario analysis

对可能发生的风险在时间和空间上分析各相关风险因素及其相互关系。

2.17

生物学路径　biological pathway

可能导致动物疫病从输出国家传入输入国家，以及在输入国家发生传播的方式和途径。

2.18

定性风险评估　qualitative risk assessment

对风险用高、中、低或可忽略等非数量术语定性评估和描述风险的评估方法。

2.19

定量风险评估　quantitative risk assessment

用数学的方法计算风险的大小，风险评估的结果用数字或数值表述。

2.20

半定量风险评估　semi-quantitative risk assessment

在风险评估过程中，由于有些不确定的因素无法进行定量风险评估，而部分采用定性风险评估的方法。

2.21

释放评估　release assessment

评估每种潜在的危害从动物或动物产品输出国家或地区传出并进入输入国家或地区的生物学路径，并用定性(用文字)或定量(用数字)方法评估全过程发生的可能性。

2.22

暴露评估　exposure assessment

评估危害暴露给输入国家或地区的人和动物的生物学路径，并用定性(用文字)或定量(用数字)方法评估全过程发生的可能性或概率。

2.23

后果评估　consequence assessment

评估危害暴露后产生的结果和影响，以及风险暴露与暴露后产生的结果和影响之间的关系。

2.24

敏感性　sensitivity

对动物疫病诊断试验而言，已知感染动物中检验结果为阳性的比例，感染动物检验结果为阴性的为假阴性结果。

2.25

特异性　specificity

对动物疫病诊断试验而言，已知未感染动物中检验结果为阴性的比例，未感染动物呈阳性结果的为假阳性结果。

3　风险分析的基本程序和原则

3.1　基本程序

风险分析的每个程序相互影响并交错，其基本工作程序(流程图参见附录A)包括：

a)　启动和审查；

b)　确定优先顺序；

c)　成立风险分析工作组；

d)　收集信息；

e)　危害确认；

f)　风险评估；

g)　起草风险评估报告；

h)　同行及专家评议；

i)　完成风险评估报告；

j)　提出风险管理措施建议；

k)　起草风险分析报告；

l)　风险交流；

m)　审定风险分析报告；

n)　形成风险管理措施草案。

3.2　原则

3.2.1　符合相关法律法规和国际协议、准则和标准规定。

3.2.2　应基于与当前科学观点相一致的资料开展风险分析。

3.2.3　风险评估的方法具有灵活性。

3.2.4　分析的进展情况、评估方法，以及有关各方的意见和建议应本着透明、公开和非歧视原则。

3.2.5　对于风险分析过程中的不确定因素和假设应明确说明，并说明不确定性因素和假设对评估结果的影响。

4 启动和审查

4.1 启动

根据国家的法律法规规定，在完成审查程序后，启动风险分析。

4.2 审查

4.2.1 提出可能存在的风险、风险发生的条件和理由、风险可能产生的后果。

4.2.2 审查现行检验检疫措施是否可以降低风险。

4.2.3 检查是否存在类似的风险分析，以及应用的可行性。

4.2.4 检索是否存在降低风险的国际标准可以采用。

4.2.5 确认开展风险分析符合动物或动物产品进口国家或地区的法律法规。

5 确定风险分析优先顺序

5.1 原则

需要同时启动多个风险分析时，应确定需要优先开展的风险分析。在按照排序方法确定优先顺序的同时，应考虑风险分析资源(如：经费、人员等)情况和需要收集的信息量。

5.2 排序方法

通过综合考虑以下因素来确定拟开展风险分析的先后顺序：

a) 是否直接涉及到动物健康和人体健康；

b) 对国家整体政策的影响；

c) 对贸易的潜在影响；

d) 有关各方的利益得失；

e) 事项的缓急程度；

f) 公众和社会的关注程度。

6 成立风险分析工作组

启动风险分析的机构负责组建风险分析工作组，工作组通常由动物疫病专家、检验检疫技术专家、风险评估专家、法律法规专家和管理人员组成。根据采取的风险评估方法的需要确定工作组人员，例如：进行定量风险评估时，工作组需要吸纳统计学专家和计算机专家。工作组应根据启动风险分析的前提条件确定风险分析的范围，即：是对某种动物或动物产品进行分析，还是对某种危害或动物疫病进行分析，是否针对具体国家。工作组实行组长负责制，组长负责制定工作计划、人员分工，组织起草风险评估报告、风险分析报告。工作组应确定完成风险分析工作的时限，包括工作程序每一阶段的完成时限。

7 收集信息

7.1 基本原则

正式开展风险评估前，工作组确定需要收集的信息内容，应尽可能广泛地收集相关信息。风险评估期间，根据风险评估需要，不断查询和补充风险评估所需的相关信息。信息来源应可靠。需要收集的信息包括两类：

a) 有关动物疫病的科学研究成果；

b) 涉及输出国家或地区动物卫生管理的信息。

7.2 信息收集

7.2.1 有关动物疫病的流行病学资料、病原体的形态学特征和生物学特性、传播途径等科学研究成果的信息应来自正式出版的书刊，或在正式学术会议上交流的文献资料。

7.2.2 可以通过多种渠道收集动物或动物产品输出国家或地区的相关信息，包括：从动物输出国家或地区官方网站、官方刊物或出版物、国际组织出版物等收集信息；也可以通过对输出国家进行实地考察收集信息。向输出国家或地区发放调查问卷可以比较全面并系统地掌握有关信息；问卷中的问题应根据风险分析需要提出，通常情况下，需要收集有关输出国家或地区下列情况的信息：

a) 输出国家或地区的地理情况；
b) 动物卫生和兽医公共卫生管理机构；
c) 动物卫生和兽医公共卫生法律法规；
d) 动物卫生状况，包括官方控制的动物疫病种类、疫病流行情况、疫病区域化管理、疫病通报制度、疫病预防和控制措施、预警和应急计划等；
e) 兽医机构的设置，以及其设备、设施和人力资源；
f) 动物疫病监测计划及实施；
g) 兽医科学研究机构及其对兽医机构的技术支撑；
h) 实验室管理及实验室检测能力；
i) 相关动物的饲养管理和官方控制；
j) 相关动物产品的生产加工和官方控制；
k) 进出口管理和进出口贸易情况；
l) 动物卫生管理和兽医公共卫生管理的财政保障；
m) 野生动物控制；
n) 非官方组织协商制定的疫病预防和净化措施；
o) 动物产品的生产过程或工艺。

8 危害确认

8.1 确认动物本身是否具有危害

是否有文献资料表明进出口的动物可对其他物种的生命健康构成威胁，或对生态平衡产生严重影响，如果是，应将动物本身确认为危害，并进行风险评估。

8.2 危害确认方法

危害确认是一个简要的风险评估过程。危害确认是对进出口的动物易感染的，或进出口动物产品可能携带的动物疫病病原进行分类鉴别，并最终确定是否应对某种疫病进行风险评估的过程。

启动风险分析的前提条件不同，危害确认的方法不同。仅因为某种动物疫病启动风险分析时，危害即为该种动物疫病。当针对某种动物或动物产品的进出口启动风险分析时，首先列明动物易感染的疫病种类，然后根据进口或出口的动物或动物产品，用“是”、“否”、“不确定”、“可能”回答下列问题来鉴别危害：

a) 疫病是否在输出国家或地区存在？
b) 疫病在出口国家或地区是否受到官方控制？
c) 疫病在进口国家或地区是否存在并受到官方控制？
d) 进口国家或地区是否存在疫病的传播媒介，或是否具有疫病病原生存的适宜条件？
e) 疫病传入对进口国家或地区是否具有潜在的负面影响？
f) 动物产品是否可携带疫病的病原？

8.3 危害确认原则

8.3.1 通过对8.2中有关问题的回答进行综合分析来确认危害：

a) 出口国家或地区存在，且进口国家或地区实施官方控制的疫病应鉴定为危害，并进行风险评估；
b) 进口国列为外来疫病的，应确认为危害，进行风险评估；

c) 开展进境风险分析时，对于进境动物一类传染病、寄生虫病和一类动物疫病，以及重要的人兽共患病，原则上应鉴定为危害，并进行风险评估。

8.3.2 确认某种危害不需要进行风险评估应有充足的理由。通常情况下，通过下列途径判定一个国家或地区不存在某种疫病：

a) 符合国际动物卫生组织(OIE)的非疫区标准，并得到OIE的认可；

b) 没有国际上认可的非疫区标准的疫病，根据信息收集时掌握的情况，可以肯定输出国家或地区对该疫病实施了官方控制和监测计划，监测结果表明，过去3年内没有疫病发生的证据。

8.3.3 如果危害确认过程没有发现与进口或出口的动物或动物产品相关的任何潜在危害，结束风险分析程序。

9 风险评估

9.1 方法

可以采用定性、定量或者半定量的方法开展风险评估。应根据开展风险评估的具体背景选择评估方法。如果定性评估的结果满足工作需要，不必进行定量评估。

9.2 步骤

通常包括以下步骤：

a) 风险释放评估；

b) 风险暴露评估；

c) 后果评估；

d) 风险估计。

9.3 定性风险评估

9.3.1 定性风险评估结果的分级

定性评估的风险级别用术语“高”、“中”、“轻微”、“低”、“很低”、“极低”和“可忽略”描述。这些术语适用于风险释放和风险暴露评估过程中的场景分析。表1列明了上述术语的含义和对应的概率区间。

表1 风险事件定性描述术语表

术 语	含 义	风险事件发生的概率区间参考值
高	事件很可能发生	不小于0.7
中	事件可能发生	小于0.7，大于等于0.5
轻微	事件发生的可能性较低	小于0.5，大于等于0.3
低	事件不太可能发生	小于0.3，大于等于0.05
很低	事件很不可能发生	小于0.05，大于等于0.001
极低	事件极不可能发生	小于0.001，大于等于10^{-6}
可忽略	事件几乎肯定不发生	小于10^{-6}

9.3.2 风险释放评估

9.3.2.1 确定风险因素

根据评估的动物或动物产品，以及危害固有的特点确定风险因素。各风险因素之间相互关联并相互影响。针对某种危害，从以下几方面确定风险因素：

a) 生物学方面

——动物的种类、品种和年龄；

——疫病病原的特性；

——疫病流行特点；

——疫病检查和检验方法;

b) 出口国家或地区

——疫病的流行率、发病率或感染率;

——官方兽医机构;

——官方对疫病的控制措施;

c) 动物或动物产品

——进口或出口的数量;

——污染或感染的检查及消除;

——生产加工工艺对危害的影响;

——储存、运输对危害的影响。

9.3.2.2 评价官方兽医机构

9.3.2.2.1 目标

通过审查动物或动物产品出口国家或地区官方兽医机构的权威性、独立性、专业性、公正性等各方面情况,来评价兽医机构控制动物疫病或其他危害的能力和效果,从而客观地评估风险随出口动物或动物产品从出口国家释放或传出的可能性,促进贸易双方就有关动物或动物产品的风险管理措施达成一致。

9.3.2.2.2 评价内容

9.3.2.2.2.1 独立性和权威性

通过综合审查出口国家或地区动物卫生立法、执法体系和官方兽医机构的组织管理结构,评价兽医机构的独立性和权威性。国家应通过立法授予官方兽医机构及其工作人员不受商业、财政、政治或其他压力的影响而独立行使动物卫生管理的权利。组织管理结构应能够保证国家法律法规和动物卫生管理措施的有效实施。

9.3.2.2.2.2 人力资源

官方兽医、行使官方职责的非官方兽医的数量、分布、资质、录用或使用、考核、认可、培训及违规处理。行使官方职责的人员应具备做出专业判断的技术资质和经验,数量和分布满足国家动物卫生管理所需。

9.3.2.2.2.3 资源保障

评价兽医机构行使动物卫生管理权力、实施疫病调查和控制措施时的资源保障情况。需要评价的资源包括:

a) 财政保障:每年用于动物卫生管理的财政预算,动物卫生管理经费的来源,人员工资,捕杀动物的补偿费用;

b) 物资保障:办公、交通、通信设施设备的供应;

c) 技术保障:

——兽医机构认可的诊断实验室数量及分布;

——实验室质量管理体系;

——兽医科学研究。

9.3.2.2.2.4 动物卫生控制

评价兽医机构对疫病的调查和控制能力,应审查以下情况:

a) 应通报疫病种类,疫病通报的程序、方式和时限要求;

b) 预警体系;

c) 监测计划及实施;

d) 疫病根除计划;

e) 疫病应急计划;

f) 实验室诊断，样品的采集、运输，诊断方法，国际或国家对实验室的认可情况；
g) 疫病区域化管理情况，实施区域化管理的疫病种类，区域化的地域界限，区域化的效果以及国际上的认可情况；
h) 暴发动物疫病时的应急处理措施及实施情况；
i) 兽药管理；
j) 动物追溯识别体系；
k) 进出口管理和边境控制。

9.3.2.2.2.5 兽医公共卫生控制

审核评价以下内容：

a) 动物源性食品的卫生控制；
b) 食品生产加工企业管理；
c) 人兽共患病发生情况；
d) 兽药、食品添加剂管理。

兽医公共卫生的控制涉及到其他官方机构时，应对其他官方机构进行评价，并评价兽医机构与其他官方机构在兽医公共卫生控制中的协调一致性。

9.3.2.2.2.6 资料审核

被评估的国家或地区相关机构应提供足够的、详实的书面材料，例如：法律法规、年度工作报告、有关监测报告等，来证明兽医机构的独立性、权威性、公正性和疫病控制的有效性。

9.3.2.3 风险释放的可能性评估

在进口国家或地区未采取风险管理措施的前提下评估风险释放的可能性（但应考虑出口国家或地区已经采取的措施对风险释放可能性的影响），以便确定风险释放的生物学路径。风险释放的生物学路径的起点是动物的原农场，终点是离境口岸，也可以是进口国家或地区的入境口岸。在起点和终点之间存在许多释放的路径，需要通过场景分析评估路径发生的可能性。从起点到终点是风险释放的整个场景。为便于确定每个可能发生的释放路径，有必要将整个场景划分为更有利于分析的小场景。每一个场景受到多种风险因素的影响，应根据动物或动物产品种类以及危害的特点对风险因素进行鉴别和筛选，既不能忽略某个风险因素，也不能主观想象或强加一个风险因素。如果信息不充足，可以采用假设。如果信息充足，避免主观臆断。出口动物或动物产品的场景分析有以下几个，每个场景分析后可以得出风险释放的生物学路径（动物产品风险释放的生物学路径判定图参见附录B）。

a) 场景1：动物在原农场发生感染，考虑以下风险因素：
——疫病的流行率、发病率或感染率，官方的监测结果；
——是否是应通报疫病；
——原农场所在区域的疫病流行情况，疫病在原农场的发生情况；
——存在本病的比邻国家的动物卫生状况；
——区域化管理情况；
——疫病流行病学特点，包括易感动物、易发病年龄、动物基因对疫病感染的影响、疫病的潜伏期、传播方式、传播媒介、隐性感染、带毒排毒的持续时间、病原的适宜生存环境等；
——是否实施了免疫，免疫动物带毒的可能性，免疫失败的可能性；
——出口的数量；

b) 场景2：检查方法未排除感染动物，考虑以下风险因素：
——是否实施了隔离检疫；
——隔离检疫期间是否进行实验室检验，检验方法的敏感性和特异性；
——检查方法的有效性，影响因素包括：疫病的临床表现，是否存在潜伏感染或隐性感染情况，检查方法是否可发现潜伏或隐性感染动物，危害对器官的损伤程度等；

c) 场景3:生产工艺或过程未排除污染的动物产品,考虑以下风险因素:
——病原特性,包括理化特性、适宜的生存环境;
——生产加工过程或工艺对病原活力或感染滴度的影响,例如温度、湿度、pH值变化、酸碱处理、皂化、冷藏、冷冻等工艺过程及其持续的时间对病原是否具有灭活效果,或是否具有降低感染滴度的作用;
d) 场景4:二次感染或污染。动物二次感染的风险因素是从原农场运往隔离检疫场以及从隔离检疫场运往离境口岸途中。动物产品二次污染的风险因素是生产加工过程中发生交叉污染。

9.3.2.4 评估小结

释放评估的结论应根据场景分析结果给予定性描述。场景分析超过两个时,应按照附录C的规则,两两合并得出全部场景发生,既风险释放的可能性。

9.3.3 风险暴露评估

9.3.3.1 确定风险因素

应根据评估的动物或动物产品,以及危害固有的特点确定风险因素。各种风险因素之间相互关联并相互影响。针对某个具体危害进行评估时,从以下几方面确定风险因素:
a) 生物学方面,包括危害的特点、流行病学特点;
b) 输入国家或地区,包括地理特点、人文和风俗习惯、相关动物养殖状况、传播媒介等;
c) 动物或动物产品,进口的数量、用途以及处理方式等。

9.3.3.2 风险暴露的可能性评估

暴露风险与进口数量成正相关。暴露评估是评估风险暴露给输入国家的动物或动物产品的生物学路径,以便为采取有效的风险管理措施提供依据,通常是在输入国家或地区不采取任何限定措施的情况下进行。在这个前提条件下,根据进口动物或动物产品的用途,评估9.3.3.1中相关的风险因素和风险暴露的生物学路径及其发生的可能性。风险暴露的场景分析的起点是风险释放情景分析的终点,即"感染和污染的动物或动物产品到达进口国家或地区",终点是"暴露于进口国家或地区的人或易感动物"。进口动物或动物产品风险暴露的生物学路径主要有以下三种形式(动物或动物产品风险暴露的生物学路径判定图参见附录D):
a) 导致一个终点的一个暴露生物学路径(如:精液进口);
b) 导致一个终点的多个暴露生物学路径(如:动物进口);
c) 导致多个终点的多个暴露生物学路径(如:供人消费的肉类进口)。

即使是导致一个终点的一个暴露生物学路径,场景分析中也需要全方面考虑风险因素。每个场景分析后可以得出风险暴露的生物学路径。进口动物或动物产品风险暴露的场景分析包括(但不仅限于)以下几个:
a) 动物从进境口岸放行至目的地运输期间暴露给易感动物,需要考虑的风险因素包括:
——疫病的流行病学特点;
——病原的特性,毒力的大小,适宜的生长环境和存活时间;
——动物粪便、铺垫材料的处理;
——疫病是否需要媒介传播,途经地区传播媒介的分布;
——途经地区易感动物分布及饲养方式;
——途经地区易感野生动物的分布、数量和管理情况;
b) 动物在目的地暴露给易感动物,需要考虑的风险因素包括:
——疫病流行病学特点;
——当地的地理特点是否适宜病原存活;
——动物的饲养方式,与国内动物混养情况;
——周边地区疫病易感动物的分布、数量和饲养方式;

——当地易感野生动物的分布和管理情况；

——疫病是否需要媒介传播，当地疫病传播媒介的分布情况；

c) 动物产品暴露给易感动物，需要考虑的风险因素包括：

——直接用做动物饲料；

——可直接暴露给动物，例如精液、胚胎；

——产品生产加工工艺和储存条件对病原的影响；

——生产加工后的废弃物用做动物饲料；

d) 动物暴露给人，需要考虑的风险因素包括：

——人是否可感染，感染的途径；

——动物的饲养方式；

e) 动物产品暴露给人，需要考虑的风险因素包括：

——人是否可感染；

——是否是可直接食用的产品；

——人是否可直接接触到动物产品；

——经加工后食用的安全性。

9.3.3.3 评估小结

暴露评估的结论应根据生物学路径的分析结果给予定性描述。路径超过两个时，应按照附录C的规则，两两合并得出风险暴露的可能性。

9.3.4 后果评估

9.3.4.1 评估内容

评估风险暴露后导致的潜在负面后果，包括：

a) 直接后果，主要考虑的风险因素有：

1) 对动物健康的影响，包括：

——动物感染率、发病率、死亡率；

——生产能力的降低或丧失。

2) 对人体健康的影响。

b) 间接后果，主要考虑的风险因素有：

1) 增加财政支出，包括：

——扑灭、根除的费用；

——监测和预防控制费用的增加；

——采取扑杀政策时的补偿费用。

2) 对国内市场和有关产业的影响，包括：

——由于疫病暴发影响市场供应和相关产品物价；

——对动物饲养业、需要以动物产品为原料的产业以及发展的影响；

——对人们心理和消费需求的影响。

3) 对现有国际贸易的潜在影响，包括：

——失去动物或动物产品的现有国际市场；

——改变现有出口检验检疫政策；

——影响新的国际市场的开发。

4) 对生态环境的影响，包括：

——动物本身对生态环境的影响，例如：导致其他物种数量减少或生存受到威胁；

——环境质量下降；

——病毒或新的毒株对生态环境的影响。

9.3.4.2 **后果评估的一般原则**

后果评估是用“极高”、“高”、“中”、“低”、“很低”和“可忽略”来描述风险暴露后的影响。后果评估结果应综合考虑直接后果和间接后果，同时考虑危害本身，例如：危害是否是国际上关注的可以跨国界传播的疫病。后果评估的程序和原则是：

a) 将直接后果和间接后果的每个风险因素划分为四个水平和四种程度，分别是：

1) 四个水平

——局部：后果影响地区不超过一个县；

——部分地区：后果影响地区几个县，但不超过一个省；

——地区：后果影响到1个省或几个省；

——全国：后果影响到整个国家。

2) 四种程度

——不易辨别：后果对日常生产生活的影响不明显，不易察觉；

——次要：后果没有对经济发展构成威胁，对日常生产或生活只是轻微的影响，没有产生本质的影响，具体体现在轻微地引起动物发病率、死亡率的上升，或生产能力的轻微丧失及动物产量或质量的轻微下降，但影响是暂时的、可逆转的；

——严重：后果体现在明显地增加了动物的发病率或死亡率，或明显降低了生产能力或动物产品的产量和质量，威胁到经济的发展，对日常生产和生活产生本质的影响，影响是长期的，并且不可逆转；

——非常严重：后果体现在动物的发病率和死亡率大幅度增加，生产能力几乎完全丧失，对经济发展构成威胁，日常生产和生活受到严重破坏，影响是长期的，并且不可逆转。

b) 按表2综合评价每个风险因素的等级，用A～F表示。

表2 后果级别评定表

风险等级	后果的程度			
	局部	部分地区	地区	全国
A	次要	不易辨别	不易辨别	不易辨别
B	严重	次要	不易辨别	不易辨别
C	非常严重	严重	次要	不易辨别
D	—	非常严重	严重	次要
E	—	—	非常严重	严重
F	—	—	—	非常严重

c) 后果评估。评价每个风险因素后(用A～F表示)，按照下列顺序和规则评估后果的等级：

1) 如果任一风险因素的评价结果是“F”，后果等级评估为“极高”；

2) 如果有一个以上的风险因素的评价结果是“E”，后果等级评估为“极高”；

3) 如果只有一个风险因素的评价结果是“E”，其余风险因素评价结果是“D”或不全是“D”，后果等级评估为“高”；

4) 如果所有风险因素的评价结果是“D”，后果等级评估为“高”；

5) 如果一个以上的风险因素的评价结果是“D”，后果等级评估为“中”；

6) 如果所有风险因素的评价结果是“C”，后果等级评估为“中”；

7) 如果有一个以上的风险因素的评价结果是“C”，后果等级评估为“低”；

8) 如果所有风险因素的评价结果是“B”，后果等级评估为“低”；

9) 如果有一个以上的风险因素的评价结果是“B”，后果等级评估为“很低”；

10） 如果所有风险因素的评价结果是“A”，后果等级评估为“很低”；

11） 如果风险因素的评价结果在局部一栏判定的结果低于“A”，即：局部的后果程度也不易辨别，后果等级评估为“可忽略”。

9.3.5 定性风险估计

按照附录C的规则，先综合估计风险释放和暴露的结果，然后再综合后果评估结果，按照表3定性描述每一危害的最终风险评估结果。

表3 风险估计综合分析表

释放和暴露评估结果	后果评估结果					
	可忽略	很低	低	中	高	极高
高	可忽略	很低	低	中	高	极高
中	可忽略	很低	低	中	高	极高
轻微	可忽略	很低	低	中	中	高
低	可忽略	可忽略	很低	低	中	中
很低	可忽略	可忽略	可忽略	很低	低	中
极低	可忽略	可忽略	可忽略	可忽略	很低	低
可忽略	可忽略	可忽略	可忽略	可忽略	可忽略	很低

9.4 定量风险评估

9.4.1 定量风险评估的基本模式

定量风险评估应以定性风险评估为前提，采用数学方法计算进口的动物或动物产品传播动物疫病的概率，也可以计算每次进口感染动物的数量。风险评估内容包括：风险释放评估（疫病传入/传出概率）、风险暴露评估（进口国动物感染和传播概率）和后果评估。

定量风险分析过程中，每一风险因素不是一成不变，应视为一个变量，要应用统计学方法对每一风险因素进行统计分析，掌握每一风险因素变化的规律，并应用统计学方法计算出每一风险因素发生的具体数值。

按照定性风险评估的场景分析方法，在时间和空间上分析各个风险事件之间的关系，用数学语言来描述这些风险事件之间的函数关系（数学模型），进而可以对其进行虚拟现实的模拟（计算机模拟）。

9.4.2 非限制性风险评估（URE）

9.4.2.1 基本概念

非限制性风险（*URE*）是在选择和降低风险措施（如：诊断、检疫或理化处理）之前的风险。*URE* 有两种可能组成：疾病传入/传出概率（*PAE*）和进口国家或地区动物感染和传播的概率（*PDE*）。*URE* 计算见式（1）：

$$URE = PAE \times PDE \quad \cdots\cdots(1)$$

式中：

URE——非限制性风险概率；

PAE——疾病传入/传出概率；

PDE——进口国家和地区动物感染和传播的概率。

一般风险评估以疾病传入/传出概率为重点，不分析进口国家和地区动物感染和传播的概率。降低风险措施既可以选择降低 *PAE*，也可以选择降低 *PDE*。根据风险评估结果提出风险管理措施，计算出限制性风险。

在非限制性情况下，如果进口的动物或动物产品具有风险，危害进入进口国家或地区后感染和传播的概率（*PDE*）为1。

9.4.2.2 **非限制风险释放评估(疾病传入/传出概率)**

在非限制性(不采取任何管理措施)前提下,疾病传入/传出概率与商品因素、国家因素和动物进口单位(*AIU*)有关,其计算见式(2):

$$PAE = 1 - (1 - CF1 \times CF2)^{AIU} \qquad \cdots\cdots(2)$$

式中:

PAE——疾病传入/传出概率;

*CF*1——国家因素;

*CF*2——商品因素;

AIU——动物进口单位。

a) 国家因素

国家因素是指出口国家或地区动物疫病流行情况,用流行率表示。风险分析中即可采用血清流行率,也可采用计算流行率。血清流行率是采用血清学方法对一个国家或地区的动物进行疫病调查所得出的流行率,优点是数据相对容易获得,缺点是血清阳性动物不一定是带毒(菌)动物,不能准确反映进出口时疫病流行水平。计算流行率通常指出口动物国家或地区在输出动物前12个月的疫病流行情况,与疫病发生次数、平均畜群大小和平均感染持续期有关,流行率计算见式(3)、式(4)和式(5):

$$流行率 = 疾病发生次数 \times AHS \times ADI / 动物数量 \qquad \cdots\cdots(3)$$

式中:

AHS——平均畜群大小;

ADI——平均感染持续期,单位为年。

$$AHS = 动物数量 / 群数 \qquad \cdots\cdots(4)$$

$$ADI = (IP + DC) \times CFR + (IP + DC) \times (1 - CFR) \times (1 - LIS) + LP \times LIS \quad \cdots\cdots(5)$$

式中:

IP——平均潜伏期;

DC——病程;

CFR——致死率;

LIS——带毒(菌)动物比例;

LP——动物带毒(菌)持续时间。

计算流行率通过有关流行病学资料计算获得,优点是比较科学,缺点是并非所有的带毒(菌)动物都发病,不能完全准确反映进出口时的疫病流行水平。

b) 商品因素

商品因素是指病原微生物在动物或动物产品内存在或存活的概率,与下列因素有关:

1) 动物种类、年龄和品种;
2) 病原感染部位;
3) 产品pH值;
4) 热处理温度和持续时间;
5) 冷处理温度和持续时间;
6) 存放温度和持续时间;
7) 运输温度和持续时间;
8) 添加剂及其他加工处理程序。

在进出口动物时,商品因素一般只考虑动物的种类、年龄和品种。在进出口动物产品时,上述因素都应加以考虑,对每一因素的准确定量需要大量实验结果支持,根据实验结果对动物产品的商品因素进行赋值。在非限制性情况下,商品因素通常计为1。

c) 动物进口单位(*AIU*)

进口动物时，进口数量即为一个动物进口单位。一个胚胎或一个单位的精液可被视为一个动物进口单位。进口动物产品时，将产品重量换算成动物数量，进而确定动物进口单位。

9.4.3 限制性风险评估

9.4.3.1 总则

风险发生的概率由动物或动物产品进/出口过程中各风险因素发生的概率决定。限制性风险评估是对选择和实施风险管理措施之后的风险进行评估。风险管理措施包括：产地选择、目的地(或使用)限制、隔离观察、实验室检疫、进/出口时间限制、预防免疫、加工处理。

9.4.3.2 风险释放评估

在进口动物或动物产品过程中，可选择的管理措施有产地选择、时间限制、隔离观察、预防免疫和实验室检疫。以上这些风险管理措施都可以降低风险，其中，产地选择、时间限制、隔离观察和预防免疫都可以进行定性分析，而实验室检疫是一种有效和切合实际的风险管理措施，也是可以比较准确进行定量分析的管理措施。绝大多数动物疫病可以通过检测病原或抗体进行诊断。定量风险分析过程中，风险释放最重要的可能性是疾病未被检测到而进入输入国。疾病传入的概率与疾病的流行率、检疫方法的敏感性、特异性等因素有关。

场景 1：动物在原农场发生感染的概率，动物在原农场感染的概率为疾病流行率 p。

场景 2：检查方法未排除感染动物。

事件 1：

从已知(应用统计学方法计算得到的)疫病流行率为 p 的一群或者整个动物群中挑选一个动物，对该动物进行实验室检测，实验方法的敏感性是 S_e，特异性是 S_p，如果检验结果为阴性，该动物实际感染的概率 P[见式(6)]：

$$P=\frac{p(1-S_e)}{p(1-S_e)+(1-p)S_p} \qquad \cdots\cdots(6)$$

式中：

P——检疫结果为阴性的感染动物发生感染的概率；

p——流行率；

S_e——检疫方法的敏感性；

S_p——检疫方法的特异性。

通常情况下，在国际贸易检疫过程中并不考虑非特异性问题，一般将 S_p 定为 1。

事件 2：

一个动物群的疫病流行率是 p。要从中进口一批 n 头动物。对将进口的所有动物用敏感性为 S_e、特异性为 S_p 的检验方法检验，如果发现 1 头或以上动物受到感染则拒绝全群动物进口，感染动物通过检验而进口的概率 P[见式(7)]是：

$$P=1-\left[\frac{S_p(1-p)}{p(1-S_e)+S_p(1-p)}\right]^n \qquad \cdots\cdots(7)$$

事件 3：

一个动物群的疫病流行率是 p。要从中进口一批 n 头动物。对进口的所有动物都用敏感性为 S_e、特异性为 S_p 的检验方法检验，如果只拒绝阳性反应的动物进口，感染动物通过检验而进口的概率 P[见式(8)]是：

$$P=\frac{1-[pS_e+(1-p)]^n}{1-[pS_e+(1-p)(1-S_p)]^n} \qquad \cdots\cdots(8)$$

事件 4：

很大动物群的不完全检验。如果动物群的感染流行率是 p，使用的检测方法的敏感性是 S_e，特异性是 S_p，监测其中 m 头动物，监测到 0 头动物阳性的概率 $P(0)$(漏检概率)是所有感染动物监测的假阴性结果(概率为 $1-S_e$)和所有未感染的动物监测为正确的阴性结果(概率为 S_p)。$P(0)$计算见式(9)：

$$P(0) = [p(1-S_e) + (1-p)S_p]^m \qquad (9)$$

在进口检疫中，实验室检测一般不考虑非特异性问题，也就是假阳性问题，S_p 认为等于 1。所以：

$$P(0) = (1-pS_e)^m$$

按照以上计算概率的方法，进口时只需要知道输出国的疫病流行情况（流行率）、实验室检疫方法的敏感性和特异性、进口动物数量，即可计算出进口动物传入疫病的风险。

9.4.3.3 风险暴露评估

通过估计风险暴露的每一生物学路径中的风险因素所发生的概率，来计算每一暴露路径的概率，进而评估暴露风险。以附录 D 中图 D.3 所描述的进口污染的肉类产品暴露于野生动物为例，通过该生物学路径风险暴露的概率等于进口的污染肉类产品废弃物被弃掉的概率、病原在肉类产品废弃物中存活的概率、存活的病原含有足够感染剂量的概率、野生动物接触与摄入含病原废弃物的概率的乘积。

9.4.3.4 定量风险估计

通过对风险释放和暴露的评估结果进行综合分析，估计进口风险。风险估计应考虑一定时间内（一般为 12 个月）可能进口的动物或动物产品数量。风险估计分两步：

- 估计每个暴露的生物学路径发生的概率；
- 综合每个暴露路径发生的概率，给出一定时间内的风险估计值。

每年每一暴露路径所导致的风险概率（P）要结合风险释放概率和该路径暴露概率进行计算，计算见式(10)是：

$$P = 1-(1-RE_{final} \times PEE)^{AIU} \qquad (10)$$

式中：

RE_{final}——释放评估结果，即进口动物和动物产品中每一动物单位感染的可能性；

PEE——每一暴露路径发生的概率，即每一暴露路径暴露给充足数量的已感染进口动物或动物产品及其污染物的可能性；

AIU——是指每年进口的动物数量或进口的动物产品所相当的动物数量。

9.5 结论

对每一危害的风险评估结束后，应对评估的风险结果与输入国家的风险保护水平进行比较，确定风险是否可以接受，或是否考虑采取风险管理措施降低风险，使风险满足输入国家或地区的适当保护水平要求，但风险管理措施应在风险交流后，即风险评估的结果得到认可后提出。适当保护水平应按照世界贸易组织《实施卫生与植物卫生措施协定》(SPS 协定)规定的原则确定，即：

a) 考虑经济因素，即：危害传入、产生和传播给生产或销售带来严重后果，控制和根除严重后果需要的成本，其他相关费用；

b) 将对贸易的影响降低到最低程度。

10 起草风险评估报告

完成风险评估后，工作组撰写风险评估报告草案，草案应包括：

a) 风险评估的背景、目的；

b) 危害确定及确定的方法、原则；

c) 采取的评估方法；

d) 评估结果；

e) 结论；

f) 参考文献。

11 同行及专家评议

将风险评估报告草案交同行和专家进行评议，专家可来自科研机构、大学。风险分析的组织者负责选择进行评议的同行和专家，与此同时，组织者有必要将风险评估报告草案在相关网站公布，以便获得更多的评议意见。给予评议的同行和专家在提出评议意见的同时，应向风险分析组织者提供本人的专业背景和所从事的工作。

风险分析组织者应根据风险评估报告的内容确定评议期。

同行和专家评议是风险交流过程的必要组成部分。

12 完成风险评估报告

工作组根据专家的评议意见对报告进行修订，修订后的风险评估报告中应列明同行和专家的意见，并说明采纳及未采纳的理由。

13 提出风险管理措施建议

13.1 原则

提出风险管理措施建议时应遵循以下原则：

a) 符合进口国家或地区的法律法规规定，例如：禁止进境措施应有明确的法律依据；

b) 最小影响原则，即：风险管理措施不应对贸易产生不必要的限制，或存在变相限制的效果，除非对贸易影响大的措施比影响小的措施可能更容易被输入国家或地区接受；

c) 非歧视原则，即：对风险状况相同的国家或地区不应采取不同的风险管理措施；

d) 等效原则，即：如果不同的风险管理措施具有相同的效果，这些措施应均可以接受；

e) 低成本高效益，即：在不同的风险管理措施具有相同的效果时，应选择成本最低的措施。

13.2 风险管理措施的选择

采取风险管理措施的目的是将风险降低到进口国家或地区可接受的风险水平，满足进口国家或地区的适当保护水平要求。针对某一具体危害，可以选择一种风险管理措施，也可以是多种风险管理措施的组合。应根据具体危害的特点、重要性和风险评估结果，从控制风险释放和暴露的生物学路径两方面考虑，选择降低释放风险和暴露风险的管理措施。

a) 控制和降低释放风险的管理措施

1) 对出口国家或地区动物卫生状况的要求，包括：

——出口国家或地区应符合国际上认可的非疫区条件，或出口国家或地区制定并实施了强制性的覆盖全国或全地区的控制措施，例如：制定实施监测计划、免疫计划、动物识别体系、扑杀销毁政策、不合格产品召回制度等；

——实施区域化管理；

——对生产企业或生产过程实行注册、登记或认证等监督管理措施；

——进口国家或地区官方机构对出口国家动物卫生状况和管理措施的定期或不定期审核。

2) 对出口动物或动物产品的管理措施，包括：

——对动物原农场的管理措施，例如：原农场应在某一时限内没有发生某种危害；

——防止动物接触到危害的措施，例如：动物的隔离检疫措施，防止传播媒介的措施，对动物产品实施卫生质量控制措施等；

——对动物或动物产品实行检查、检验措施，例如：在原农场对动物实施检查，出口前隔离检疫期间实施检查，对动物逐一或抽样进行实验室检验等；

——消毒除害处理措施，对动物产品实施物理、化学等处理措施，杀灭或降低危害的活力或滴度；

——防止二次感染或污染措施，即对动物或动物产品的运输、生产、包装、储存过程提出管理要求。

b) 控制和降低暴露风险的管理措施

1) 进境检疫许可制度；
2) 指定入境口岸措施，即：进口的动物或动物产品应从具有实施降低风险措施能力和条件的口岸入境；
3) 口岸查验措施，例如：批批检查检验、抽样检查检验等；
4) 动物的隔离检疫措施；
5) 防止传播媒介的措施；
6) 消毒除害措施；
7) 实验室检验；
8) 限定动物饲养区域；
9) 指定动物产品生产、加工、使用、存放设施。

c) 特殊措施
1) 禁止进境；
2) 限制进境，包括限制进口数量，限制进口用途。

13.3 风险管理措施评价

对于建议的风险管理措施，在评价是否符合13.1的同时，应评价其降低风险的效果和可行性。有必要给予重点评价的风险管理措施是：

a) 针对某一风险采取多种管理措施时，应说明理由，特别应说明只采取一种管理措施不能将风险降低到进口国家可接受的水平；
b) 针对某一风险实施批批检验时，说明不实施批批检验的风险；
c) 针对某一风险实施抽样检验时，应根据统计学的原理提出抽样数量，并说明如果样品数量不足可能产生的风险；
d) 选择实验室检验方法时，应评价所选择的检验方法的敏感性和特异性，敏感性高和特异性强的检验方法是最佳选择；
e) 实验室检验时间的确定应根据具体危害确定，应考虑动物发生感染后抗体的消长规律和持续时间。

14 起草风险分析报告

将风险评估报告和风险管理措施建议有机地融合，形成风险分析报告草案，内容包括中英文摘要、分析的目的和背景、风险评估报告、风险管理措施建议、采取风险管理措施后风险降低的水平和参考文献等。

15 风险交流

15.1 原则

15.1.1 风险交流的途径和范围应尽可能地广泛。

15.1.2 风险交流的策略应从启动风险分析时开始，风险分析的组织者应制定交流的方式，告知有关利益方获得风险分析信息的渠道和途径，定期对外公布风险分析进展情况。

15.1.3 风险交流应是多方参与的互动和反复的过程，信息的交换应公开、透明，并可在政策制定后仍然进行。

15.1.4 风险评估的方法、风险因素、假设、不确定性，以及风险估计结果应进行充分交流。

15.1.5 同行及专家评议是风险交流的重要程序。

15.2 风险交流的参与者

与进出境动物或动物产品利益相关的各方均可参与风险交流，主要包括：

a) 出口国家或地区官方主管机构；

b） 进口国家或地区的官方主管机构；
c） 学术科研机构、专业院校的专家学者；
d） 国内外各相关行业或产业协会；
e） 与进出境动物或动物贸易利益相关的生产、加工企业或个人；
f） 有关消费群体。

16 审定风险分析报告

在有关各方对风险分析报告草案提出意见或建议后，工作组应对各方的意见或建议进行综合分析，形成风险分析报告，提交给风险分析组织者审定。进境风险分析报告、涉及重大动物疫病的出境风险分析报告，以及涉及调整进出境动物和动物产品检验检疫政策或措施的风险分析报告应提交国家质检总局审定，必要时，需要通过中国进出境动植物检疫风险委员会审定。审定过程中，工作组应向审定者详细介绍风验评估方法、评估结果、风险管理措施建议、风险交流过程中各方的意见或建议、意见或建议的采纳情况及未采纳的原因。审定通过的报告应包括以下内容：

a） 目录；
b） 中文摘要；
c） 英文摘要；
d） 引言（目的和背景）；
e） 危害确定；
f） 风险评估；
g） 风险管理措施建议；
h） 风险交流情况；
i） 结论；
j） 参考文献。

17 形成风险管理措施草案

根据审定的风险分析报告，风险分析的组织者负责起草风险管理措施草案，报法规制定主管部门审核。

附 录 A
（资料性附录）
进出境动物和动物产品风险分析程序流程

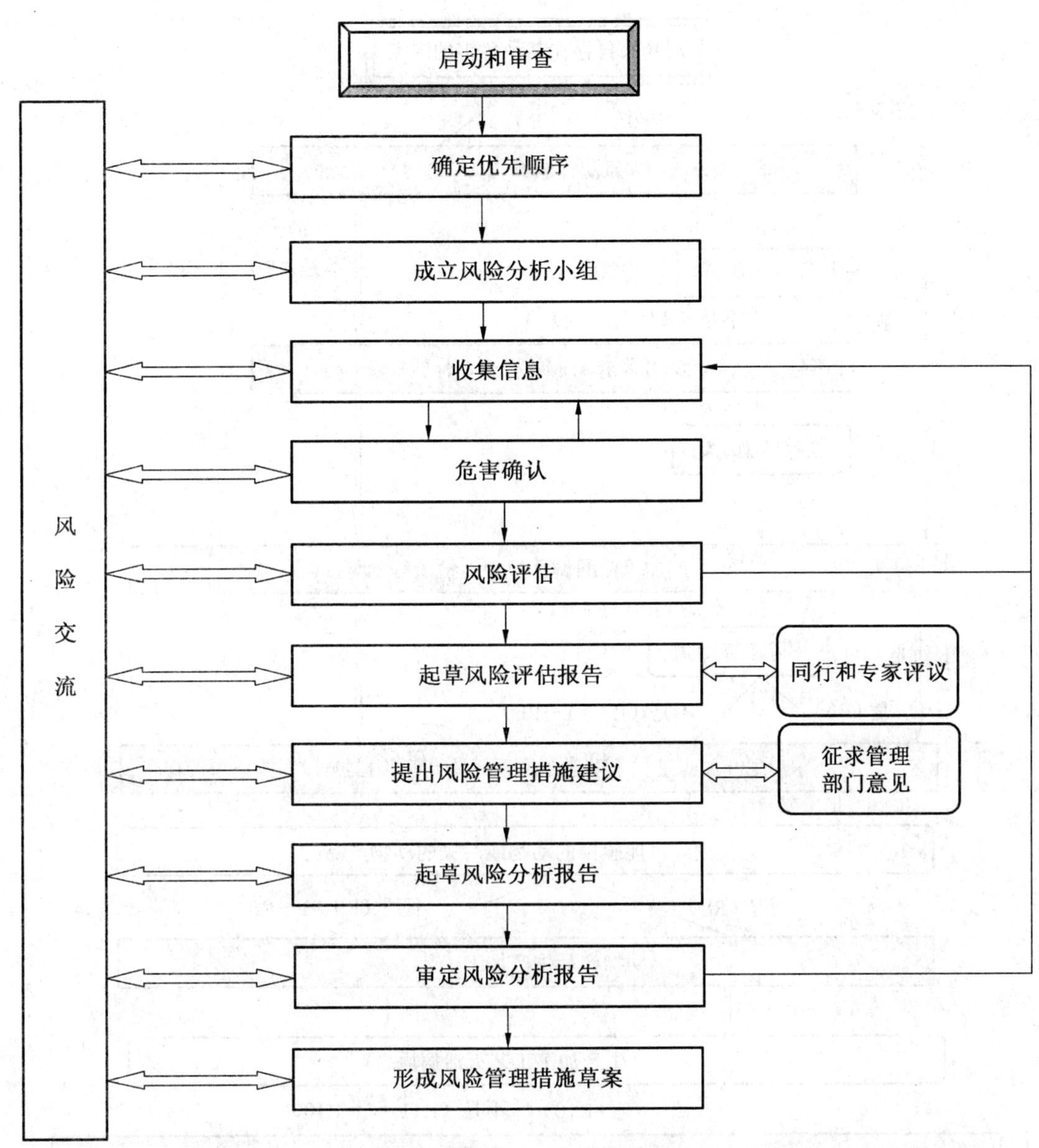

图 A.1 进出境动物和动物产品风险分析程序流程

附　录　B
（资料性附录）
动物或动物产品风险释放的生物学路径判定图

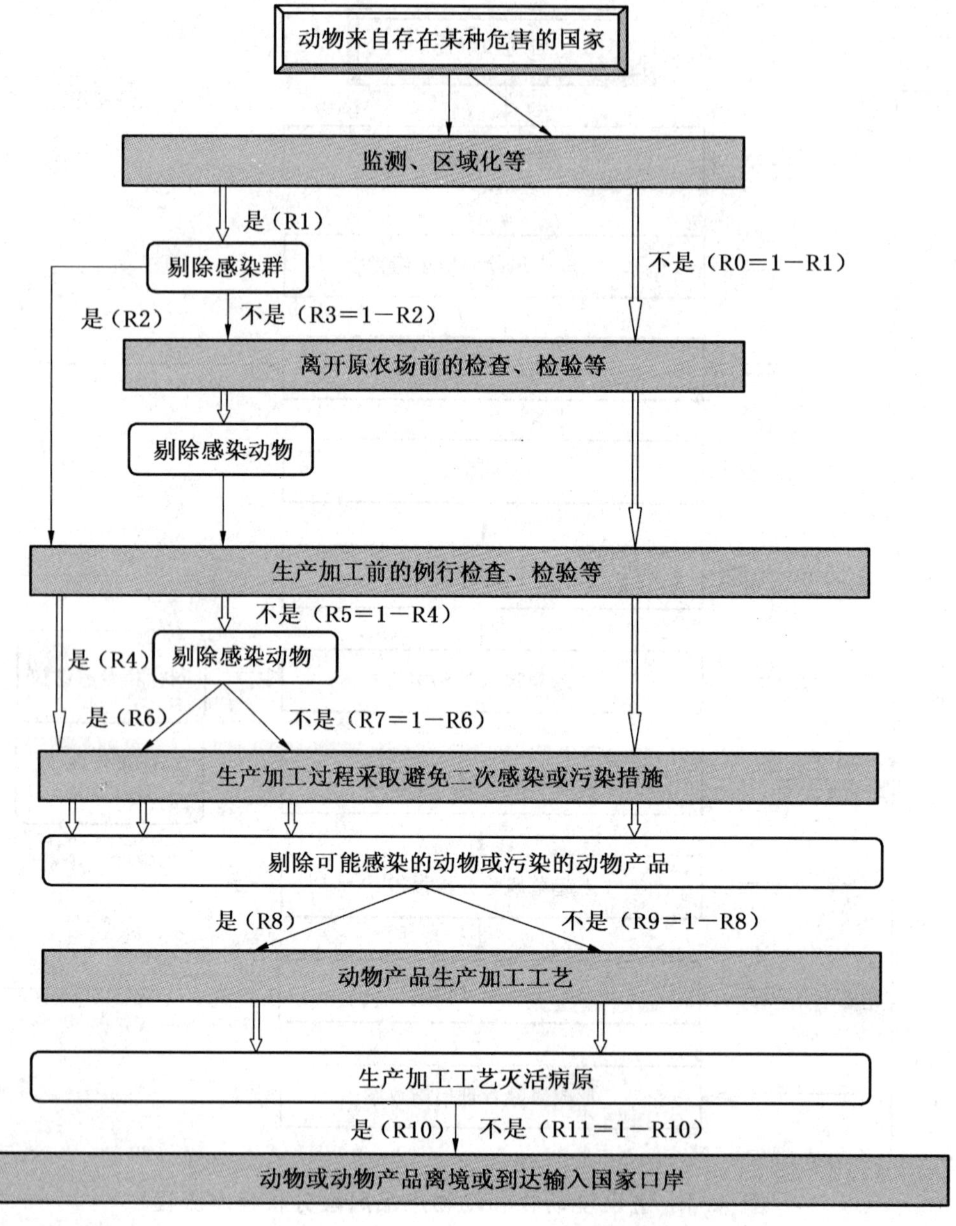

注 1：R 表示释放；

注 2：风险释放的生物学路径(PR)判定示例：PR1＝R1＋R3＋R5＋R7＋R9＋R11；PR2＝R0＋R9＋R11；PR3＝R1＋R2＋R9＋R11。

注 3：风险未释放的生物学路径(PNR)判定示例：PNR＝R0＋R8＋R10。

图 B.1　动物或动物产品风险释放的生物学路径判定图

附 录 C
（规范性附录）
合并描述可能性规则的矩阵

表 C.1 合并描述可能性规则的矩阵表

释放和暴露评估结果	可忽略	极低	很低	低	轻微	中	高
高	可忽略	极低	很低	低	轻微	中	高
中	可忽略	极低	很低	低	轻微	中	中
轻微	可忽略	可忽略	极低	很低	低	轻微	轻微
低	可忽略	可忽略	可忽略	极低	很低	低	低
很低	可忽略	可忽略	可忽略	可忽略	极低	很低	很低
极低	可忽略	可忽略	可忽略	可忽略	可忽略	极低	极低
可忽略	可忽略	可忽略	可忽略	可忽略	可忽略	可忽略	可忽略

附 录 D
（资料性附录）
动物或动物产品风险暴露的生物学路径判定图

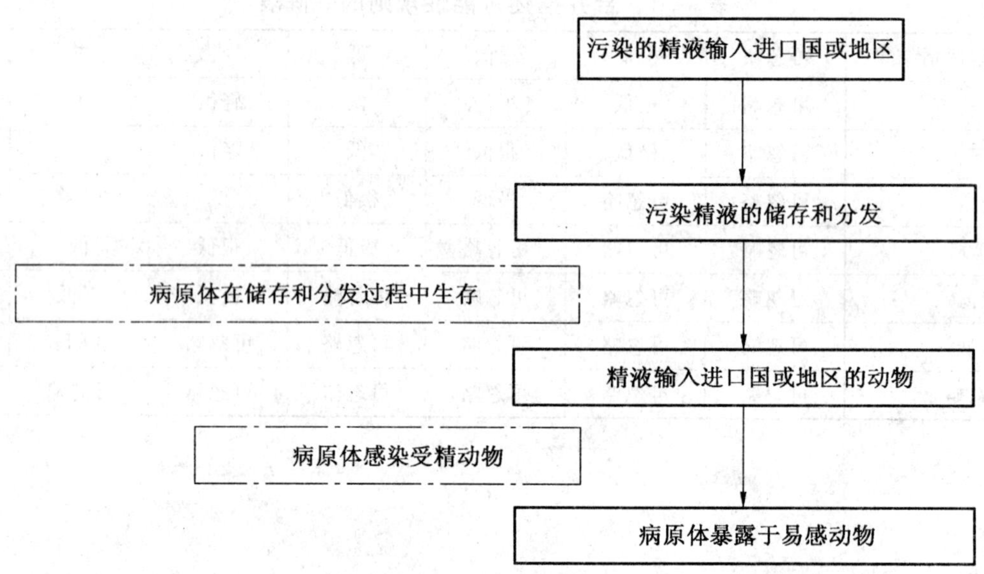

图 D.1 导致一个终点的一个暴露生物学路径（如：精液进口）

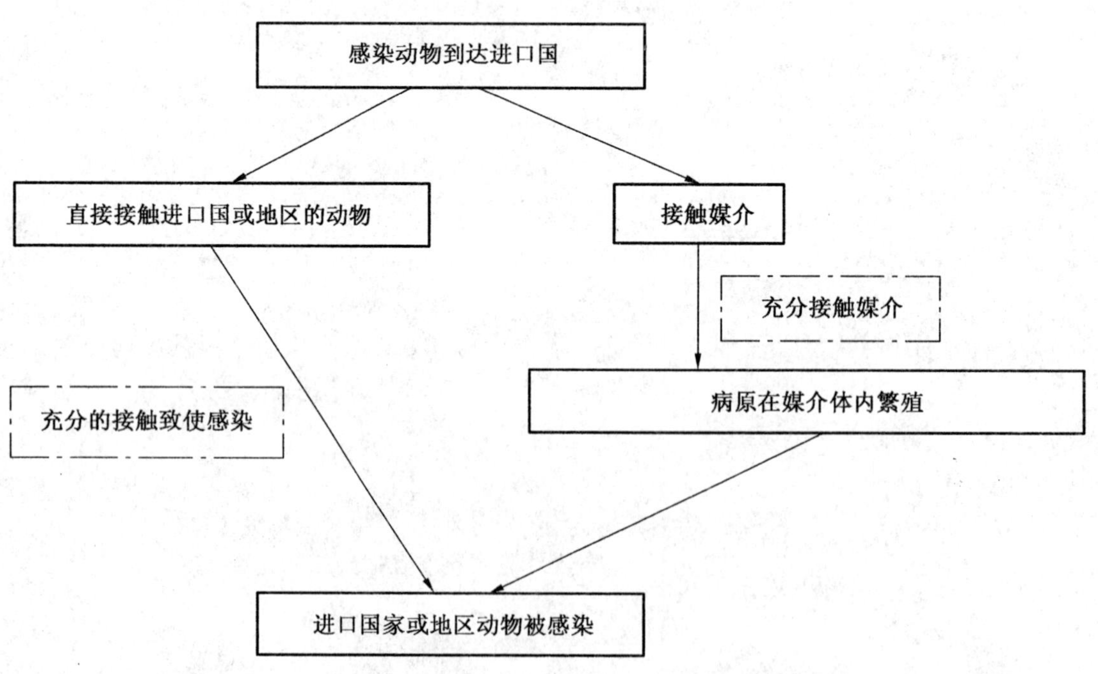

图 D.2 导致一个终点的多个暴露生物学路径（如：动物进口）

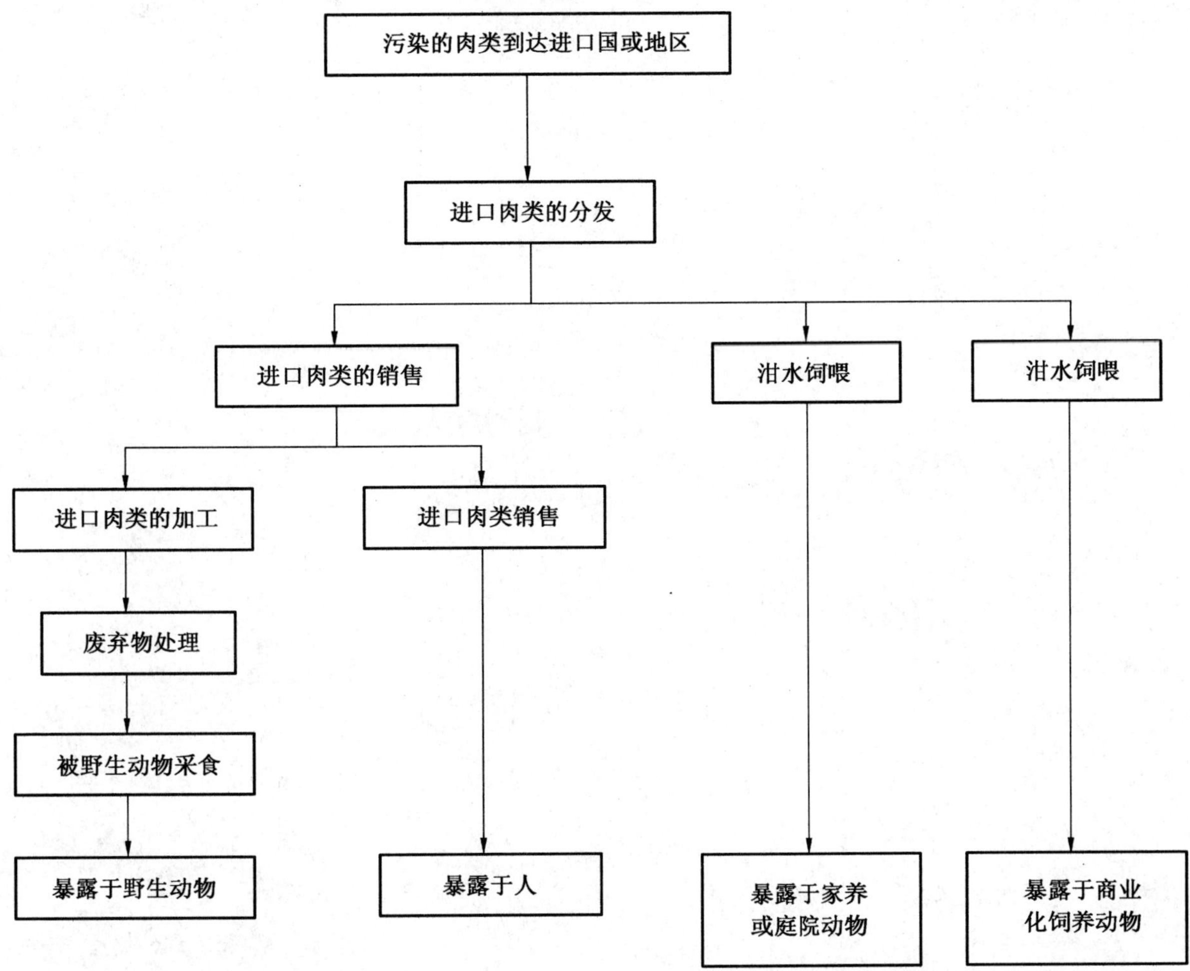

图 D.3 导致多个终点的多个暴露生物学路径(如:供人消费的肉品进口)

动物产品检验检疫标准

（一）食用动物产品

中华人民共和国出入境检验检疫行业标准

SN/T 0420—2010
代替 SN/T 0420—1995

出口猪肉旋毛虫检验方法 磁力搅拌集样消化法

Inspection method of *Trichinella spiralis* in pork for export—Magnetic stirrer method for pooled sample digestion

2010-11-01 发布　　　　2011-05-01 实施

中华人民共和国
国家质量监督检验检疫总局　发布

前　言

本标准按照 GB/T 1.1—2009 给出的规则起草。

本标准代替 SN/T 0420—1995《出口猪肉旋毛虫检验方法(消化法)》。

本标准与 SN/T 0420—1995 相比,主要技术变化如下:

——标准名称中英文做了调整;

——对范围进行了调整;

——对术语和定义进行了调整;

——对原理进行了精简;

——对样品量进行了调整,反应条件及设备进行相应更改;

——对原标准的格式和内容进行了重新调整;

——增加了复验方法;

——增加了阳性物质及可能污染物的处理方式。

本标准由国家认证认可监督管理委员会提出并归口。

本标准起草单位:中华人民共和国四川出入境检验检疫局、中华人民共和国江苏出入境检验检疫局。

本标准主要起草人:耿芹、帅培强、胡江涛、方晶、石坚、郑跃鸣、李东明、崔鹏博。

本标准所代替标准的历次版本发布情况为:

——ZBX 22016—1990、SN/T 0420—1995。

出口猪肉旋毛虫检验方法
磁力搅拌集样消化法

1 范围

本标准规定了出口猪肉旋毛虫检验的采样、检验、结果判定及复验的方法。

本标准适用于出口猪肉的旋毛虫检验。

2 规范性引用文件

下列文件对于本文件的应用是必不可少的。凡是注日期的引用文件，仅所注日期的版本适用于本文件。凡是不注日期的引用文件，其最新版本(包括所有的修改单)适用于本文件。

GB/T 6682 分析实验室用水规格和试验方法

3 术语和定义

下列术语和定义适用于本文件。

3.1

消化 digest

用一定浓度的胃蛋白酶溶液在一定温度和 pH 值条件下，使肌细胞溶解。

3.2

集虫 collect *Trichinella spiralis*

经磁力搅拌使分散在胶体溶液中的虫体集中在筛上的方法。

3.3

虫体 polypide

旋毛虫的幼虫。长条状，米黄色，卷缩或盘旋在肌纤维间隙，呈环状。

4 原理

样品经消化液消化后，富集于集虫筛上，镜检，观察是否有旋毛虫。

5 设备和材料

5.1 主要仪器设备

5.1.1 外科手术剪、不锈钢镊子。

5.1.2 电子天平(感量为 0.1 g)。

5.1.3 肉样盘：为不锈钢或铝合金、塑料制品，内有格，并编号。

5.1.4 烧杯(2 000 mL)。

5.1.5 组织捣碎器。

5.1.6 pH 计。
5.1.7 温度计:1 ℃~100 ℃。
5.1.8 集虫器(集虫筛孔径≤0.18 mm)。
5.1.9 加热磁力搅拌器和磁棒。
5.1.10 表面皿:直径 100 mm~120 mm。
5.1.11 底部带格的玻璃平皿。
5.1.12 普通生物显微镜或解剖镜。

5.2 试剂

5.2.1 水符合 GB/T 6682 中三级水的标准。
5.2.2 胃蛋白酶:(单位 1.5 万 IU/g 以上)。
5.2.3 浓盐酸:(密度 1.19 g/mL,浓度 37%)。
5.2.4 10%胃蛋白酶溶液:称取 10 g 胃蛋白酶(5.2.2),溶解于 100 mL 水中,混匀。
5.2.5 盐酸溶液(1/4,体积比):量取 200 mL 浓盐酸(5.2.3)缓慢加入至 800 mL 水中。
5.2.6 消化液:量取 600 mL 水和 200 mL 盐酸溶液(5.2.5)放入 2 000 mL 烧杯内,混匀。再加入 10%胃蛋白酶溶液(5.2.4)32 mL,现配现用。

6 检验

6.1 采样

6.1.1 采每头猪左右横膈肌脚 3 g~5 g,放入编号的肉样盘内,送检。
6.1.2 将采集的样品去除脂肪和筋膜,只保留肌肉部分。按照每 100 个样为一组,每个样品取 1 g,共 100 g,待处理。

6.2 捣碎肉样

将所取肉样(100 g)和 300 mL 水倒入组织捣碎器(5.1.5)内,捣碎样品 30 s(转速由 8 000 r/min 逐渐到 15 000 r/min),至肉样呈糜状。

6.3 样品消化、集虫

6.3.1 将捣碎后的肉样倒入盛有消化液的烧杯中,再用 500 mL 的 45 ℃水分数次将组织捣碎器洗净,将洗液一并倒入盛样烧杯内,混匀。
6.3.2 将烧杯中混合物调至 pH1.0~2.0,温度(即工作温度)保持在 40 ℃~43 ℃,最高不超过 45 ℃。
6.3.3 压入集虫器(5.1.8):将集虫器小心压入上述盛样烧杯内,然后将磁棒(5.1.8)放入集虫器内,并在集虫器上压一表面皿。
6.3.4 搅拌并沉淀:将盛样烧杯置于加热磁力搅拌器上,开动搅拌和加热开关,使消化物在集虫器内被搅成旋涡状,同时将温度保持在 40 ℃~43 ℃,最高不超过 45 ℃。向心力和重力的作用使虫体和包囊向集虫器中心移动并下沉,此过程保持约 5 min,关掉开关。
6.3.5 待磁棒静止后,取出集虫器,除去磁棒,卸下集虫筛,用少量水将集虫筛上的沉淀物充分洗入带格的玻璃平皿内,静置 3 min~5 min,弃去多余上清液。

6.4 镜检

将平皿移至显微镜或解剖镜(5.1.12)载物台上,用低倍镜观察,检查被检物中是否有虫体存在。

7 结果判定及复验

7.1 发现虫体为阳性。

7.2 发现阳性或不确定的结果时，可从每头猪左右横膈肌脚再取 20 g 样品，将 5 头猪的样品混合(共 100 g)，按照上述方法复验，共 20 组。当在某一组(5 头猪)样品中发现旋毛虫，可从该组样品来源猪只取样品分别复验，直到查出阳性猪只为止。

8 其他

8.1 用于消化 50 g 及少于 50 g 的样品时，胃蛋白酶和盐酸用量参见附录 A。

8.2 发现阳性样品后，该样品接触的实验工具及阳性液体(包括消化液、上层清液、冲洗液等)在至少 80 ℃温度下加热净化数分钟。

附　录　A
（资料性附录）
样品量与胃蛋白酶、盐酸配比表

表 A.1　样品量与胃蛋白酶、盐酸配比表

取样数量 g	胃蛋白酶浓度 %	胃蛋白酶用量 mL	盐酸溶液(1/4,体积比)用量 mL	水用量 mL
50	10	16	100	700
25	10	8	50	400
20	10	7	45	400
10	10	5	45	400

中华人民共和国出入境检验检疫行业标准

SN/T 1748—2006

进出口食品中寄生虫的检验方法

Inspection of parasitic in food for import and export

2006-01-26 发布　　　　2006-08-16 实施

中华人民共和国
国家质量监督检验检疫总局　发布

前　言

本标准参照了美国 FDA《Bacteriological Analytical Manual Online》(2001) Chapter 19: Parasitic Animals in Foods。

本标准附录 A 为规范性附录，附录 B 和附录 C 为资料性附录。

本标准由国家认证认可监督委员会提出并归口。

本标准起草单位：中华人民共和国广西出入境检验检疫局。

本标准起草人：盘宝进、韦梅良、罗兆飞、汪文龙、刘军义。

本标准系首次发布的出入境检验检疫行业标准。

进出口食品中寄生虫的检验方法

1 范围

本标准规定了进出口食品中主要食源性寄生虫的检验方法。

本标准适用于牛肉、猪肉、羊肉、鱼肉、贝类肉和新鲜蔬菜等食品中，主要食源性寄生虫的检验。

2 缩略语

下列缩略语适用于本标准

2.1

SDS Sodium Dodecyl Sulfate

十二烷基硫酸钠。

2.2

UV Ultraviolet light

紫外光。

3 仪器设备和试剂

3.1 仪器设备

3.1.1 天平。

3.1.2 磁力搅拌器。

3.1.3 恒温培养箱(37℃±0.5℃)。

3.1.4 分液漏斗:1 000 mL。

3.1.5 生物解剖显微镜。

3.1.6 生物倒置显微镜或普通光学显微镜。

3.1.7 18 目过滤网:网孔孔径 1 mm。

3.1.8 塑料盘子:长×宽×高为 320 mm×260 mm×75 mm。

3.1.9 量筒:1 000 mL。

3.1.10 pH 计或 pH 试纸。

3.1.11 移液管或吸管。

3.1.12 吸球。

3.1.13 匙子。

3.1.14 食品捣碎机。

3.1.15 铝箔纸。

3.1.16 镊子。

3.1.17 解剖针。

3.1.18 刀。

3.1.19 透光台:有机玻璃板:长×宽:60 cm×30 cm,厚度:5 mm～7 mm。

3.1.20 白光光源:20 W 日光灯作为光源,光照强度为 1 500 lx～1 800 lx,光源距离上面的有机玻璃板 30 cm;UV 光源:波长大约为 365 nm。

3.1.21 紫外线防护眼罩。

3.1.22 有机玻璃夹板:大小 305 mm×305 mm,用螺钉固定玻璃板边缘。

3.1.23 标本瓶。

3.1.24 培养皿。

3.1.25 玻璃盘：长×宽×高：350 mm×60 mm×25 mm。

3.1.26 烧杯：1 000 mL。

3.1.27 超声波清洗器。

3.1.28 离心机。

3.1.29 离心管：50 mL。

3.2 试剂

本标准所使用的试剂均为分析纯，水为蒸馏水。

3.2.1 0.85%氯化钠生理盐水。

3.2.2 胃蛋白酶。

3.2.3 胃蛋白酶消化液：称取 15 g 胃蛋白酶，溶于 750 mL 0.85%氯化钠生理盐水中。

3.2.4 盐酸。

3.2.5 碘液：取 10 g 碘化钾溶于 20 mL～30 mL 蒸馏水中，加入 5 g 碘(I_2)，缓慢加热至完全溶解，加水定容至 100 mL，于棕色瓶中保存备用。

3.2.6 Sheather's 液：称取蔗糖 500 g，苯酚 6.5 g，加水定容至 320 mL。

3.2.7 1 号清洗液：称取 SDS 1 g，移取甲醛 25 mL 和 Tween-80 1 mL，加水定容至 1000 mL。

3.2.8 2 号清洗液：称取 SDS 10 g，移取 Tween-80 10 mL 加水定容至 1 000 mL。

3.2.9 3 号清洗液：移取 Tween-80 10 mL，加水定容至 1 000 mL。

3.2.10 10%的福尔马林水溶液。

3.2.11 10%甘油水溶液。

3.2.12 70%乙醇。

3.2.13 乙醇、冰乙酸和福尔马林混合液：移取福尔马林 5 mL 和冰乙酸 10 mL 加入到 85 mL 乙醇中。

4 检验方法

各检测方法的适用范围见附录 A。

4.1 消化法

4.1.1 样品的制备

4.1.1.1 牛肉、猪和(或)羊肉：随机抽取 100 g 样品，剪成小肉块，样品结缔组织较少时，直接消化。较多时按 4.1.1.3 操作。

4.1.1.2 鱼肉：随机抽取 250 g 样品，直接消化。

4.1.1.3 含有较多结缔组织的样品：随机抽取 100 g 样品，加入 500 mL 生理盐水，用食品捣碎机间歇捣碎 10 次以上，倒入 1 500 mL 烧杯中，用 250 mL 生理盐水冲洗捣碎机上粘附的样品，并入烧杯中。

4.1.2 消化、沉降和检查

4.1.2.1 消化：将经 4.1.1.1 或 4.1.1.2 处理的样品放入 1 500 mL 烧杯中，加入 750 mL 胃蛋白酶消化液；向 4.1.1.3 样品的烧杯中加入 15 g 胃蛋白酶，混匀。用盐酸调整上述消化液 pH 值为 2。烧杯中放入搅拌转子，用铝箔纸盖紧烧杯口，放入 37℃±0.5℃培养箱，打开磁力搅拌器，以 100 r/min 搅拌，平衡 15 min 后，再次校准 pH 值为 2。继续消化直至样品完全消化为止，消化时间不超过 24 h。

4.1.2.2 沉降和检查：用 18 目滤网过滤 4.1.2.1 样品消化液，滤液移入塑料盘子中，取 250 mL 生理盐水冲洗滤网上的残留物，洗液并入塑料盘子滤液中。较大的寄生虫留在滤网上，肉眼检查过滤网上的寄生虫，记录检查结果。把塑料盘子中的滤液倒入分液漏斗内，自然沉降 1 h 后，释放大约 50 mL 沉降物到 100 mL 烧杯中。如果沉降物为半透明，直接进行观察；如果样品太粘稠，用适量生理盐水稀释至半透明后进行观察。用吸管将沉降物转移至平皿，加盖，先用肉眼，接着用生物解剖显微镜，最后用生物倒置显微镜或普通光学显微镜检查寄生虫。检查烧杯中的全部 50 mL 样品液，计数、初步鉴定、记录观察结果。选择有代表性的寄生虫进行固定(参见附录 B 第 B.1 章和第 B.2 章)，作进一步鉴定(参见附录 C)。

4.1.2.3 按式(1)计算 1 kg 样品中寄生虫数量。

$$S = 1\,000X/W \qquad (1)$$

式中：

S——表示 1 kg 样品中寄生虫数量，单位为个每千克(个/kg)；

X——表示检测样品中寄生虫数量，单位为个(个)；

W——表示检测样品的质量，单位为克(g)。

4.2 烛光法

4.2.1 样品制备

4.2.1.1 鱼片、鱼块：单个大于 200 g 时，随机抽取 15 个样品，每个切取 200 g 左右制成 1 个小样，共 15 个小样；单个小于 200 g 时，从全部样品中随机选择，制成 15 个小样，每个约 200 g。称量并记录每个小样的实际质量。厚度小于 10 mm 时直接用于观察，大于 10 mm，用刀切成薄片，使薄片厚度小于 10 mm后检查。

4.2.1.2 碎鱼肉：如果是冷冻结成块状，取 2 个冰冻的块状物，解冻，沥干，制成 15 个样，每个样 200 g 左右；如果是非冰冻的，随机抽取 15 份 200 g 碎鱼肉进行检测。称量并记录样品的实际质量。

4.2.2 检查

4.2.2.1 白光烛光法：把鱼肉放在透光台上观察，靠近鱼肉表面的寄生虫一般呈红色、棕褐色、乳白色或白色；而深层肉的寄生虫显现阴影，选择有代表性的寄生虫进行固定(参见第 B.1 章、第 B.2 章和第 B.3 章)，并进一步鉴定(参见附录 C)，计算每千克鱼肉中寄生虫数量，计算见式(1)。

4.2.2.2 紫外光烛光法：用 UV 光在暗房中观察鱼块的各个部位(紫外光观察时应带上紫外线防护眼罩，并避免裸露皮肤的照射)，寄生虫发出蓝或绿色荧光，鱼骨和结缔组织也会发出蓝色荧光，但通过其部位和形态加以区分，用针刺时，鱼骨头是硬的。

4.3 挤压烛光法

4.3.1 样品制备

从半透明贝类肉待检样品中随机抽取 15 个小样，每个 100 g 左右，称量并记录每个小样的实际质量，根据样品的大小和厚度进行检查，质量超过 100 g 的单个样品不能直接挤压，先分细后再挤压。柱形的样品(如扇贝类)沿纵向切成两半后易于压扁和观察。

4.3.2 样品检查

把样品夹于有机玻璃夹板内，压紧并固定板的边缘。在白光透光台上检查有机玻璃夹板内样品中的寄生虫，在肉中的寄生虫显示出阴影。记录寄生虫的数量，用蜡笔在有机玻璃板上标记发现的位置，打开有机玻璃板，解剖样品，进一步检查。固定有代表性的寄生虫(参见附录 B 第 B.2 章)，并作进一步鉴定(参见附录 C)。计算 1 kg 样品中寄生虫数量。计算见式(1)。

4.4 机械分离沉降法

4.4.1 样品制备

随机抽取 250 g 鱼肉样品用于检测，把鱼肉切成薄片，分成两份(每份 125 g)，分别放入食品捣碎机，每份加入 250 mL 35℃温水，间歇捣碎鱼肉 1 min～2 min，倒进大口烧杯，加入大约 600 mL 水并搅拌，静置 15 min，缓慢倒去上清液，保留沉淀物及大约 100 mL 上清液；再次加入大约 600 mL 水并搅拌，静置 15 min，缓慢弃去上清液，保留沉淀物及大约 100 mL 上清液备用。

4.4.2 样品检查

每次取大约 25 mL 沉淀物于玻璃盘中，加水稀释至半透明(大约 375 mL 水)，首先肉眼检查，然后在 366 nm UV 光下观察(紫外光观察时应带上紫外线防护眼罩，并避免裸露皮肤的照射)，寄生虫发出蓝色或黄绿色荧光。重复上述操作，直至检查完全部样品为止，固定有代表性的寄生虫(参见附录 B

第B.1章、第B.2章和第B.3章),并作进一步鉴定(参见附录C),计算1 kg鱼片中寄生虫含量。计算见式(1)。

4.5 浓缩集卵法

4.5.1 样品制备

随机抽取5 kg蔬菜样品。制样方法:球状(如卷心菜),取其外三层叶子;非球状(如生菜叶),取其叶片;根类(如胡萝卜),直接取样;花类(如花椰菜),把其细分为50 g左右,便于清洗。

4.5.2 样品的处理

4.5.2.1 取1 000 mL的1号清洗液加入烧杯中,放入约250 g散开的蔬菜,超声波清洗10 min,弃去蔬菜,再次加入约250 g蔬菜,重复上述操作,直至洗完1 kg左右样品为止;收集样液倒入一个6 000 mL大烧杯中。重新取1 000 mL 1号清洗液,重复上述操作,直至洗完全部5 kg样品为止。

4.5.2.2 将样液静置30 min,让虫卵自然沉降。小心弃去上清液,保留沉淀及大约500 mL下层液体,分装至若干个50 mL离心管(A管)中,1 200 g离心10 min。小心除去上清液,把全部沉淀物转移至一个50 mL离心管(B管)中,每个A管分别用1.5 mL 2号清洗液冲洗2次,冲洗液并入B管中,1 200 g离心10 min,小心弃去上清液,再用适量的2号清洗液清洗沉淀物2次,保留沉淀物。

4.5.2.3 取10 mL 3号清洗液稀释B管中的沉淀物,超声波处理10 min,让虫卵充分悬浮;另取一个50 mL离心管,加入25 mL Sheather's液,接着缓慢加入经超声波处理的样液,1 200 g离心30 min。吸取上下层交界处液体约7 mL于一个新的50 mL离心管中,加入20 mL 3号清洗液混匀,1 200 g离心10 min,小心弃去上清液,用3号清洗液清洗沉淀物2次,保留沉淀物待检。

4.5.3 蠕虫卵的检查

在4.5.2.3样品沉淀物中加入1 mL碘液染色,然后加入3号清洗液进行适当稀释,将样液滴于载玻片上,用生物倒置显微镜或普通光学显微镜观察,根据寄生虫卵的形态、结构进行鉴定(参见附录C)。如果不能及时检查,应先固定虫卵(参见第B.4章)。检查全部沉淀物,记录结果,计算每千克蔬菜食品中污染寄生虫卵的数量。计算见式(1)。

5 结果判断及表述

5.1 结果判断

应用本标准检验方法检测对应的食品,没有检出寄生虫或寄生虫卵,判为未检出寄生虫或寄生虫卵;检出寄生虫或寄生虫卵,按检验方法的计算公式计算,计算每千克食品中寄生虫或寄生虫卵的数量。

5.2 结果表述

5.2.1 1 kg待测样品中未检出寄生虫或寄生虫卵。

5.2.2 1 kg待测样品中检出寄生虫或寄生虫卵,以每千克食品中含有寄生虫或寄生虫卵多少来表示。

附　录　A
（规范性附录）
检测方法的适用范围

A.1　消化法适用范围

消化法适用于检验寄生于牛肉和猪肉中的囊尾蚴，猪肉中的旋毛虫、牛肉、猪肉和羊肉中的住肉孢子虫，鱼肉和贝类肉中的吸虫囊蚴，鱼肉的有棘颚口线虫的包囊、广州管圆线虫的幼虫、阔节裂头绦虫裂头蚴。

A.2　烛光法适用范围

烛光法适用于检验寄生于鱼肉中的吸虫囊蚴、有棘颚口线虫的包囊、广州管圆线虫的幼虫和阔节裂头绦虫裂头蚴。烛光法分为白光烛光法和紫外光烛光法，白光烛光法适用于检测新鲜或冷冻的白色鱼肉（如鱼片、鱼块和碎鱼肉）中的寄生虫；紫外光烛光法适用于检测深色鱼肉中的寄生虫。

A.3　挤压烛光法适用范围

挤压烛光法适用于检验半透明贝类肉中的吸虫囊蚴。

A.4　机械分离沉降法适用范围

机械分离沉降法用于检验寄生于鱼肉中的吸虫囊蚴、有棘颚口线虫的包囊、广州管圆线虫的幼虫和阔节裂头绦虫裂头蚴。

A.5　浓缩集卵法适用范围

浓缩集卵法适用于检验污染新鲜蔬菜的毛首鞭形线虫卵和蛔虫卵。

附　录　B
（资料性附录）
寄生虫的固定和保存

B.1　线虫类寄生虫的固定和保存

用冰乙酸固定过夜，放于含10%甘油和70%乙醇水溶液中保存。从乙醇中取出观察寄生虫的形态时应除去附着的甘油。

B.2　吸虫和绦虫类寄生虫的固定和保存

在固定之前，吸虫和绦虫应放在蒸馏水中浸泡10 min。吸虫用10%福尔马林热溶液（60℃）固定；绦虫用10倍量70℃的蒸馏水浸泡，取出后，放于乙醇、冰乙酸和福尔马林混合液中过夜，最后保存于70%乙醇中。

B.3　棘头虫类寄生虫的固定和保存

把寄生虫放于蒸馏水中浸泡，直至其吻突外翻为止，取出后，加几滴冰乙酸到虫体上，然后在70%乙醇蒸气中固定，最后放于70%乙醇中保存。

B.4　蠕虫卵的染色、固定和保存

蠕虫卵放于10%的福尔马林中固定和保存，用碘液染色观察。

附 录 C
（资料性附录）
相关食源性寄生虫主要形态特征

表 A.1 寄生虫主要形态特征表

寄生虫种类	虫体大小	主要形态特征	常见寄生或受污染的食品
牛、猪囊尾蚴	10 mm×5 mm	白色半透明囊状物，囊内充满透明液体，囊壁分两层，外为皮层，内为间质层，间质层有一处向囊内增厚，形成向内翻卷收缩的头节。	牛肉和猪肉，多见于膈肌、心肌、腰肌和舌肌。
旋毛虫	包囊大小 0.25 mm～0.4 mm	在肌肉纤维间形成梭形包囊。	猪肉，多见于膈肌、腓肠肌、颊肌、三角肌、二头肌、腰肌。
住肉孢子虫	虫体大小 (182～1 036) μm ×(55～196) μm	形成圆形或纺锤形包囊，虫体位于肌纤维之间。	猪肉、牛肉和羊肉，多见于膈肌、心肌和咽喉肌。
华枝睾吸虫、猫后睾吸虫、横川后殖吸虫、卫氏并殖吸虫、异形吸虫的囊蚴	囊蚴大小 0.15 mm～0.2 mm	形成有感染的囊状蚴虫。	鱼和贝类肉
有棘颚口线虫包囊	虫囊直径 大约 1 mm	幼虫被纤维膜包裹成囊状。	鱼肉
广州管圆线虫感染期幼虫	长 50 μm×25 μm	第三期(感染期)幼虫。	鱼肉
阔节裂头绦虫裂头蚴	感染期的裂头蚴，大小 5 mm 左右	长带形，白色，头端膨大，中央有一明显凹陷，是与成虫头节略相似；虫体不分节但具有不规则横皱褶，后端多呈钝圆形，活时伸缩能力很强。	鱼肉
毛首鞭形线虫卵	大小约为 (50～54) μm×(22～23) μm	鞭虫卵呈纺锤形，黄褐色，卵壳较厚，两端各具一个透明的盖状突起(opercular blug)。	通过人畜粪便、农家肥、土壤和污水污染的新鲜蔬菜。
蛔虫卵	大小约为 (45～75) μm×(35～50) μm	卵壳自外向内分为三层：受精膜、壳质层和蛔甙层，卵壳外有一层由虫体子宫分泌形成的蛋白质膜，表面凹凸不平。	通过人畜粪便、农家肥、土壤和污水污染的新鲜蔬菜。

中华人民共和国出入境检验检疫行业标准

SN/T 1908—2007

泡菜等植物源性食品中寄生虫卵的分离及鉴定规程

Protocol of isolation and identification for parasite eggs or oocysts from kimchi and other plant foods

2007-05-23 发布　　2007-12-01 实施

中华人民共和国国家质量监督检验检疫总局　发布

前　言

本标准的附录 A 为规范性附录,附录 B 为资料性附录。

本标准由国家认证认可监督管理委员会提出并归口。

本标准起草单位:中国检验检疫科学研究院,中华人民共和国山东出入境检验检疫局,中华人民共和国辽宁出入境检验检疫局。

本标准主要起草人:吴绍强、林祥梅、曲径、葛建军、韩雪清、梅琳、刘建、贾广乐、曹际娟、李风琪。

本标准为首次发布的出入境检验检疫行业标准。

泡菜等植物源性食品中寄生虫卵的分离及鉴定规程

1 范围

本标准规定了泡菜等植物源性食品中寄生虫卵(包括蛔虫 *Ascaris*、钩口线虫 *Ancylostoma*、毛尾线虫 *Trichuris*、毛圆线虫 *Trichostrongylus* 虫卵和等孢球虫 *Isopsopoa* 卵囊等)的分离、形态学鉴定以及蛔虫卵的荧光 PCR 鉴定方法。

本标准适用于泡菜、辣椒酱、烤肉酱等植物源食品中寄生虫卵检验时的制样、分离、利用显微镜进行形态学鉴定,以及对检测到的蛔虫卵进行荧光 PCR 准确鉴定。

2 术语和定义

下列术语和定义适用于本标准。

2.1

份样 increment

从单个取样点一次抽取的少量样品。

2.2

原始样品 bulk sample

取自同一批的份样,经过混合而得到的一定数量样品。

2.3

试样 test sample

由全部或部分原始样品经进一步均匀化得到的用于分析或测试的样品。

2.4

存查样品 restore sample

从原始样品中分取的用于备查的一定数量样品。

2.5

Ct 值 cycle threshold

荧光 PCR 反应中,荧光信号到达设定的阈值所经历的循环数。

3 主要试剂

除另有规定外,所用生化试剂均为分析纯。

3.1 饱和氯化钠溶液

取氯化钠(比重 1.18~1.20)400 g,加于 1 000 mL 水中,加热煮沸至氯化钠完全溶解即可。

3.2 0.5%SDS 溶液

称取 SDS(十二烷基磺酸钠)5.0 g,加入 1 000 mL 水溶解即可。

3.3 荧光 PCR 鉴定用试剂

3.3.1 蛔虫卵荧光 PCR 检测引物、探针,采用软件 Beacon Designer 设计,并进行 BLAST 分析,验证为蛔虫超科寄生虫的通用引物和探针。

3.3.2 商品化的 Real time PCR 反应预混液。

3.3.3 阳性样品对照:采用猪蛔虫雌虫,实验室内解剖,采集子宫部分,采用试剂盒提取基因组 DNA,

测定含量后，稀释至 0.1 μg/mL，－20℃保存备用。

3.3.4 商品化的组织基因组 DNA 提取试剂盒，具体提取操作参照说明书进行。

3.3.5 低熔点琼脂糖。

3.3.6 液氮。

4 主要仪器和设备

4.1 荧光 PCR 仪。

4.2 高速冷冻离心机。

4.3 低速大容量离心机。

4.4 液氮罐。

4.5 生物显微镜及体视显微镜。

4.6 旋涡混匀器。

4.7 冰箱(2℃～8℃和－20℃两种)。

4.8 麦克马斯特(McMaster)虫卵计数板。

4.9 微量可调移液器(0.1 μL～2 μL、2 μL～20 μL、20 μL～200 μL、100 μL～1 000 μL 等规格)和相应配套的吸头。

4.10 40 目金属网筛(孔径 0.2 mm～0.3 mm)。

4.11 天平。

4.12 三角瓶、镊子、胶头滴管、载玻片、盖玻片等。

5 制样

除非另有约定，本标准涉及的制样过程一般包括混合足够量的送检份样组成原始样品，缩分原始样品得到试样和存查样品。

将原始样品倒在制样盘(如白色搪瓷盘)内，充分混合均匀，摊平样品。以对角线四分法缩分出试样和存查样品，每份样品质量约 500 g～1 000 g。

应采用规格适宜的容器或包装袋盛装样品并密封。

检测样品存查量应至少满足一次检测所需。存查样品的保存条件应依据样品特性确定，为避免样品发生变化以及交叉污染，一般将存查样品密封保存于 0℃～4℃，妥善保留 3 个月。

6 寄生虫卵分离

6.1 洗脱

取样品 200 g，泡菜(含液汁)等枝叶类样品放入大烧杯内，用 1.0 L 0.5%SDS 溶液分 3 次充分清洗每个叶片，合并洗脱液备用；辣椒酱等流体样品可不进行洗脱，直接进行过滤处理。

6.2 过滤

将洗脱液用 40 目筛过滤，并用去离子水清洗筛网上的杂物，留取滤液备用。

6.3 离心

将滤液 1 500 r/min 离心 10 min，小心倒去上清液，加入去离子水洗涤、1 500 r/min 离心 10 min，2 次，取沉淀备用。

6.4 漂浮

在沉淀物中加入 5 倍体积的饱和氯化钠溶液，在旋涡混匀器上混匀，离心(1 500 r/min，20 min)，使虫卵上浮于液面。

7 形态学鉴定

7.1 显微镜检查方法

采用切除尖嘴的1.0 mL吸头，与液面平行接触、小心吸取漂浮液顶部的漂浮物，加入McMaster虫卵计数板的计数室内，静置10 min，显微镜下检查。先用10×物镜观察，镜检到虫卵后，再改用40×物镜确认。

7.2 寄生虫卵的形态学特征

7.2.1 线虫卵

不同线虫卵的大小和形状不同，常见的为椭圆形、长圆形或圆形。卵壳表面也不一致，有的光滑，有的有结节，有的有凹陷。各种线虫卵的颜色不一致，从无色到黑褐色；线虫卵大多外面有四层膜(光镜下只能见到两层)组成的卵壳，壳内为胚细胞，卵壳的厚薄不同，多数线虫卵壳较薄，蛔虫卵壳最厚。有些线虫的卵随粪便排出体外时，已经处于分裂期，有些卵内为幼虫。

7.2.2 吸虫卵

吸虫卵常为黄色、黄褐色或灰褐色，多数为卵圆形或椭圆形。卵壳有数层卵膜组成，比较厚而结实。大多数吸虫卵的一端有卵盖，卵盖和卵壳之间有一条不明显的缝(新鲜的虫卵在高倍镜下可见)。毛蚴发育成熟后即可顶盖而出；有的吸虫卵没有卵盖，则毛蚴破壳而出。有的吸虫卵表面光滑，有的有各种突出物(如：结节、刺、丝等)。新排出的吸虫卵内，有的为卵黄细胞包围的胚细胞，有的则含有成形的毛蚴。

7.2.3 绦虫卵

绦虫卵大多为无色或灰色，少数为黄色或黄褐色。圆叶目和假叶目绦虫卵的构造不同。圆叶目绦虫卵中央有一椭圆形的具有三对胚钩的六钩蚴，六钩蚴包裹在一层膜内，该膜称为内胚膜，内胚膜外还有一层膜，叫外胚膜。内、外胚膜之间常有液体及颗粒状内含物，有的绦虫卵的内胚膜上形成突起，称为梨形器(灯泡状结构)。而假叶目绦虫的卵在形态和结构上非常接近于吸虫卵。

7.2.4 原虫的卵囊

多为椭圆形，新鲜的卵囊内为一团原生质，在体外合适的条件下，其内可形成一定数目的孢子囊，囊内有一定数目的子孢子。可根据卵囊中孢子囊的有无、数目和每个孢子囊中子孢子的数目进行初步分类鉴定，具体的种类鉴定必须结合卵囊的构造、大小、寄生宿主、部位及孢子化时间等因素确定。

7.3 结果的判断

镜检中发现的虫卵，其形态符合7.2中的形态学特征的，即可判断为寄生虫虫卵。

8 蛔虫卵荧光PCR鉴定

对于形态学分离获得的疑似蛔虫卵，可采用琼脂块法进一步分离后，采用荧光PCR准确判定是否为蛔虫卵。

8.1 操作步骤

8.1.1 蛔虫卵分离

8.1.1.1 琼脂块的制备：称取低熔点琼脂糖1.0 g，加入100 mL三角瓶内，加入100 mL ddH_2O，微波炉加热助溶。采用移液器吸取低熔点琼脂糖并涂布到清洁的载玻片上，厚度大约0.5 mm。冷却后，用手术刀片切割成1 mm^2 大小的方块，保鲜膜包裹后4℃冰箱放置备用。

8.1.1.2 吸取初步鉴定含有蛔虫卵的泡菜等样品漂浮液，涂布到制备好的琼脂块上，体视显微镜下，查找到疑似虫卵后，采用解剖针挑取该虫卵所在的琼脂块，加入PCR管内，加入5 μL ddH_2O，－20℃保存。

8.1.2 蛔虫卵前处理

由于蛔虫卵外有四层卵壳，应首先破壳才可用于PCR鉴定。方法为将含有疑似蛔虫卵的PCR管，放入液氮内冷冻 1 min，然后 37℃融化 5 min，如此反复冻融 15 次后用作荧光 PCR 反应模板。

8.1.3 荧光 PCR 扩增

根据荧光 PCR 对反应体积的要求，在含有疑似虫卵的 PCR 管内，选择表 1 体系之一配置反应液。

表 1 荧光 PCR 反应液配制

试剂	体积/μL	
管内已有水和虫卵	5	5
2×荧光 PCR 反应预混液	25	12.5
蛔虫卵引物及探针(10 μmol/L)	1.5	0.75
补充灭菌双蒸水至总体积	50	25

反应同时设置阳性对照和采用灭菌 ddH_2O 作为模板的阴性对照。反应液配好后，旋涡混匀，瞬时离心，将管置于荧光 PCR 仪内按照如下条件进行 PCR 扩增：94℃ 5 min；94℃ 5 s，51℃ 10 s，45 个循环。

8.2 结果判定

反应结束后，阈值的设定可根据背景值人工调整，以阈值线刚好超过阴性样品扩增曲线的最高点为准。仪器将自动给出每个样品的 Ct 值。记录 Ct 值，分析检测结果。

8.2.1 试验成立判定

只有阳性对照有扩增曲线，而且 Ct≤30；同时阴性对照扩增曲线 Ct＞30 的，才可判定本次试验成立。

8.2.2 阳性判定

如果样品的 PCR 扩增曲线 Ct≤30，则表明该疑似物为蛔虫卵。

8.2.3 阴性判定

如果反应曲线 Ct≥40，则表明该疑似物不是蛔虫卵。

8.2.4 可疑判定

如果 30＜Ct＜40，判为可疑，可以加大模板量再重复扩增，如果重复试验的 Ct＜40，则判为蛔虫卵，否则不是蛔虫卵。

8.2.5 无效扩增

如果阳性对照没有扩增曲线，或者阴性对照有 Ct＜30 的扩增曲线，判定本次试验无效，需要分析并排除引起试验无效的因素，并重新试验。

9 检测过程中防止交叉污染的措施

应采用公认的措施防止检测过程中交叉污染。

由于很多寄生虫为人兽共患病原，实验操作过程中要注意人员的防护。

附 录 A
（规范性附录）
检测过程中生物安全和防止交叉污染的措施

A.1 样品处理过程中应戴一次性手套，并经常更换。PCR 反应液配制过程中应在超净工作台等洁净环境中进行。

A.2 抽样和制样工具应清洁干净，且用于试验的器皿和离心管、PCR 管等必须经过 121℃、15 min 高压灭菌后才可使用。

A.3 引物、探针等溶液应按照实际工作浓度一次性溶解好，并分装后使用，防止试验过程中污染。

A.4 试验前后，要把超净工作台的紫外灯打开，以破坏可能残留的 DNA。

A.5 上机运行前应检查各 PCR 管盖是否盖紧，以防荧光物质泄露而污染机器。

附 录 B
（资料性附录）
可能造成污染的几种寄生虫卵的显微镜下形态学特征

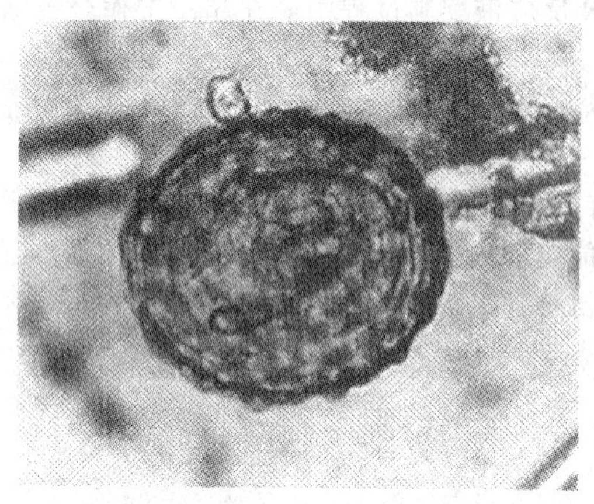

图 B.1 似蚓蛔线虫卵

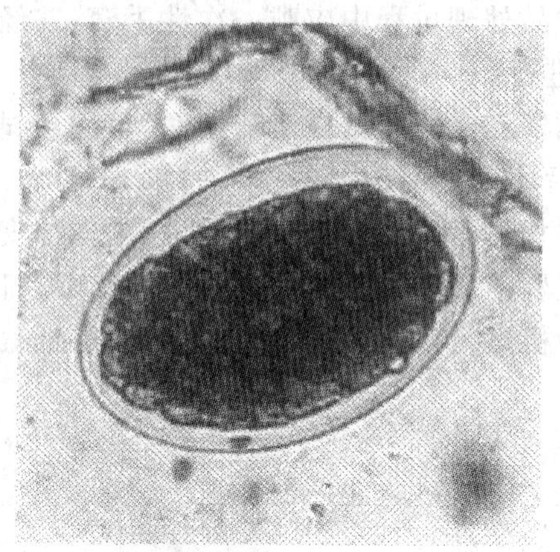

图 B.2 钩虫卵

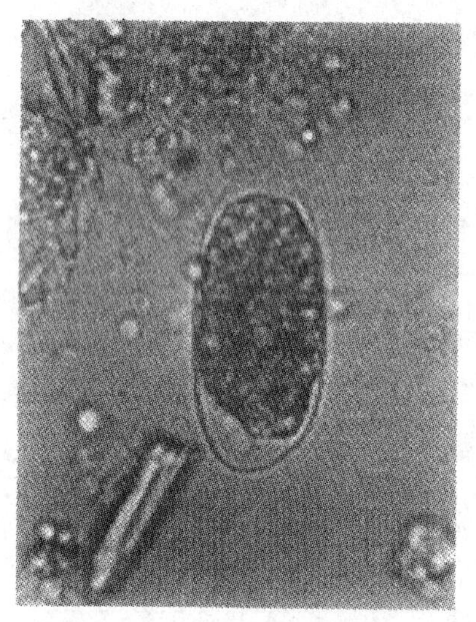

图 B.3 毛圆线虫卵

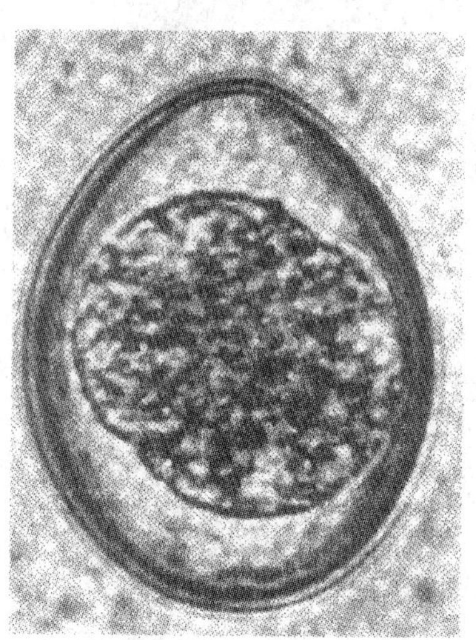

图 B.4 等孢球虫卵

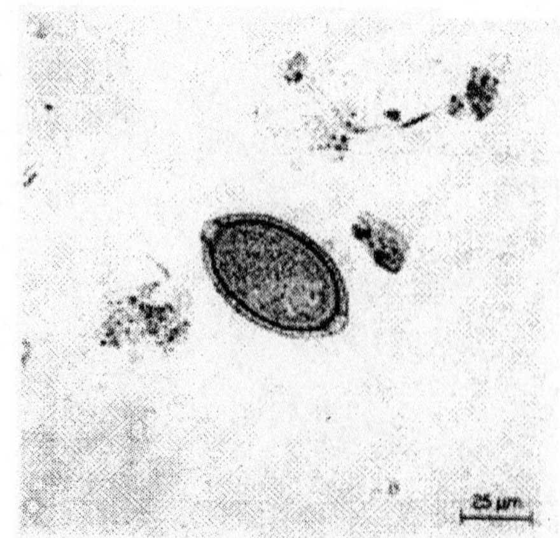

图 B.5 肝毛细线虫卵

（二）非食用动物产品

中华人民共和国进出口商品检验行业标准

SN 0078—92

出口马鬃、马尾把毛检验方法

代替 ZB B45 002—87

Method for inspection of horse mane and tail hair for export

本标准适用于出口双齐马鬃、马尾把毛的检验。

1 抽样

抽样应具有代表性。

1.1 抽样数量

按报验的每种颜色、每个档次的数量分别计算如下：

20箱以下开3箱；21～50箱开4箱；51～100箱开5箱；101箱以上，每增加30箱增开1箱，不足30箱不增开。根据商品品质情况，可酌情增减。

1.2 抽样方法

根据不同箱号随机抽取应抽的箱数，每箱从上、中、下部位各取二把有代表性的样品。

2 检验工具

公制、英制对照小尺一把；尖嘴镊子一把；铁齿木柄梳一把；木质量尺一个，量面凹形，尺长1m，在尺的始端有平面铁片挡住凹部，断面如图：

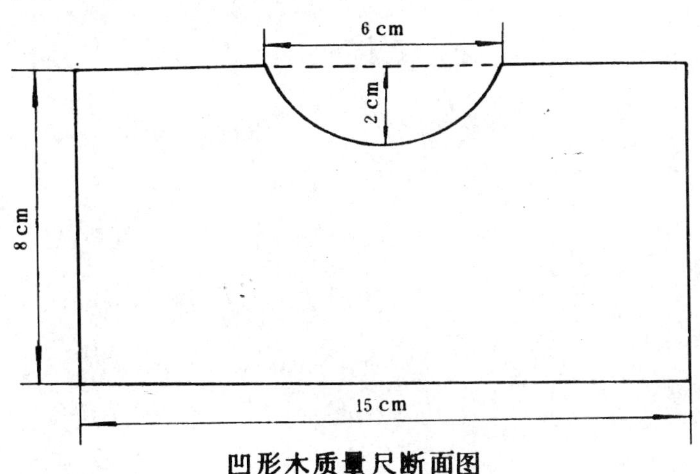

凹形木质量尺断面图

3 检验条件

验货场地光线要充足，避免阳光直射。

4 检验程序

外观检验，结合测量长度、把径，检验足尺成分，检验异色条，综合评定。

5 检验方法

5.1 外观检验

中华人民共和国国家进出口商品检验局1992-12-28批准　　1993-05-01实施

在开箱抽样时用眼检验颜色是否均匀一致，水洗是否清洁有光泽，梳理是否通顺整齐，捆绳是否均匀，绳扣是否直，用手捏把型是否变形，并取其最长和最短的把毛测量长度。

5.2 长度的测量

木尺平放，将把毛放在木尺凹形上，把毛一端抵住木尺始端的铁片，把毛盖线为上尺，漏线为下尺。

5.3 把径的测量

将把毛平放在桌面上，用小木尺测量其根部的直径，转动把毛量三次的平均数为把径。

5.4 足尺成分的检验

将把毛捆绳拆开，在梢部12mm处用绳扎住，用手抓住扎绳以上处用力抖，边抖边用铁齿梳梳通，将抖出的部分理顺，测量其长度，低于本样品尺码12mm的为不足尺成分。足尺成分计算公式：

$$\text{足尺成分（\%）}=\frac{\text{足尺成分}}{\text{足尺成分}+\text{不足尺成分}}\times 100$$

5.5 异色条的检验

将把毛捆绳拆开五分之四，用尖嘴镊子把与该样品颜色不符的毛条择出，计算择出的总根数。

附加说明：

本标准由中华人民共和国国家进出口商品检验局提出。

本标准由中华人民共和国天津进出口商品检验局起草。

本标准主要起草人王津春。

中华人民共和国进出口商品检验行业标准

出口细尾把毛检验方法

SN 0080—92

Method for inspection of dressed fine animal hair for export

代替 ZB B45 004 87

本标准适用于出口山羊身把毛、山羊尾把毛、山羊胡子把毛、黄牛身把毛、牦牛身把毛、牦牛尾把毛、狗身把毛、狗尾把毛、猫尾把毛、马身把毛、黄狼尾把毛、元尾把毛、獾把毛、石獾把毛、灰鼠尾把毛、松鼠尾把毛、飞鼠尾把毛、旱獭身把毛、旱獭尾把毛、貉子身把毛、貉子胸把毛、貉子尾把毛、香狸身把毛、香狸尾把毛及一切野生、家畜动物身、尾把毛等。

1 名词解释

1.1 冲尺

指把毛原有的正尺以上的冲尺部分。

1.2 足尺

又称分头，指从规定之冲尺部分起至缩尺部分的百分率。

1.3 倒根

指成品把内梢根颠倒了的毛条。

1.4 异色条

指本色毛以外的其他颜色的毛条。

1.5 含绒

指把毛内在加工时未梳净的绒含量。

1.6 刀拓

指把毛掺配均匀。

2 抽样

2.1 比例

在货物质量均匀的情况下进行抽样。50 箱以下者按货物的 30%抽取，超过 50 箱的部分按 20%抽取。

2.2 散装箱货

按标准规定的开采数量分上、中、下层，每层在不同部分抽取两把，在所取六把中抽取代表性的样品一把作为检验样品。

2.3 盒装箱货

按标准规定的开采数量，在箱内任取一盒，在盒内的不同部位抽取三把，在所取三把中抽取代表性的样品一把作为检验样品。

3 品质检验

3.1 检验项目

3.1.1 梢部

中华人民共和国国家进出口商品检验局1992-12-28批准 1993-05-01实施

用手拨动梢部是否平齐，有无虚尖、弯梢、折梢、倒根。

3.1.2　外围

将把毛拿在手中观查捆把周围（绳捆把或纸裹把）有无短渣及横条，刀拓是否均匀。

3.1.3　根部

将把毛根朝上拿在手中，用手尺量捆把直径是否符合标准规定，捆把是否紧实，根部有无偏头、翻头，绳箍距离是否均匀，有无虫蛀发霉现象。

3.1.4　内部

用手将把毛反复拨开内部，检查把内有无成撮异色条和其他兽毛、禽毛、植物纤维、寄生虫。

3.2　操作方法

3.2.1　冲尺

用左手将手尺直立在检验台上，用右手将把毛直靠手尺（或盘尺）上，量其把周围冲尺。

3.2.2　足尺成分

将一把样品拆开，外围和内部抽出部分合在一起（64 mm 以上的称取 5～8 g，60mm 以下的称取 3～5 g），将称出的样品扽平，用手拨法将足尺包括冲尺部分，随拨随用尺量，拨时防止短毛条失落与带入拨至下档一个尺码的平线，称其拨出的重量，求出足尺百分率。

$$足尺成分(\%) = \frac{足尺重量}{样品重量} \times 100 \quad \cdots\cdots(1)$$

3.2.3　倒根含量

将一把样品拆开称其重量，扽齐，用手揉法将倒根揉出，把揉上来的倒根用手采出，为了求其准确的倒根率，将采出来的倒根再进行反揉，用手将反揉上来的折条等取出，称纯倒根的重量，求出百分率。

$$倒根含量(\%) = \frac{倒根重量}{样品重量} \times 100 \quad \cdots\cdots(2)$$

3.2.4　异色条含量

将一把样品拆开称其重量，扽齐后倒放在检验台上（梢部向左）用左手拨，用右手拿镊子将异色条择出，称其异色条重量，求出百分率。

$$异色条含量(\%) = \frac{异色条重量}{样品重量} \times 100 \quad \cdots\cdots(3)$$

3.2.5　含绒

将一把样品拆开，称其重量，在检验台上扽齐后用左手握紧，用右手拿梳子采取手梳方法将把内的含绒梳出，梳净后，称其绒重量，求出百分率。

$$绒含量(\%) = \frac{绒重量}{样品重量} \times 100 \quad \cdots\cdots(4)$$

4　重量检验

4.1　散装箱货

按全批报验的箱数抽取 10%～20%，直接称毛重是否相符，再倒箱抽验净重是否与装箱尺码单重量相符。

4.2 用纸盒装箱的货

按全批报验的箱数抽取10%～20%，先称毛重是否相符，再开箱抽取盒内货的净重是否与装盒尺码单重量相符。

5 包装检验

木箱装或粘板箱装，检查包装箱有无破损、水渍、发霉、漏洞、油污、箱子是否牢固、唛头是否清楚、无误，用纸盒装箱的再开箱检查纸盒是否整洁、有无破损。

附加说明：

本标准由中华人民共和国国家进出口商品检验局提出。

本标准由中华人民共和国天津进出口商品检验局起草。

本标准主要起草人黄宝铭、孙恩广。

中华人民共和国进出口商品检验行业标准

出口生旱獭皮检验方法

SN 0085—92

Method for inspection of raw marmot skin for export

本标准适用于出口生旱獭皮的检验。

1 抽样

抽样应具有代表性。

1.1 抽样数量

按总报验各等级的数量分别计算。抽样数量确定如下：

1.1.1 20张以下全检；

21～100张时抽20张；

101～1 000张，每增加100张增抽10张；

1 001～5 000张，每增加100张增抽5张；

5 001～10 000张，每增加100张增抽2张；

10 001张以上，每增加100张增抽1张；增抽部分不足100张者按100张计算。

1.1.2 成包的皮张抽取包数可根据堆垛情况而定。

1.1.3 成捆的，2捆以下全部抽查；

3～10捆，抽2捆；

11～100捆，每增加10捆增抽1捆；增抽部分不足10捆时，按10捆计算。

101捆以上，每增加20捆增抽1捆；增抽部分不足20捆时按20捆计算。

1.1.4 根据品质情况可以酌情增减抽样数量。

1.2 抽样方法

1.2.1 成包和散垛皮张，根据堆垛情况随机抽取应抽的样皮张数；

1.2.2 成捆的皮张，平均抽取被抽捆内应抽取的样皮张数。

2 检验

2.1 工具

钢卷尺或木尺和检验台。

2.2 条件

验货场地要求光线充足，避免直射光和光线过暗。

2.3 程序

先看毛面，后看板面，结合伤残和面积，综合评定。

2.4 方法

2.4.1 毛面

毛面朝上，头部朝里平放在检验台上，用左手按压后臀部，用右手握住头部，利用右手腕力上下抖动

中华人民共和国国家进出口商品检验局1992-12-28批准　　1993-05-01实施

皮板数次，使毛绒全部松散起来，恢复到自然状态，便于观察毛面。

2.4.1.1　在抖皮的同时，随之察看针毛的齐全、平顺、灵活和光润程度；并静看毛绒颜色、有无旋毛和伤残。从毛绒发育状态看季节特征。

2.4.1.2　左手手指伸直，逆毛向推毛绒，顺毛向压毛绒，判断毛绒的长短和疏密度；同时验看毛绒底部的伤残、缺陷和有无落绒等。

2.4.2　板面

翻转皮板，使板面朝上，看皮型是否完整洁净，有无肉屑、油脂块；板质油性大小和细韧程度，伤残轻重及所在部位。从板面颜色看季节特征。双手同时轻捏皮板后臀部和颈部判断皮板弹性强弱和均匀程度。

2.5　面积测量

板面朝上，自然平放在检验台上。长度从颈部中间至尾根量出；宽度选腰间适当部位量出。

2.6　面积计算

$$S = a \times b$$

式中：S——面积，cm²；

a——长度，cm；

b——宽度，cm。

附加说明：

本标准由中华人民共和国国家进出口商品检验局提出。

本标准由中华人民共和国青海进出口商品检验局起草。

本标准主要起草人朱为民。

自本标准实施之日起，原国家标准GB 8131—87《出口生旱獭皮检验方法》作废。

中华人民共和国出入境检验检疫行业标准

SN/T 0090—2010
代替 SN 0090—1992

进出口已鞣制狗皮检验规程

Protocol of inspection for import and export tanned dog skin

2010-01-10 发布　　2010-07-16 实施

中华人民共和国国家质量监督检验检疫总局　发布

前　言

本标准代替 SN 0090—1992《进出口熟狗皮规程》。

本标准与 SN 0090—1992 相比，主要变化如下：

——在修订中规定了“术语和定义”；

——增加了“规范性引用文件”、“安全卫生检测”、“检验结果的判定”、“包装、标记”的内容；

——修改了“主题内容与适用范围”、“抽样方案”、“检验”；

——取消了“检验方式”。

本标准的附录 A 为规范性附录。

本标准由国家认证认可监督管理委员会提出并归口。

本标准起草单位：中华人民共和国河北出入境检验检疫局。

本标准主要起草人：孙静、王春良、郑新民、刘力军。

本标准所代替标准的历次版本发布情况为：

——SN 0090—1992。

进出口已鞣制狗皮检验规程

1 范围

本标准规定了进出口已鞣制狗皮的术语和定义、抽样、检验、检验结果判定、包装、标志、贮存及检疫卫生要求。

本标准适用于进出口已鞣制狗皮的检验。

2 规范性引用文件

下列文件中的条款通过本标准的引用而成为本标准的条款。凡是注日期的引用文件，其随后所有的修改单(不包括勘误的内容)或修订版均不适用于本标准，然而，鼓励根据本标准达成协议的各方研究是否可使用这些文件的最新版本。凡是不注日期的引用文件，其最新版本适用于本标准。

GB/T 2828.1 计数抽样检验程序 第1部分：按接收质量限(AQL)检索的逐批检验抽样计划

GB/T 17593.3 纺织品 重金属的测定 第3部分：六价铬 分光光度法

GB/T 19941 皮革和毛皮 化学试验 甲醛含量的测定

GB/T 19942 皮革和毛皮 化学试验 禁用偶氮染料的测定

SN/T 0846 进出口裘皮、革皮制品包装检验规程

3 术语和定义

下列术语和定义适用于本标准。

3.1

溜沙 shedding

鞣制不当或存储管理不当受闷，造成从毛根处大量掉毛。

3.2

油毛 oily hair

毛面有油脂。

3.3

锈毛 rusty hair

缠结毛 twined hair

毛绒粘合在一起，互相缠结成团。

3.4

秃针 with less guard hair

毛面上针毛短少，出现片、块裸绒现象。

3.5

浮色 losing colour

毛面染色不牢，掉色。

3.6

糟板 rotten leather

鞣制不当造成皮纤维损坏，无拉力，稍用力拉伸即破。

3.7

响板 sounding leather

用手搓动有响声，一般是病瘦皮或钉皮不当所致。

3.8

硬板　stiff leather

加工鞣制不当,手感僵硬。

3.9

油板　oily leather

皮板油脂量多,贮存时油脂渗入皮纤维间,使皮板变质,影响制成品质量。

3.10

陈板　aged hide

存放时间过久或保藏不善皮板变黄变质。

3.11

透毛针　hair through leather side

毛针露出板面,很易脱落,严重的影响外观品质。

3.12

抵补法　compensative method

对不规则部分进行适当增减的方法。

3.13

A 类不合格品　not qualitied product A

带有下列严重影响品质的缺陷的单位产品:破洞、刀伤、溜沙、透毛针、陈板、糟板、响板、硬板、霉变等。

3.14

B 类不合格品　not qualitied product B

带有下列不严重降低品质的缺陷的单位产品:油板、钩针、油毛、锈毛、秃针、浮色、异味等。

4　抽样

4.1　检验批

以同一条件下加工的同一品种为一检验批或进出口报检批为一检验批。

4.2　抽样方案

按照 GB/T 2828.1 规定,采用正常检查一次抽样方案。按批次品种颜色货物的堆放情况随机抽取规定数量。

4.3　检查水平

按照 GB/T 2828.1 规定,采用一般检查水平Ⅱ。

4.4　合格质量水平 AQL

A 类不合格品:AQL=1.0;

B 类不合格品:AQL=4.0。

4.5　一次性正常抽样

见附录 A。

5　检验

5.1　工具

工作台、尺子、检针器。

5.2　条件

检验场地光线适宜,避免阳光直射。

5.3 外观质量检验

5.3.1 毛面

将皮张颈部朝前，毛面朝上平放在工作台上，抖动全皮，使毛绒自然松散后，检验针毛分布是否齐全，绒毛发育是否成熟，验看毛的长短、粗细、疏密、颜色和光泽度。检验有无异味、油腻感、脱毛、秃针、钩针、溜沙、塌脊、油毛、锈毛等缺陷。

5.3.2 板面

将皮翻转，验看皮形是否完整、平展，洁净。手摸皮板柔软、弹性、厚薄均匀度，验看有无硬板、油板、糟板、夹生板、霉变等。视力集中皮板主要部位，由下而上至颈部再转向次要部位，查看刀伤（描刀、刀洞）、霉变、透毛针、破洞、虫蛀等伤残缺陷。

5.3.3 面积测量

皮板向上，长度从颈部中间至尾根测量，宽度在腰间选择适当部位按抵补法测量。

5.3.4 面积计算

面积按式(1)计算：

$$S = A \times B \qquad (1)$$

式中：

S——面积，单位为平方厘米（cm^2）；

A——长度，单位为厘米（cm）；

B——宽度，单位为厘米（cm）。

5.3.5 安全卫生检测

5.3.5.1 禁用偶氮染料测定按 GB/T 19942 执行。

5.3.5.2 甲醛含量的测定按 GB/T 19941 执行。

5.3.5.3 六价铬的检测按 GB/T 19593.3 执行。

6 包装检验

按照 SN/T 0846 规定进行。

7 检验结果的判定

7.1 A 类、B 类不合格张数同时小于等于 Ac 时，则判定为全批合格。

7.2 A 类、B 类不合格张数同时大于等于 Re 时，则判断为全批不合格。

7.3 当 A 类不合格张数大于等于 Re 时，不管 B 类不合格品张数是否超出 Re，应判断为全批不合格。

7.4 当 B 类不合格品数大于等于 Re 时，A 类不合格品数小于 Ac，两类不合格品数相加，如小于两类不合格品 Re 总数，则判定为全批合格，如大于或等于两类不合格 Re 总数，则判定全批不合格。

7.5 数量判定：合同规定以张计价的，短数不管多少，则判定为全批不合格。

7.6 面积判定：平均面积不符合合同规定平均面积，判定为全批不合格。

7.7 产品安全卫生检测项目不符合国家强制标准或进口国要求的，判该批不合格。

8 检验有效期

检验有效期 60 d。

附　录　A
（规范性附录）
一次性正常抽样表

表 A.1　一次性正常抽样表

批量 N/张	抽验数	A类不合格品 AQL=1.0		B类不合格品 AQL=4.0	
		合格 Ac	不合格 Re	合格 Ac	不合格 Re
1～90	13	0	1	1	2
91～150	20	0	1	2	3
151～280	32	1	2	3	4
281～500	50	1	2	5	6
501～1 200	80	2	3	7	8
1 201～3 200	125	3	4	10	11
3 201～10 000	200	5	6	14	15
10 001～35 000	315	7	8	21	22

中华人民共和国进出口商品检验行业标准

出口毛刷检验方法

Method for inspection of animal hair brushes for export

SN 0102—92

代替 ZB Y89 002—88

1 主题内容与适用范围

本标准规定了出口毛刷的检验程序、抽样方案及检验方式。

本标准适用于各种出口机栽鬃毛衣刷、鞋刷的检验。

2 抽样方案

2.1 数量

按照出口检验的实际箱数，50 箱以下开启 4 箱；50～100 箱，每 10 箱开启 1 箱；100 箱以上，每增加 20 箱增开 1 箱，不足 20 箱以 20 箱计。

2.2 方法

2.2.1 根据堆放情况，在上、中、下或左、中、右部位抽取。

2.2.2 每箱开启 2 盒，用于外观检验；每盒抽取 2 把，用于品质检验。

3 检验方式

3.1 检验工具

2m 盒尺一把；

150mm 游标卡尺一把；

0～50kg 拉速 100mm/min 拉力机一台。

3.2 检验

3.2.1 外观检验

刷型、规格、木质、染面、漆色、烫金、毛束是否与标准以及合同规定相符。

3.2.2 毛束检验

所用鬃毛是否符合规定，毛束栽制是否均匀，鬃毛是否剪齐，异色毛是否择净。

3.2.3 浮毛检验

将手的五指张开，在毛束上往返拨动七次，计算其落下鬃毛根数。

3.2.4 掉毛检验

用同样两把刷子，毛束对毛束，往返推拉七次，根据毛根掉下数进行计算。

3.2.5 刷板检验

按照规格及封样板型，薄厚是否均匀，孔距是否符合规定，钻孔边缘是否有飞刺；刷板应注意树疤、木节、虫蛀、腐朽等缺陷。

3.2.6 漆面检验

刷板表面的油漆是否涂抹均匀，有无气泡、水痕等缺陷。

中华人民共和国国家进出口商品检验局1992-12-28批准　　1993-05-01实施

3.2.7 烫金检验

图案、字迹是否清晰端正。

3.3 量尺

3.3.1 刷板

用盒尺或卡尺量刷板的长度、宽度、厚度、鬃刷的全长、全高。

3.3.2 毛束

用盒尺或卡尺量木板和鬃毛全高或全长，减去刷板的厚度或长度，即外露毛束长度。

$$S = A - B$$

式中：S——毛束外露长度，cm；

A——刷板、毛束全高，cm；

B——刷板厚度，cm。

3.4 拉力测试

用胶布粘紧被测试的毛束，胶布留有10cm的量固定在拉力机的上下夹头上，然后开机，待毛束完全拉出为止，拉力机停机时的数字，即为毛束的拉力数。

3.5 包装检验

3.5.1 内包装

商品的内包装是否整洁、干燥，有无污染及与本商品无关之物。

3.5.2 外包装

外包装箱是否牢固，有无破损、污染、发霉，铁腰是否紧实不松动，适合长途运输。

包装箱的标志是否清晰、整洁。

附加说明：

本标准由中华人民共和国国家进出口商品检验局提出。

本标准由中华人民共和国天津进出口商品检验局起草。

本标准主要起草人孙恩广、黄宝铭。

中华人民共和国进出口商品检验行业标准

出口生貉子皮检验方法

SN 0104—92

Method for inspection of raw raccoon skin for export

1 主题内容与适用范围

本标准规定了出口生貉子皮的检验方式、抽样方案及检验程序。

本标准适用于出口生貉子皮的检验。

2 检验方式

2.1 出口检验

2.2 预先检验

3 抽样方案

3.1 数量

3.1.1 报验数 1 000 张以下，按各等级的 10%抽取；1 001～10 000 张，每增加 200 张增抽 10 张，不足 200 张以 200 张计；10 001 张以上，每增加 400 张增抽 10 张，不足 400 张以 400 张计。

3.1.2 根据品质情况，可酌情增减抽样数量。

3.2 方法

3.2.1 对成包的皮张，根据堆放部位，随机抽取。

3.2.2 对未成包的皮张，根据堆放情况，按上中下、左中右或四角一中的方法抽取。

4 检验

4.1 工具

工作台、钢卷尺、软尺或木尺。

4.2 条件

验货场地要求光线适宜，避免阳光直射。

4.3 步骤

先看毛面，后验板面，测量面积(筒皮测量长度)，结合伤残，综合评定。

4.4 方法

4.4.1 毛面

4.4.1.1 片皮：将皮张毛面朝上平放在工作台上，用一只手捏住头部，另一只手捺住臀部，利用腕力上下抖动，使毛绒松散。验看毛绒是否齐全、平顺、灵活和光润。对有疑点处，用口吹开毛绒，看有无伤残。

4.4.1.2 筒皮：将筒皮放在工作台上，先看背部，后看腹部的毛绒是否齐全、平顺、灵活和光润，有无蹲裆、塌脖、白肷大小，结合毛绒颜色确定优劣。

4.4.1.3 用手从臀部向头部推毛绒至颈部，感觉毛绒的厚薄及丰足程度，同时验看毛绒的长短、有无擦针、陷坑、掉毛针及落绒等伤残。

中华人民共和国国家进出口商品检验局 1992-12-28 批准　　1993-05-01 实施

4.4.2 板面

4.4.2.1 片皮：验看皮形是否完整，肉屑及脂肪是否去净，有无油浸板、烘板、陈板等伤残。手感皮板的厚薄、弹性强弱，从板面颜色看季节特征。

4.4.2.2 筒皮：将后裆向外翻开，从皮板的颜色确定季节，看有无伤残。

4.4.3 面积测量

片皮张板面朝上，自然平放在工作台上。长度从耳根至尾根量出，宽度选腰间适当部位量出。

筒皮长度由鼻尖至尾根量出，宽度选腰间适当部位量出乘2（野生未撑板的貉子皮，长度计算可按国际贸易需要掌握）。

4.4.4 面积计算

$$S = A \cdot B$$

式中：S——面积，cm^2；

A——长度，cm；

B——宽度，cm。

附加说明：

本标准由中华人民共和国国家进出口商品检验局提出。

本标准由中华人民共和国北京进出口商品检验局起草。

本标准主要起草人姜锡奎。

自本标准实施之日起，原国家标准GB 9703—88《出口生貉子皮检验方法》作废。

中华人民共和国出入境检验检疫行业标准

SN/T 0573—2010
代替 SN 0573—1996

进口可用作肥料原料的骨废料检验检疫规程

Rules of inspection and quarantine for imported animal bone waste as fertilizer raw material

2010-01-10 发布　　2010-07-16 实施

中华人民共和国国家质量监督检验检疫总局 发布

前 言

本标准代替 SN 0573—1996《进口可作原料用动物骨废料检验规程(试行)》。

本标准根据 GB 16487.1《进口可用作原料的固体废物环境保护控制标准　骨废料》有关条款，对 SN 0573—1996《进口可作原料用动物骨废料检验规程(试行)》进行了适当的调整和修订，在原规程基础上，增加了"要求"一章以及有关检疫的内容，并根据口岸实际情况和进口骨废料的特点，对其他章节的一些条款进行了充实。

本标准由国家认证认可监督管理委员会提出并归口。

本标准起草单位：中华人民共和国辽宁出入境检验检疫局、中华人民共和国上海出入境检验检疫局。

本标准主要起草人：刘保隆、刘肖芳、曹建华、李文利、苏立明、王洁、吴石、王晓薇。

本标准所代替标准的历次版本发布情况为：

——SN 0573—1996。

进口可用作肥料原料的骨废料
检验检疫规程

1　范围

本标准规定了进口可用作原料的骨废料的术语和定义、要求、抽样、检验检疫、结果判定和处置。

本标准适用于以下海关商品编号的骨废料的检验检疫：

海关商品编号	废物原料名称
0506.9011.10	含牛羊成分的骨废料
0506.9019.10	其他骨废料

2　规范性引用文件

下列文件中的条款通过本标准的引用而成为本标准的条款。凡是注日期的引用文件，其随后所有的修改单(不包括勘误的内容)或修订版均不适用于本标准，然而，鼓励根据本标准达成协议的各方研究是否可使用这些文件的最新版本。凡是不注日期的引用文件，其最新版本适用于本标准。

GB 5085(所有部分)　危险废物鉴别标准

GB/T 15555(所有部分)　固体废物浸出毒性检测方法

GB 16487.1　进口可用作原料的固体废物环境保护控制标准　骨废料

SN/T 0570　进口可用作原料的废物放射性污染检验规程

SN/T 1253　入出境集装箱及其货物消毒规程

SN/T 1254　入出境废旧物品卫生检疫查验规程

SN/T 1270　入出境散装货物消毒规程

SN/T 1281　入出境集装箱及其货物除虫规程

SN/T 1286　入出境集装箱及其货物除鼠规程

SN/T 1302　入出境散装货物除虫规程

SN/T 1331　入出境散装货物除鼠规程

国家危险废物名录

3　术语和定义

下列术语和定义适用于本标准。

3.1

骨废料　scrap of animal bones

杂骨(包括马、牛、羊、猪等)总称，包括块状、粒状、粉状。

3.2

非骨废料杂质　impurities of no-bones

骨头附着物(如肌肉、肌胫等)和进口骨废料以外的骨类。

3.3

夹杂物　carried waste

在产生、收集、包装和运输过程中混入进口骨废料中的其他物质(不包括进口骨废料的包装物及在运输过程中需使用的其他物质)。

3.4

检验批　inspection lot

一次报检的同一份运单(提单)和(或)同一份装运前检验证书的货物。

4　要求

4.1　单证和标识

进口废物原料境外供货企业注册证书、进口废物原料国内收货人登记证书、可用作原料的废物进口许可证和装运前检验证书及其他相关单证应真实、齐全、一致。

集装箱箱号、封识号和封识代码应与装运前检验证书等相关单证所列明的一致。

4.2　检疫

4.2.1　卫生检疫

骨废料中不应携带下列卫生检疫物:

a)　病原体;

b)　医学媒介生物;

c)　被病源微生物污染的物品。

4.2.2　动植物检疫

骨废料中不应携带下列动植物检疫物:

a)　动植物病原体(包括菌种、毒种等)、害虫及其他有害生物;

b)　动植物疫情流行的国家和地区的有关动植物、动植物产品和其他检疫物;

c)　动物尸体;

d)　土壤。

4.3　检验

4.3.1　骨废料中禁止混有下列夹杂物(包含在4.3.2、4.3.3、4.3.4中的废物除外):

a)　放射性废物;

b)　废弃炸弹、炮弹等爆炸性武器弹药;

c)　根据GB 5085鉴别为危险废物的物质;

d)　《国家危险废物名录》中的其他废物。

4.3.2　骨废料中应严格限制下列夹杂物的混入,总质量不应超过进口骨废料质量的0.01%:

a)　具有腐臭味或刺激性异味的骨废料;

b)　石棉废物或含石棉的废物;

c)　废感光材料;

d)　密闭容器;

e)　可以充分说明在进口骨废料的产生、收集、包装和运输过程中难以避免混入的其他危险废物。

4.3.3　除4.3.1和4.3.2所列夹杂物外,骨废料中应限制其他夹杂物(包括废金属、废纸、废塑料、废橡胶、废玻璃、废木等废物)的混入,总质量不应超过进口骨废料质量的1%。

4.3.4　骨废料中非骨废料杂质总质量不应超过骨废料的3%。

4.3.5　骨废料的放射性污染控制水平应符合SN/T 0570的要求。

4.3.6　货物品质、质量应符合相关规定要求。

5　抽样

5.1　集装箱装运的骨废料开箱查验数量应不少于检验批集装箱数量的50%,掏箱检验数量应不少于检验批集装箱数量的10%,对集装箱箱号、封识号、封识代码与装运前检验证书不符以及存在疑问的集装箱须实施掏箱检验,开箱查验和掏箱检验不足一箱的按一箱计算。

5.2 现场抽样分拣检验时，集装箱装运的骨废料样品按集装箱内货物质量的5%以上随机抽取；散装海运的骨废料样品按船舱内货物质量的1%以上随机抽取；散装陆运的骨废料样品按检验批货物质量的5%以上随机抽取。

5.3 送实验室分析时，应对可疑物进行抽样，抽样数量以满足实验室检测要求为准。

6 检验检疫

警示：现场开箱、掏箱等检验检疫过程中应注意操作安全。遇有威胁到现场检验检疫人员的安全、健康的情形时，应采取必要的防护措施，必要时应立即停止检验检疫，并采取相应的隔离防护措施。

6.1 货证及标识一致性检查

检查集装箱(或其他运载工具)号码、封识号、封识代码或货物的品名、类别与装运前检验证书是否相符。

6.2 卫生检疫

卫生检疫查验按SN/T 1254实施，卫生处理根据不同装运方式、不同处理目的分别按SN/T 1253、SN/T 1270、SN/T 1281、SN/T 1286、SN/T 1302和SN/T 1331实施。

6.3 动植物检疫

6.3.1 检查货物中是否存在动植物病原体(包括菌种、毒种等)、害虫及其他有害生物。

6.3.2 检查货物中是否存在动植物疫情流行的国家和地区的有关动植物、动植物产品和其他检疫物。

6.3.3 检查货物中是否存在动物尸体及土壤。

6.4 集装箱装运货物的检验

6.4.1 放射性检测

按SN/T 0570实施检验。

6.4.2 开箱查验

6.4.2.1 按5.1规定的比例，随机抽取开箱查验的集装箱，对箱内货物实施感官检验。

6.4.2.2 检验过程中发现有4.3.1b)情形时，应停止现场检验；对发现有4.3.1c)和4.3.1d)的可疑物时，应按5.2要求抽样送实验室按GB 5085、GB/T 15555进行检测和判断。

6.4.2.3 检验过程中发现有4.3.2、4.3.3和4.3.4所列夹杂物且暂不能确定是否超标时，应对查验箱货物实施掏箱检验和抽样分拣检验。

6.4.3 掏箱检验

6.4.3.1 对按5.1规定抽取的集装箱和其他需要掏箱检验的集装箱实施掏箱，并对掏箱货物实施感官检验。

6.4.3.2 检验过程中发现有4.3.1所列夹杂物时，应按6.4.2.2执行。

6.4.3.3 检验过程中发现有4.3.2和4.3.3及4.3.4所列夹杂物且暂不能确定是否超标时，应实施抽样分拣检验，也可对掏箱检验货物实施全数分拣检验。

6.4.3.4 抽样分拣检验应按5.2抽取样品并实施分拣。实施分拣前应称出样品的质量，分拣后应称出夹杂物的质量，然后按式(1)计算夹杂物含量。

$$X = \frac{W_x}{W_p} \times 100 \qquad \cdots\cdots(1)$$

式中：

X——夹杂物的含量，%

W_x——样品中夹杂物的质量，单位为千克(kg)；

W_p——样品质量，单位为千克(kg)。

6.4.3.5 分拣过程中发现有4.3.1所列夹杂物时，应按6.4.2.2执行。

6.4.3.6 分拣过程中，如已分拣出的夹杂物比例已超过GB 16487.1规定的限值，可停止检验。

6.5 散装海运货物的检验

6.5.1 放射性检测

按 SN/T 0570 实施检验。

6.5.2 开舱查验

6.5.2.1 对舱面的货物实施感官检验。

6.5.2.2 检验过程中发现有 4.3.1b)情形时，应停止现场检验；对发现有 4.3.1c)和 4.3.1d)的可疑物时，应按 5.2 要求抽样送实验室，按 GB 5085、GB/T 15555 进行检测和判断。

6.5.2.3 检验过程中发现有 4.3.2、4.3.3 和 4.3.4 所列夹杂物且暂不能确定是否超标时，应按 6.5.3.3 要求，在卸货过程或卸货后进行分拣检验。

6.5.3 落地检验

6.5.3.1 对卸至指定检验检疫场地的货物实施感官检验。

6.5.3.2 检验过程中发现有 4.3.1 所列夹杂物时，应按 6.5.2.2 执行。

6.5.3.3 检验过程中发现有 4.3.2、4.3.3 和 4.3.4 所列夹杂物且暂不能确定是否超标时，应实施抽样分拣检验，也可实施全数分拣检验。

6.5.3.4 抽样分拣检验应按 5.2 抽取样品并实施分拣。实施分拣前应称出样品的质量，分拣后应称出夹杂物的质量，然后按式(1)计算夹杂物含量。

6.5.3.5 分拣过程中发现有 4.3.1 所列夹杂物时，应按 6.5.2.2 执行。

6.5.3.6 分拣过程中，如已分拣出的夹杂物比例已超过 GB 16487.1 规定的限值，可停止检验。

6.6 散装陆运货物的检验

散装陆运货物的检验参照 6.5 实施。

6.7 品质/质量检验

需要对货物实施品质/质量检验时，参照有关规程实施。

7 结果判定

7.1 经检验检疫，未发现不符合 4.2 和 4.3 要求的，判定为合格。

7.2 经检疫，发现不符合 4.2 要求的，判定为检疫不合格。

7.3 经检验，发现不符合 4.3.1～4.3.5 要求的，判定为环保项目不合格。

7.4 经检验，发现不符合 4.3.6 要求的判定为品质或质量项目不合格。

8 处置

8.1 对属于 7.1 情况的，应向报检人出具《入境货物通关单》。

8.2 对属于 7.2 情况的，应根据相关规定进行检疫处理，并向报检人出具相关单证。

8.3 对属于 7.3 情况的，应向报检人出具《检验检疫处理通知书》，交海关、环保部门处理；并向报检人出具检验证书。

8.4 对属于 7.4 情况的，应向报检人出具检验证书。

中华人民共和国出入境检验检疫行业标准

SN/T 0844—2010
代替 SN/T 0844—2000

进出口马、骡、驴驹生皮检验检疫规程

Protocol of inspection and quarantine for import and export the raw skins of horse, mule skin and donkey foal

2010-01-10 发布　　2010-07-16 实施

中华人民共和国国家质量监督检验检疫总局　发布

前　言

本标准代替 SN/T 0844—2000《进出口生马、骡、驴驹皮检验规程》。

本标准与 SN/T 0844—2000 相比，主要变化如下：

——在修订中规定了“术语和定义”；

——增加了“规范性引用文件”、“检验结果的判定”的内容；

——修改了“范围”、“抽样”、“检验”。

本标准附录 A 为规范性附录。

本标准由国家认证认可监督管理委员会提出并归口。

本标准起草单位：中华人民共和国河北出入境检验检疫局。

本标准主要起草人：孙静、谷青、郑新民、刘力军、王春良。

本标准所代替标准的历次版本发布情况为：

——SN/T 0844—2000。

进出口马、骡、驴驹生皮检验检疫规程

1 范围

本标准规定了进出口马、骡、驴驹生皮的术语和定义、抽样、检验、检疫和结果判定。

本标准适用于进出口马、骡、驴驹生皮的检验检疫。

2 规范性引用文件

下列文件中的条款通过本标准的引用而成为本标准的条款。凡是注日期的引用文件，其随后所有的修改单(不包括勘误的内容)或修订版均不适用于本标准，然而，鼓励根据本标准达成协议的各方研究是否可使用这些文件的最新版本。凡是不注日期的引用文件，其最新版本适用于本标准。

GB/T 2828.1 计数抽样检验程序 第1部分 接受质量限(AQL)检索的逐批检验抽样计划

SN/T 0188 进出口商品重量鉴定规程 衡器鉴重

SN 0331 出口畜产品中炭疽杆菌检验方法

3 术语和定义

下列术语和定义适用于本标准。

3.1

缺陷 blemish

凡是可使生皮价值降低的损伤，均称缺陷。

3.2

机械伤 mechanical injury

主要包括鞭伤、鞍伤、烙印伤、描刀、刀洞等。

3.3

刀伤 butcher cuts

因剥皮不慎造成的伤残称为刀伤。在板面上深度不超过皮板厚度三分之一的刀痕为描刀，超过三分之二厚度者为刀洞。

3.4

霉板 mold skin

存放不当或未腌制好，热闷受潮出现霉变，霉变严重不能制革。

3.5

癣癞 mange

癣、癞均系皮肤病造成的伤残，破坏毛囊。轻者，毛绒粘乱，带有肤皮的称为癣；重者，毛绒脱落，板面呈凹窝的称为癞。

3.6

削薄 shave skin thin

机械性面积性损伤。

3.7

抵补法 compensative method

对不规则部分进行适当增减的方法。

3.8

A 类不合格品　not qualitied product A

单位产品上出现皮形不整、厚薄不均、描刀、破洞、霉板、裂缝、折皱、掉毛等严重影响制革的外观质量缺陷。

3.9

B 类不合格品　not qualitied product B

单位产品上出现厚薄不均、描刀、裂缝、烙印、鞍伤、折皱、摩擦掉毛等不严重影响制革的外观质量缺陷。

4　抽样

4.1　检验批

以同一条件下加工的同一品种为一检验批或进出口报检批为一检验批。

4.2　抽样方案

按照 GB/T 2828.1 规定，采用正常检查一次抽样方案见附录 A。按批次、品种和颜色货物的堆放情况，随机抽取规定数量样品。

4.3　检查水平

按照 GB/T 2828.1 规定，采用一般检查水平Ⅱ。

4.4　合格质量水平 AQL

A 类不合格品：AQL＝1.0；

B 类不合格品：AQL＝4.0。

5　检验

5.1　仪器和工具

工作台，衡器(精确到 0.1 kg)，量尺(精确到 0.01 m)。

5.2　条件

检验场地自然光线适宜，避免阳光直射。

5.3　外观质量检验

5.3.1　毛面

抖净杂质，将皮张颈部朝前，毛面朝上平放在工作台上检验全皮，检验毛的长短、粗细、疏密、坚实和光泽度。查看癣癞、掉毛(对疑问掉毛处，用手能轻轻拔掉也视为掉毛)、烙印、鞍伤等伤残缺陷。

5.3.2　板面

将皮翻转抖掉皮上的浮盐及污物，验看皮形是否完整，检验全皮的脂肪、肉屑是否去净，盐渍是否腌透均匀，用手摸皮板厚薄及均匀程度，之后，视力集中皮板主要部位，由下而上至颈部再转向次要部位，查看刀伤(描刀、破洞)、线缝、肉面发黑、发紫、腐烂穿洞(对疑问处，以用手能顶破或拉破为准)，虫蛀、淤血等伤残缺陷。

5.3.3　面积

5.3.3.1　面积测量

板面朝上，长度从颈部中间至尾根量出，宽度选腰间适当部位按抵补法量出。

测量面积采用长乘宽抵补法计算。

5.3.3.2　面积计算方法

面积按式(1)计算：

$$S = A \times B \quad \cdots\cdots(1)$$

式中：

S——面积，单位为平方厘米（cm^2）；

A——长度，单位为厘米（cm）；

B——宽度，单位为厘米（cm）。

5.3.4 衡重

按 SN/T 0188 进行。

5.4 数量

按抽取货物拆件，逐件清点张数，对照进出口合同、装箱单，记录每件货物的张数。

6 炭疽检测

按 SN 0331 进行。

7 结果判定

7.1 品质判定

7.1.1 A类、B类不合格品数同时小于等于 Ac 时，则判定为全批合格。

7.1.2 A类、B类不合格品数同时大于等于 Re 时，则判定全批不合格。

7.1.3 当A类不合格品数大于等于 Re 时，不管B类不合格品数是否超出 Re，应判定为全批不合格。

7.1.4 当B类不合格品数大于等于 Re 时，A类不合格品数小于 Ac，两类不合格品数相加，如小于两类不合格品 Re 总数，则判定为全批合格，如大于或等于两类不合格 Re 总数，则判定全批不合格。

7.2 数量判定

合同规定以张计价的，短数不管多少，则判定为全批不合格。

7.3 面积判定

平均面积不符合合同规定平均面积，判定为全批不合格。

7.4 重量判定

低于合同规定重量，短重率超过 5%的，判定为全批不合格。

7.5 炭疽检测

炭疽检测为阳性，判定全批不合格。

8 检验有效期

检验有效期 60 d。

附 录 A
（规范性附录）
一次正常抽样表

表 A.1 一次正常抽样表

批量 N/（件或张）	抽 验 数	A 类不合格品 AQL=1.0		B 类不合格品 AQL=4.0	
		合格 Ac	不合格 Re	合格 Ac	不合格 Re
1～90	13	0	1	1	2
91～150	20	0	1	2	3
151～280	32	1	2	3	4
281～500	50	1	2	5	6
501～1 200	80	2	3	7	8
1 201～3 200	125	3	4	10	11
3 201～10 000	200	5	6	14	15
10 001～35 000	315	7	8	21	22

前　　言

本标准按照GB/T 1.1—1993《标准化工作导则　第1单元:标准的起草与表述规则　第1部分:标准编写的基本规定》的要求编写的。本标准是对原专业标准ZB B46 001—1987《出口骨肉粉中磷的测定方法》的修订。

本标准从实施之日起,同时代替ZB B46 001—1987。

本标准由中华人民共和国国家出入境检验检疫局提出。

本标准由中华人民共和国上海出入境检验检疫局负责起草。

本标准起草人:叶长淋。

中华人民共和国出入境检验检疫行业标准

SN/T 0848—2000

代替 ZB B46 001—1987

进出口骨肉粉中磷的测定方法

Method for the determination of phosphorus in bone tankage for import and export

1 范围

本标准规定了用重量法测定出口骨肉粉中磷含量的方法。

本标准适用于进出口骨肉粉中磷含量的测定。

2 测定方法

2.1 方法提要

试样经消化后,在酸性条件下,磷与喹钼柠酮生成磷钼酸喹啉沉淀。沉淀物经过滤、洗涤、烘干、称重,求出磷的含量。

2.2 试剂和材料

除另有规定外,所用试剂均为分析纯,水为蒸馏水。

2.2.1 无水硫酸钠。

2.2.2 无水硫酸铜。

2.2.3 硫酸。

2.2.4 硝酸水溶液:1∶1(V/V)。

2.2.5 喹钼柠酮试剂

2.2.5.1 溶解 70 g 钼酸钠于 150 mL 水中。

2.2.5.2 溶解 60 g 柠檬酸于 85mL 硝酸和 150 mL 水的混合溶液中,冷却。

2.2.5.3 在不断搅拌下缓慢地将溶液(2.2.5.1)加入到溶液(2.2.5.2)中。

2.2.5.4 溶解 5 mL 喹啉于 35 mL 硝酸和 100 mL 水混合液中。

2.2.5.5 缓慢地将溶液(2.2.5.4)加入到溶液(2.2.5.3)中混合后,放置 24 h,将此溶液过滤,于滤液中加入 280 mL 丙酮,用水稀释至 1 000 mL,混匀,贮存于聚乙烯瓶中。

2.3 仪器和设备

2.3.1 4 号玻璃砂芯坩埚。

2.3.2 烘箱。

2.4 测定步骤

2.4.1 试样处理

称取 0.500 g 样品于 500 mL 凯氏烧瓶中,加入 10 g 无水硫酸钠、0.5 g 无水硫酸铜和 5 mL 硫酸,开始时小火加热,经 10 min 后持续加大火力进行消化,直至样品溶液成透明无炭粒为止。用水将凯氏烧瓶中内容物移入 500 mL 容量瓶中,加水至刻度,混匀。

2.4.2 测定

吸取消化液 25 mL 或 50 mL 于 400 mL 烧杯中,加入 10 mL 硝酸水溶液,用水稀释至 100 mL,加

中华人民共和国国家出入境检验检疫局 2000-06-22 批准　　2000-11-01 实施

入 50 mL 喹钼柠酮(2.2.5)，盖上表面皿，小火加热煮沸，微沸 1 min，冷却至室温时转动烧杯 3～4 次。然后用预先干燥恒重的 4 号玻璃砂芯坩埚抽滤。先倾去上层清液，然后用倾泻法以水洗涤沉淀物 1～2 次。将沉淀物全部移入坩埚中，再用水洗 4～5 次。将坩埚连同沉淀物放入 180℃烘箱内烘 45 min，取出，把坩埚移入干燥器中冷却至室温，称量。重复烘至恒重。同时作一试剂空白，步骤同样品测定。磷的含量按五氧化二磷计算。

2.5 结果计算和表述

按式(1)计算试样中的磷含量：

$$X = \frac{[(m_1 - m_2) - (m_3 - m_4)] \times 0.03207}{m \times V/500} \times 100 \qquad \cdots\cdots(1)$$

式中：X——试样中五氧化二磷含量，%；

m_1——样品沉淀物和砂芯坩埚的质量，g；

m_2——测定样品用砂芯坩埚的质量，g；

m_3——试剂空白和砂芯坩埚的质量，g；

m_4——测定试剂空白用砂芯坩埚的质量，g；

m——样品质量，g；

V——测定用样品消化液的体积，mL；

0.032 07——磷钼酸喹啉换算为五氧化二磷的系数。

前　　言

本标准按照GB/T 1.1—1993《标准化工作导则　第1单元:标准的起草与表述规则　第1部分:标准编写的基本规定》的要求编写。

本标准在参考GB/T 9700—1988《出口盐湿猪皮检验方法》的基础上,增加了“标准衡重”和“检验结果判定”的内容。

本标准由中华人民共和国国家出入境检验检疫局提出并归口。

本标准由中华人民共和国浙江出入境检验检疫局、中华人民共和国福建出入境检验检疫局负责起草。

本标准主要起草人:莫建畅、陈勤建、沈其林。

本标准系首次发布的行业标准。

中华人民共和国出入境检验检疫行业标准

SN/T 0940—2000

进出口盐湿猪皮检验规程

Rules for the inspection of wet salted pig skin for import and export

1 范围

本标准规定了进出口盐湿猪皮的抽样、检验及检验结果的判定。

本标准适用于进出口盐湿猪皮的检验。

2 引用标准

下列标准所包含的条文，通过在本标准中引用而构成为本标准的条文。本标准出版时，所示版本均为有效。所有标准都会被修订，使用本标准的各方应探讨使用下列标准最新版本的可能性。

GB/T 9700—1988　出口盐湿猪皮检验方法

SN/T 0188—1993　进出口商品重量鉴定规程　衡器鉴重

3 定义

本标准采用下列定义。

3.1　检验批

以同一合同、提单，同一品种为一检验批，简称批。

3.2　抵补法

多余部分补齐缺少部分的计算方法。

4 抽样

在完好的包装内 1 000 张以下按 10%抽取。1 000 张以上，超过部分每增加 20 张，抽 1 张，不足 20 张，以 20 张计。

5 检验

5.1　工具

工作台、磅秤、钢卷尺。

5.2　检验场地

光线适宜，避免阳光直射。

5.3　衡重

5.3.1　衡器校验，按照 SN/T 0188 规定进行。

5.3.2　逐件衡取毛重，将抽取的样品去除盐粒及其杂质后衡取净重。

5.4　面积

测量面积，应采用长乘宽抵补法计算，见式(1)：

$$S = A \times B \qquad \cdots\cdots(1)$$

中华人民共和国国家出入境检验检疫局 2000-09-15 批准　　2000-12-31 实施

式中：S——面积，cm^2；

A——长度，cm；

B——宽度，cm。

5.5 步骤

5.5.1 肉面

检验皮形是否完整，脂肪块、肉屑是否去净，盐渍是否均匀。有无刀伤，红斑，发黑、腐烂和胶化。

5.5.2 毛面

检验有无污物、烫伤、掉毛、癣癞和腐败脱毛。

5.6 检验结果的判定

有下列情况之一者判为不合格批：

a）利用率低于规定超过5%；

b）品质不合格率超过5%；

c）降级率超过5%；

d）短重率大于5%。

前　言

本标准是按照GB/T 1.1—1993《标准化工作导则　第1单元:标准的起草与表述规则　第1部分:标准编写的基本规定》进行编写的。

本标准根据有关农产食品国际标准、中华人民共和国进出口商品检验行业标准、粮食、油料及植物油脂检验标准以及饲料工业标准中有关内容的要求,结合我国出口有机肥、骨粒(粉)的出口、加工检验特点、国内外市场贸易情况和工作实践经验进行编写的,在内容上与上述有关标准等效或等同。

在依据国际标准和本国标准进行编写时,引用了国际、国内有关标准中部分感官、理化和卫生检验方法。参照国际标准中"油籽渣——取样"方法制定了有机肥、骨粒(粉)取样标准,参考国际、国内标准中有关商品的水分、粒度、钾含量、氮含量测定方法,结合国内检验工作现状,经多次研究、改进并进行对比试验及统计分析,制定了有机肥、骨粒(粉)中氧化钾含量、氮含量、粒度和水分检验方法。

本标准附录A为提示的附录。

本标准由国家认证认可监督管理委员会提出并归口。

本标准由贵州出入境检验检疫局负责起草。

本标准主要起草人:戴爱萍、莫凤、何忠。

本标准首次发布。

中华人民共和国出入境检验检疫行业标准

出口有机肥、骨粒(粉)检验规程

SN/T 1049—2002

Rules for the inspection of organic fertilizer and bone grain (or bone meal) for export

1 范围

本标准规定了粉状、颗粒状出口有机肥、骨粒(粉)的取样、品质检验方法及结果判断。

本标准适用于各类骨粒、骨粉及用骨粒(粉)与油菜籽饼粉混合而制成的有机肥。

2 引用标准

下列标准所包含的条文,通过在本标准中引用而构成为本标准的条文。本标准出版时,所示版本均为有效。所有标准都会被修订,使用本标准的各方应探讨使用下列标准最新版本的可能性。

GB/T 6437—1986 饲料总磷量测定方法

GB/T 8170—1987 数值修约规则

SN/T 0188—1993 进出口商品重量鉴定规程 衡器鉴重

SN 0331—1994 出口畜产品炭疽杆菌检验方法

SN/T 0512—1995 出口动物性肥料和饲料检验规程

ISO 771:1977 油籽渣中水分和挥发物含量的测定

3 定义

本标准采用下列定义。

3.1 外观

本批有机肥、骨粒(粉)的色泽和洁净程度。

3.2 粒度

按本检验规程测得本品颗粒的大小规格。

3.3 水分

按本检验规程测得本品水分含量的百分率。

3.4 批和批量

以一次交货的同一标记、同一规格产品为一批。构成一批有机肥或骨粒(粉)的数量为批量。

4 抽样

抽样前应对照报验单及合同、信用证等单证,核实品名、批号、标记、数量、堆存地点等项无误后,检验包装,确认符合要求,再行抽样。

4.1 检验批

作为一个检验批次抽样的有机肥或骨粒(粉),应是报验单上所列同一发货人向同一收货人交货的同种类、同规格、同质量、品质均匀的本品,掌握数量不超过 2 500 件。

中华人民共和国国家质量监督检验检疫总局 2002-01-16 批准 2002-06-01 实施

4.2 袋装堆垛抽样

4.2.1 用具

a）单管金属扦样器：沟槽长度大于包装长度的 1/2，沟槽宽度不少于 1.5 cm；

b）取样铲；

c）分样器或分样板；

d）塑料样品袋。

4.2.2 抽样数量

批量/件	最低抽样数/件
1～25	1
26～100	5
101～250	10
251～500	15
501～1 000	17
1 001～2 500	20

4.2.3 抽样步骤

4.2.3.1 倒包检查及抽样

从堆垛各部位随机抽取 4.2.2 规定应抽样袋数的 10%，全部倒包检查袋内不同部位有机肥或骨粒(粉)的外观有无生虫、霉变或结块，并检查袋内和袋间品质是否均匀，确认情况正常后，再用取样铲从中随机取出样品。每批倒包最低不得少于 3 袋，全批数量少于 3 袋的全部倒包抽样。

4.2.3.2 扦样器抽样

从按 4.2.2 计算得的抽样袋数中减去已倒包检查的袋数，所余袋数以正弦曲线分布，用扦样器从堆垛的上、中、下各层抽取样品，其方法是：将扦样器槽口朝下，从袋角处沿斜对角方向插入袋内，转动使槽口向上，抽出后先检视扦样器内的样品情况，然后倒入盛样容器内，如此取足应取袋数。

4.2.4 样品缩分

按 4.2.3.1、4.2.3.2 扦取的全部原始样品，都应使用分样器或用四分法充分混合缩分为约 2 kg 平均样品，装入塑料样品袋内，注明品名、批号、报验号、数量、抽样地点及日期，连同抽样记录一并携回实验室。

4.3 加工、包装和装卸过程中抽样

在授权检验员指导下，于加工、包装或装卸的过程中按不少于总袋数的 10%，均衡地甩出样袋，再按 4.2.3 进行检查、抽样后，按 4.2.4 缩分，制出平均样品，做好记录，送交检验。如果抽样过程中对商品作了检查，也可不再倒包检查。

5 检验方法

实验室收到样品后，应对照报验单审核送验样品及所附记录，确认无误后，按检验流程分取试样，进行各项目检验。

5.1 检验流程

如图 1 所示。

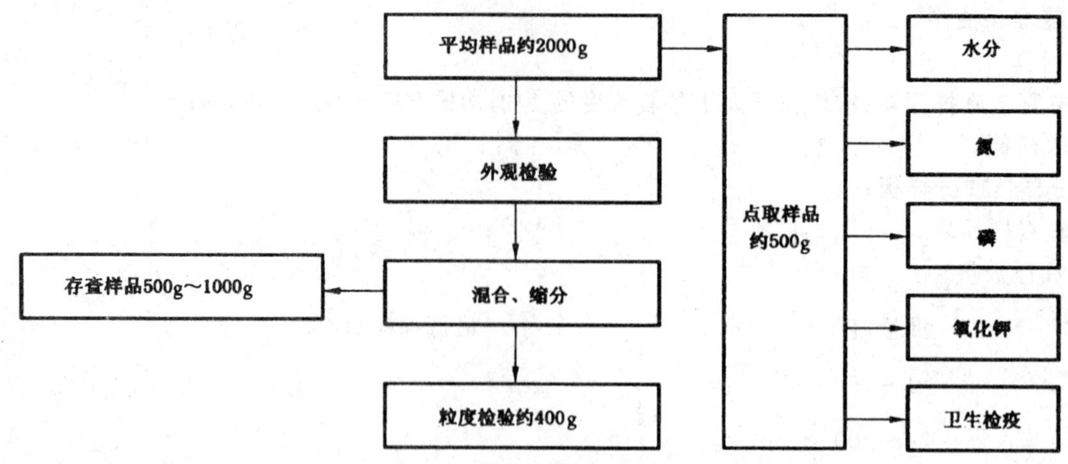

图1 检验流程图

5.2 感官检验

5.2.1 仪器及用具

a）台秤：感量1.0 g；

b）天平：感量0.1 g；

c）检验台：台面光滑、洁净；

d）白瓷盘：规格按实际需要；

e）广口瓶、小毛刷、药勺。

5.2.2 外观及点取理化分析样品

将平均样品倒在洁净、干燥的白瓷盘内混匀摊平，立即点取测定水分及其他理化项目样品约500 g在广口瓶中备用，然后在无眩目光线的明亮处鉴定样品的色泽及洁净程度（有无发霉、变质、结块）。

5.2.3 粒度检验

5.2.3.1 仪器及用具

a）标准筛：规格按实际需要；

b）天平：感量0.1 g；

c）小毛刷、药勺；

d）振荡器：60 r/min。

5.2.3.2 操作程序

a）选用一套符合需要的标准筛；

b）按规定的筛孔大小顺序叠加筛子，将筛孔最大的筛子放在最上面，把空盘（底）放在这一叠筛子的最下面；

c）称取100 g～150 g样品，放入最上面的筛子里，将盖子盖在这一叠筛子的最上面，于振荡器上振荡5 min，或用人工振摇；

d）按顺序排列，将筛子上的剩余物分别称重，记下每个筛上的质量；

e）称量每个筛子上的剩余物时，必需用刷子刷去筛眼内的部分，所有称取的质量应精确到0.1 g，每个筛上的剩余物加起来总的质量应接近原来的质量，过筛的损失量不得超过1%。

5.2.3.3 结果计算

$$筛分粒度(\%)=\frac{m_1}{m}\times 100 \quad \cdots\cdots(1)$$

式中：m_1——按照规定粒度的大小，选取筛上物（或筛下物）的质量，g；

m——样品质量，g。

双试验允许误差不超过1%，求其算术平均值即为检验结果。

5.3 理化检验

5.3.1 水分测定

5.3.1.1 仲裁法

按 ISO 771 规定方法检验。

5.3.1.2 常规法——130℃40 min 电热烘箱法

5.3.1.2.1 原理

将样品放入规定温度的鼓风电热干燥箱内，于常压下干燥至接近恒量为止，利用所失质量，计算水分含量。

5.3.1.2.2 仪器

a）电热鼓风干燥箱：具有温度调节装置，能自动控制温度在±2℃范围内，附有 0～200℃温度计，水银球位于干燥箱内层隔板上方约 2 cm～2.5 cm 处；

b）天平：感量 0.001 g；

c）玻璃干燥器：内装有干燥剂；

d）平底烘皿：铝质有盖，皿及皿盖上编有号码（皿直径 7.5 cm～8 cm，高 2.5 cm～3 cm），烘至恒量，置于干燥器内备用；

e）电动粉碎机：内附孔径 ϕ1.5 mm～2.0 mm 筛板，切削式，磨膛光亮，易清扫；

f）广口瓶、药勺等。

5.3.1.2.3 试样制备

按 5.1 检验流程点取样品约 100 g，用粉碎机磨细，混匀，装入广口瓶中备用。

5.3.1.2.4 测定

用已烘至恒量的平底烘皿称取 5 g～10 g 试样，精确至 0.001 g。将烘皿轻轻晃动，使试样平铺于皿内，揭开皿盖，连同皿及皿盖放入已预热至 130℃的电热干燥箱中层隔板上，距箱壁不少于 5 cm，于 5 min 内使箱内温度回升到 130℃开始计时，保持 130℃±2℃，烘 40 min，在箱内加盖取出，置于干燥器内冷至室温后称量。按式(2)计算水分含量。

$$水分含量(\%)=\frac{W_1-W_2}{W_1-W_0}\times 100 \quad \cdots\cdots\cdots\cdots(2)$$

式中：W_0——空皿质量，g；

W_1——烘前试样和烘皿质量，g；

W_2——烘后试样和烘皿质量，g。

5.3.1.2.5 结果处理

水分测定应做双试验，双试样允许误差为 0.2%，以双试验的算术平均值作为测定结果。

5.3.2 氮含量测定

5.3.2.1 原理

用凯氏法测定试样含氮量，即在催化剂存在下，用硫酸破坏有机物，使含氮物转化成硫酸铵，加入强碱并蒸馏使氨逸出，用硼酸吸收后，用酸滴定测出氮含量。

5.3.2.2 仪器设备

a）粉碎机：型号按实际需要；

b）分析天平：感量 0.0001 g；

c）氮、磷测定仪或凯氏蒸馏装置；

d）消煮炉或电炉。

5.3.2.3 试剂

a）浓硫酸：分析纯；

b）无水硫酸铜：分析纯；

c）无水硫酸钠：分析纯；

d）40％氢氧化钠溶液；

e）2％硼酸溶液；

f）混合指示剂：0.1％甲基红乙醇溶液，0.5％溴甲酚绿乙醇溶液，两溶液等体积混合，阴凉处保存期三个月以内；

g）0.1 mol/L 盐酸标准溶液：吸取 9.0 mL 盐酸注入 1 000 mL 蒸馏水中；

h）实验用水：蒸馏水。

注：盐酸溶液的标定可参照 GB/T 5009.1 规定进行。

5.3.2.4 试样制备

将 5.2.2 点取的理化测试样品置于干净的粉碎机中磨碎，收集磨碎物于广口瓶中，小心混合后备用。

5.3.2.5 操作方法

5.3.2.5.1 样品消化

称取 0.5 g～2.0 g 磨碎试样，精确至 0.000 1 g。无损失地放入凯氏烧瓶中，加入 10 g 无水硫酸钠、0.5 g 无水硫酸铜和 8 mL 硫酸，在消煮炉或电炉上小心加热，待样品焦化，泡沫消失，再加强火力，直至样品溶液成透明、无黑炭粒后，再继续加热 30 min。取下放冷，用水将凯氏烧瓶中内容物移入 100 mL 容量瓶中，加水至刻度，混匀备用。

5.3.2.5.2 蒸馏

a）取 20 mL 2％硼酸溶液，加混合指示剂 2 滴，使蒸馏装置的冷凝管末端浸入此溶液。量取稀释的消化液 10.0 mL 注入蒸馏装置的反应室中，用少量水冲洗进样入口，塞好玻璃塞，再加 5 mL～10 mL 40％氢氧化钠溶液，小心提起玻璃塞使之流入反应室，将玻璃塞塞好，在入口处加水封好，防止漏气，蒸馏 8 min～10 min，使冷凝管末端离开吸收液面，再蒸馏 1 min，用蒸馏水冲洗冷凝管末端，洗液均流入吸收液。

b）使用氮、磷测定仪的按该仪器操作规程进行蒸馏。

5.3.2.5.3 滴定

立即用 0.1 mol/L 盐酸标准溶液滴定吸收液，溶液由绿色变为灰红色为终点。

5.3.2.5.4 空白滴定

为消除试剂误差，除不加试样外，按上述操作方法做一次空白试验。

5.3.2.5.5 结果计算

$$\text{含氮量}(\%) = \frac{(V_1 - V_2) \times c \times 0.014\,0}{m \times V'/V} \times 100 \qquad \cdots\cdots(3)$$

式中：V_1——滴定空白时所需盐酸标准溶液的体积，mL；

V_2——滴定试样时所需盐酸标准溶液的体积，mL；

c——盐酸标准滴定溶液的实际浓度，mol/L；

m——试样的质量，g；

V——样品稀释液的总体积，mL；

V'——样品稀释液蒸馏用体积，mL；

0.0140——与 1.00 mL 盐酸标准滴定溶液〔c(HCl)＝1.000 0 mol/L〕相当的以克表示的氮的质量。

5.3.2.5.6 结果处理

每个试样取两个平行样进行测定，以其算术平均值为测定结果。

双试样结果允许差：氮含量在 15.0％以下时，不超过 0.2％；氮含量在 15.1％以上时，不超过 0.4％。

5.3.3 五氧化二磷含量测定

按 GB/T 6437 或 SN/T 0512 规定方法检验。

5.3.4 氧化钾含量测定

5.3.4.1 原理

用硝酸加高氯酸破坏试样中的有机物，使其中的钾转化成游离状态的钾，于原子吸收分光光度计波长 766.5 nm 处，以空气-乙炔火焰测定钾的吸光度。

5.3.4.2 仪器与设备

a）所用玻璃仪器均以硫酸-重铬酸钾浸泡数小时，再用洗衣粉洗刷后，用水反复冲洗，最后蒸馏水冲洗晾干或烘干。

b）实验室常用设备。

c）原子吸收分光光度计。

5.3.4.3 试剂

a）硝酸：分析纯。

b）高氯酸：分析纯。

c）混合酸消化液：硝酸与高氯酸比 4∶1。

d）盐酸：分析纯。

e）氧化钾标准溶液：将氯化钾（基准试剂）于 400℃～450℃高温炉中灼烧 1.5 h，取出，于干燥器中冷至室温。精确称取 0.791 5 g，置于 250 mL 烧杯中，加水溶解，移入 500 mL 容量瓶中，用水稀释至刻度，摇匀。移取此溶液 50.0 mL，置于 500 mL 容量瓶中，用水稀释至刻度，摇匀，贮存于聚乙烯瓶内，4℃保存，使用时恢复至室温。此溶液 1 mL 含 100.0 μg 氧化钾。

f）氧化钾标准使用液：吸取氧化钾标准溶液 50.0 mL，置于 500 mL 容量瓶中，用水稀释至刻度，摇匀，贮存于聚乙烯瓶中，此溶液 1 mL 含 10.0μg 氧化钾。

g）实验用水为蒸馏水。

5.3.4.4 操作步骤

5.3.4.4.1 样品处理

a）湿法

称取 0.1 g～1.0 g 磨碎试样，精确至 0.000 1 g。于 500 mL 凯氏烧瓶中，加入 20 mL 混合酸消化液，置于电炉上加热消化。如消化不完全，再补加几毫升混合酸消化液，继续加热消化，直至样品溶液呈透明、无黑炭粒为止。加 10 mL～20 mL 蒸馏水，加热以去除多余的硝酸。取下冷却，用蒸馏水洗并转移到 100 mL 容量瓶中，定容至刻度，摇匀。吸取样液 1.0 mL～5.0 mL（根据 K_2O 含量定）于 100 mL 容量瓶中，稀释至刻度。取与消化样品相同的混合酸消化液，按上述操作做试剂空白测定。

b）干法

称取 0.1 g～1.0 g 磨碎试样，精确至 0.000 1 g。于 50 mL 瓷坩埚中，先用小火炭化至无烟后移入高温炉内，在 500℃～550℃灼烧 4 h～5 h，待样品灰化完全，冷却后取出，加 1∶1 硝酸 5 mL，盖上表面皿，于电炉上加热，保持微沸，使试样完全溶解。冷却后，移入 100 mL 容量瓶中，加水定容至刻度，摇匀，过滤。吸取滤液 1.0 mL～5.0 mL（根据 K_2O 含量定）于 100 mL 容量瓶中，稀释至刻度。同时做试剂空白试验。

5.3.4.4.2 测定

吸取 0.0，10.0，20.0，30.0，40.0 mL 氧化钾标准使用液，分别置于 100 mL 容量瓶中，加 1 mL 盐酸，用蒸馏水稀释至刻度，混匀。（容量瓶中溶液每毫升分别相当于 0.0，1.0，2.0，3.0，4.0 μg 氧化钾。）

将处理后的样液、试剂空白和各容量瓶中氧化钾标准稀释液分别导入原子吸收分光光度计进行测定。

5.3.4.4.3 测定条件

波长：　　　766.5 nm

狭缝宽度：　　1.3 nm

灯电流：　　10 mA

空气流量：　　9.5 L/min

乙炔流量：　　2.3 L/min

燃烧器高度：　　7.5 mm

5.3.4.4.4　分析结果的计算

$$氧化钾的含量(\%)=\frac{(M_1-M_2)\times 10^{-6}\times 100}{M\times V_1/V}\times 100 \quad \cdots\cdots(4)$$

式中：M_1——试样中氧化钾含量，μg；

M_2——空白中氧化钾含量，μg；

M——试样的质量，g；

V——试液的总体积，mL；

V_1——分取试液的体积，mL。

5.4　炭疽杆菌检验

按 SN 0331 规定方法检验。

6　重量鉴定

按 SN/T 0188 规定方法进行鉴定。

7　包装和标志检验

7.1　包装所采用的塑料袋、塑料编织袋等包装物的质量，应符合国家有关规定，抽样前应检查全批货物包装外表是否牢固、完整，有无潮湿和污染。

7.2　标志检验

检查包装袋刷印的标志和拴挂的标签中的品名、批号、规格、数量等标志是否与内容物相符，批次是否清楚、字迹是否清晰、完整等。

8　检验结果的数据处理及结果评定

8.1　检验结果的数据处理

8.1.1　检验结果有效数值的规定——粒度：1%；水分：0.1%；氮含量：0.01%；氧化钾含量：0.01%；五氧化二磷含量：0.01%。

8.1.2　检验结果有效数字后的数值，按 GB/T 8170 进行修约。

8.2　检验结果的判定

检验结果依据进口国卫生要求、出口贸易合同、信用证及有关要求进行判定，卫生及感官、理化指标检验结果符合上述规定要求的判为合格，否则为不合格，不合格产品允许在返工整理的基础上复验一次。

9　样品的留存与保管

9.1　检验完毕，按 5.1 检验流程规定取 500 g～1 000 g 平均样品装入样品袋密封后作存查样品，外贴或悬挂标签，注明品名、规格、报验号、数量、抽样人员及抽样日期等。

9.2　保存期：存查样品应保留至发证后六个月。

9.3　保管要求：存查样品必须设专人负责保管，分类编号、批次清楚，放置在干燥的专用保管室或样品柜内。

10 检验有效期

检验有效期为六个月。

附 录 A
（提示的附录）
参 考 文 献

ISO 3099:1974 油籽渣总含氮量的测定
ISO 5500:1984(E) 油籽渣——取样
ISO 6491:1980 动物饲料——全磷含量的测定——光谱测定法
GB/T 2828—1987 逐批检查计数抽样程序及抽样表(适用于连续批的检查)
GB/T 5497—1985 粮食、油料检验 水分测定法
GB/T 5511—1985 粮食、油料检验 粗蛋白质测定法
GB/T 5917—1986 配合饲料粉碎粒度测定法
GB/T 6432—1986 饲料粗蛋白测定方法
GB/T 6900.9—1986 粘土、高铝质耐火材料化学分析方法原子吸收分光光度法测定氧化钾、氧化钠量
GB/T 12397—1990 食物中钾、钠的测定方法
SN/T 0736.3—1997 进出口化肥检验方法 粒度的测定
SN/T 0736.7—1999 进出口化肥检验方法 钾的测定方法
南京农学院主编．土壤农化分析
商业部茶叶畜产局、商业部杭州茶叶加工研究所．茶叶品质理化分析

SN

中华人民共和国出入境检验检疫行业标准

SN/T 1116—2002

进出口饲料中克伦特罗、沙丁胺醇残留量的检验方法 液相色谱法

Determination of clenbuterol and salbutamol residues in animal feed for import and export —Liquid chromatographic method

2002-05-20 发布　　2002-11-01 实施

中华人民共和国国家质量监督检验检疫总局 发布

前　言

本标准是按照 GB/T 1.1—2000《标准化工作导则　第1部分:标准的结构和编写规则》及 SN/T 0001—1995《出口商品中农药、兽药残留量及生物毒素检验方法标准编写的基本规定》的要求进行编写的。其中测定方法是参考了国内外有关文献,经研究、改进和验证后制定的。本标准同时制定了抽样和制样方法。

测定低限是根据液相色谱测定饲料中克伦特罗、沙丁胺醇残留量方法的灵敏度而制定的。

本标准的附录A和附录B为资料性附录。

本标准由国家认证认可监督管理委员会提出并归口。

本标准由中华人民共和国湖南出入境检验检疫局负责起草。

本标准主要起草人:戴华、袁智能、黄志强、陈新焕。

本标准系首次发布的出入境检验检疫行业标准。

进出口饲料中克伦特罗、沙丁胺醇残留量的检验方法　液相色谱法

1　范围

本标准规定了进出口饲料中克伦特罗、沙丁胺醇残留量检验的抽样、制样和液相色谱测定方法。

本标准适用于进出口全价饲料和预混饲料中克伦特罗、沙丁胺醇残留量的检验。

2　抽样和制样

2.1　检验批

以不超过 2 000 件为一检验批。

同一检验批的商品应具有相同的特征，如包装、标记、产地、规格和等级等。

2.2　抽样数量(见表 1)

批　　量	最低抽样数
500 以下	15
501～1 000	25
1 001～2 000	30

2.3　抽样工具

2.3.1　取样勺。

2.3.2　分样板。

2.3.3　分样布。

2.3.4　盛样器：筒或袋，可密封。

2.4　抽样方法

按 2.2 规定的应抽样袋数从堆垛的各部位随机抽取样袋，逐件开启。从每袋中用取样勺抽取代表性样品约 500 g。将抽取样品立即倒入盛样器内。每袋所取样品的量应基本一致，每批所抽取的样品总量应不少于 4 kg。

将所取样品全部倒于分样布上，用分样板按四分法缩分样品至不少于 2 kg。倒入盛样器内，密封并标明标记，及时送实验室。

2.5　试样制备

2.5.1　制样工具

a)　粉碎机。

b)　筛子：2 mm 圆孔筛、20 目筛。

c)　分样板。

d)　盛样器：具塞广口瓶。

2.5.2　制样方法

将取回样品全部粉碎使通过 2 mm 圆孔筛。混匀，用四分法缩分至约 500 g。继续粉碎使全部通过 20 目筛。混匀，用四分法均分成两份，盛于盛样器内作为试样。密封并标明标记。

2.6 试样保存

将试样于－5℃以下避光保存。

注：在抽样和制样的操作过程中，必须防止样品受到污染或发生残留物含量的变化。

3 测定方法

3.1 方法提要

试样中残留的克伦特罗、沙丁胺醇经含甲醇的盐酸溶液超声提取，液-液萃取后，用固相萃取小柱净化，净化液中的克伦特罗、沙丁胺醇用配有二极管阵列检测器或紫外检测器的高效液相色谱仪测定，外标法定量。

3.2 试剂和材料

除特殊规定外，所有试剂均为分析纯，水为重蒸馏水。

3.2.1 甲醇。

3.2.2 乙腈：HPLC 级。

3.2.3 正己烷。

3.2.4 85％磷酸。

3.2.5 0.10 mol/L 盐酸溶液：取 8.33 mL 浓盐酸溶液用水稀释至 1 000 mL。

3.2.6 0.030 mol/L 盐酸溶液：取 300 mL 0.1 mol/L 盐酸溶液用水稀释至 1 000 mL。

3.2.7 0.10 mol/L 盐酸-甲醇溶液：盐酸＋甲醇(9＋1)。

3.2.8 2.0 mol/L 氢氧化钠溶液：称取 40.0 g 氢氧化钠用水溶解并稀释至 500 mL。

3.2.9 乙酸乙酯＋正丁醇溶液(6＋4)，用水饱和。

3.2.10 0.007 5 mol/L 磷酸二氢钾溶液：pH 值 3.0。溶解 1.02 g 磷酸二氢钾于 800 mL 水中，用磷酸(3.2.4)调 pH 值至 3.0，然后用水定容至 1 000 mL。

3.2.11 4％(V/V)氨化甲醇溶液：取 4.0 mL 氨水(密度 0.88 g/mL)用甲醇稀释至 100 mL。

3.2.12 阳离子交换小柱：SUPELCLEAN LC-SCX Sep-Pak 小柱，500 mg，3 mL 或相当者。

3.2.13 盐酸克伦特罗标准品：纯度≥99％。

3.2.14 沙丁胺醇标准品：纯度≥99％。

3.2.15 标准储备液(1 000 mg/L)：称取 0.057 0 g 盐酸克伦特罗(相当于 0.050 0 g 克伦特罗)于 50 mL容量瓶中，用甲醇溶解并定容至刻度；称取 0.050 0 g 沙丁胺醇于 50 mL 容量瓶中，用甲醇溶解并定容至刻度，作为标准储备液。根据需要再用甲醇将标准储备液稀释成适当浓度的混合标准工作液。

3.3 仪器和设备

3.3.1 高效液相色谱仪，配二极管阵列检测器或紫外检测器。

3.3.2 超声波水浴。

3.3.3 Sep-Pak 真空抽滤装置，带真空泵。

3.3.4 离心机：4 000 r/min。

3.3.5 混匀器。

3.3.6 pH 计。

3.4 测定步骤

3.4.1 提取

准确称取 5.00 g 试样于 50 mL 离心管中，加入 20 mL 盐酸-甲醇溶液(3.2.7)，于混匀器上混匀后，置超声波水浴中超声 30 min(期间每 10 min 取出混匀一次)，超声提取后冷却至室温，于 2 500 r/min 离心 5 min，将上清液过滤到 50 mL 容量瓶中，残渣用 2×10 mL 盐酸-甲醇溶液(3.2.7)混匀提取两次，合并提取液，用盐酸-甲醇溶液(3.2.7)洗涤滤纸并定容至刻度。

3.4.2 净化

定量取 25.0 mL 提取液于 50 mL 离心管中，加入 5 mL 正己烷，于混匀器上混匀 1 min，1 500 r/min离心 5 min 后，用尖嘴吸管将正己烷相去掉，共处理二次。再用 2.0 mol/L NaOH 溶液(3.2.8)调节提取液 pH 值至 12，用 3×5 mL 乙酸乙酯-正丁醇溶液(3.2.9)提取样液，每次混匀 2 min，于 2 500 r/min 离心 5 min 后，用尖嘴吸管将上层有机相合并取到另一离心管中，在(70±5)℃下，用氮气流吹至近干，用 1 mL 盐酸-甲醇溶液(3.2.7)溶解残渣。

将两根 SCX 小柱(3.2.12)串联接好安装在真空抽滤装置(3.3.3)上，保持洗脱流速为 1 mL/min，依次用 5 mL 甲醇、5 mL 水和 5 mL 0.030 mol/L 盐酸溶液(3.2.6)处理小柱；然后将 1 mL 样品提取液加到小柱上；再用 1 mL 盐酸-甲醇溶液(3.2.7)洗涤试管并一起转移至小柱中；依次用 5 mL 水、5 mL 甲醇淋洗小柱。在溶剂流过固相萃取柱后，保持真空抽气状态至少保持 5 min。

于真空装置下放好刻度收集管，用 5 mL 4%氨化甲醇溶液(3.2.11)洗脱，并收集洗脱液。将洗脱液于(70±5)℃下，用氮气流吹至近干，用甲醇溶解残渣并定容至 2.0 mL，过 0.45 μm 滤膜后，供液相色谱测定。

3.4.3 测定

3.4.3.1 色谱条件

a) 色谱柱：CN 柱，250 mm×4.6 mm(内径)，粒径 10 μm，或相当者；

b) 流动相：乙腈+0.007 5 mol/L 磷酸二氢钾溶液(85+15)，混匀后用磷酸调节 pH 值至 3.0，过 0.45 μm 微孔滤膜；

c) 流速：1.0 mL/min；

d) 检测波长：215 nm；

e) 进样量：20 μL。

3.4.3.2 色谱测定

根据样液中克伦特罗、沙丁胺醇的含量情况，选定峰面积相近的标准工作溶液。标准工作溶液和样液中的克伦特罗、沙丁胺醇的响应值均应在仪器的检测线性范围内。对标准工作溶液和样液等体积参插进样测定。在上述色谱条件下，克伦特罗、沙丁胺醇的保留时间分别约为 13.5 min、17.4 min。标准品色谱图见附录 A 中图 A.1。标准品紫外吸收光谱图见附录 B 中图 B.1 和图 B.2。

3.4.4 空白实验

除不加试样外，均按上述测定步骤进行。

3.5 结果计算和表述

用色谱数据处理机或按下式(1)计算试样中克伦特罗或沙丁胺醇的含量：

$$X = \frac{A \times c_s \times V}{A_s \times m} \quad \cdots\cdots (1)$$

式中：

X——试样中克伦特罗或沙丁胺醇的含量，mg/kg；

A——样液色谱图中克伦特罗或沙丁胺醇的峰面积，mm^2；

c_s——标准工作液中克伦特罗或沙丁胺醇的浓度，μg/mL；

A_s——标准工作液色谱图中克伦特罗或沙丁胺醇的峰面积，mm^2；

V——样液最终定容体积，mL；

m——最终样液所代表的试样量，g。

注：计算结果须扣除空白值。

4 测定低限、回收率

4.1 测定低限

本方法克伦特罗、沙丁胺醇的测定低限分别为 0.10 mg/kg、0.36 mg/kg。

4.2 回收率

4.2.1 饲料中克伦特罗添加浓度及其回收率的实验数据：

在 0.10 mg/kg 时，回收率为 89.4%；

在 1.00 mg/kg 时，回收率为 93.6%；

在 8.00 mg/kg 时，回收率为 96.3%。

4.2.2 饲料中沙丁胺醇添加浓度及其回收率的实验数据：

在 0.36 mg/kg 时，回收率为 75.1%；

在 3.60 mg/kg 时，回收率为 74.9%；

在 28.8 mg/kg 时，回收率为 83.6%。

附 录 A
（资料性附录）
标准品色谱图

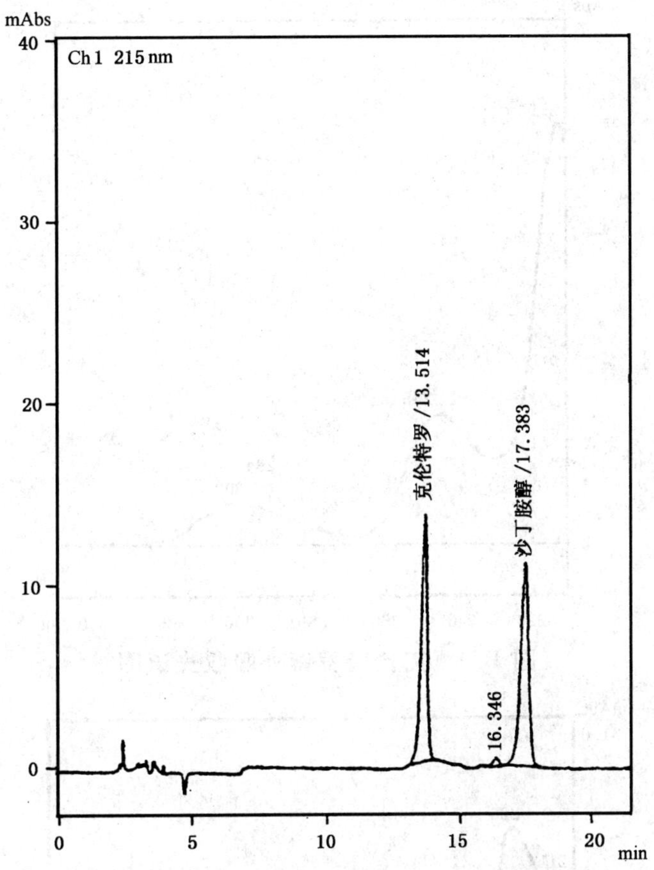

图 A.1 克伦特罗、沙丁胺醇标准品色谱图

附 录 B
（资料性附录）
标准品紫外光谱图

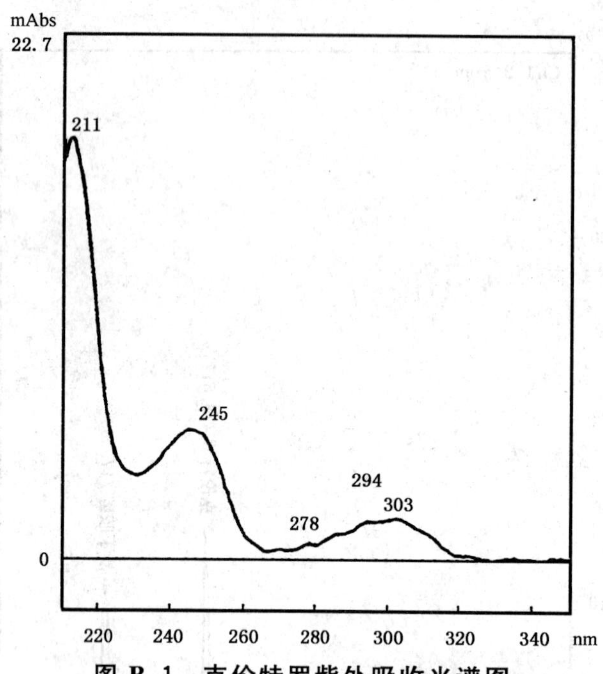

图 B.1 克伦特罗紫外吸收光谱图

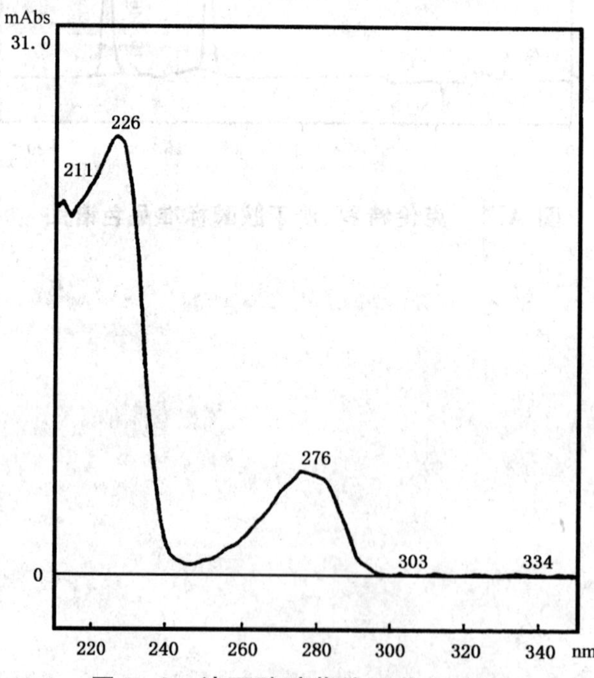

图 B.2 沙丁胺醇紫外吸收光谱图

中华人民共和国出入境检验检疫行业标准

SN/T 1330—2003
代替 SN 0072～0075—1992，SN 0084—1992
SN 0091～0100—1992，SN 0114～0117—1992

进出口生、熟毛皮检验规程

Rules for the inspection of raw and dressed furs for import and export

2003-08-18 发布　　　　2004-02-01 实施

中华人民共和国
国家质量监督检验检疫总局　发布

前　言

本标准在修订中增加了"规范性引用文件"、"定义"、"结果判定"、"检验有效期"内容，取消了"检验方式"，对"抽样"、"检验"内容进行了修改。

本标准从实施之日起，代替 SN 0072—1992《出口生艾虎皮检验方法》、SN 0073—1992《出口生灰鼠皮检验方法》、SN 0074—1992《出口生香鼠皮检验方法》、SN 0075—1992《出口生绵羊皮检验方法》、SN 0084—1992《出口生狗绒皮检验方法》、SN 0091—1992《出口生羔皮检验方法》、SN 0092—1992《出口生野兔皮检验方法》、SN 0093—1992《出口生黄鼠皮检验方法》、SN 0094—1992《出口生花鼠皮检验方法》、SN 0095—1992《出口生飞鼠皮检验方法》、SN 0096—1992《出口生紫貂皮检验方法》、SN 0097—1992《出口生松鼠皮检验方法》、SN 0098—1992《出口生狸子皮检验方法》、SN 0099—1992《出口生猸子皮检验方法》、SN 0100—1992《出口生家猫皮检验方法》、SN 0114—1992《进口澳大利亚生绵羊皮、羔羊皮检验规程》、SN 0115—1992《进口生旱獭皮检验规程》、SN 0116—1992《进口水貂皮检验规程》、SN 0117—1992《进口蓝狐皮检验规程》。

本标准由国家认证认可监督管理委员会提出并归口。

本标准起草单位：中华人民共和国山东出入境检验检疫局。

本标准主要起草人：孙明钊、马丰忠、郑雷、张芳青。

进出口生、熟毛皮检验规程

1 范围

本标准规定了进出口生、熟毛皮的抽样、检验及检验结果的判定。

本标准适用于进出口生、熟毛皮的检验。

2 规范性引用文件

下列文件中的条款通过本标准的引用而成为本标准的条款。凡是注日期的引用文件，其随后所有的修改单(不包括勘误的内容)或修订版均不适用于本标准，然而，鼓励根据本标准达成协议的各方研究是否可使用这些文件的最新版本。凡是不注日期的引用文件，其最新版本适用于本标准。

GB/T 2828 逐批检查计数抽样程序及抽样表(适用于连续批的检查)

SN/T 0188 进出口商品重量鉴定规程 衡器鉴重

3 定义

下列术语和定义适用于本标准。

3.1

短重率 percentage of short weight

短重质量与原质量之比。

3.2

利用率 percentage of utilization

可利用面积与原面积之比。

3.3

抵补法 compensative method

对不规则部分进行适当增减的方法。

3.4

陈板(旧板、旧皮) aged hide

存放时间过久或保藏不善皮板变黄变质。

3.5

秃板(秃毛、秃皮) baldness

因伤、病、热等原因，毛被局部脱落裸露皮板。在毛皮中则有因制造过程中化学处理不当而引起光板。

3.6

油煎板(油烧板、油脸板、油浸板) greased stain

皮板油脂量多，储存时油脂渗入皮纤维间，使皮板变质，影响制成品质量。

3.7

杂毛 mixed color hair

在毛被中夹杂生长有特殊颜色或形状的毛。

3.8

结毛(擀针、锈花)　entwisted hair

毛被之中,相互缠结成团,虽经整理,有时亦不易散开。

3.9

钩毛(钩针)　bending hair on tops

许多毛尖呈弯钩状称钩毛,如仅是针毛尖钩曲,则称钩针。

3.10

缺针(秃针)　bair hair

毛被上针毛脱落过多。

4　抽样

4.1　数量

张数在1 000张以下按各等级的10%抽取;1 001至10 000张,每增加20张增抽1张,不足20张以20张计;10 001张以上每增加40张增抽1张,不足40张以40张计。

4.2　方法

4.2.1　成包的皮张,从堆放的不同部位,随机抽取。

4.2.2　未成包的皮张,按上中下或左中右抽取。

5　检验

5.1　工具

工作台、磅秤、直尺或钢卷尺。

5.2　条件

检验场地要求光线适宜,避免阳光直射。

对水貂皮等一些高档毛皮,检验需在暗室进行。检验台高度为65 cm~70 cm(根据工作情况可自定高低);检验台颜色应与所验毛皮毛色相近。灯光由40 W日光灯管为一组,灯与检验台面距离为70 cm。

5.3　内容

5.3.1　毛面

检验背、颈、臀部和两侧毛绒发育情况、毛绒疏密、灵活程度,检查针毛齐全、光润、挺直程度,验看毛绒中有无伤残,如钩针、断针、异色针毛、缠结毛和光板等;验看尾毛松散和挺直程度;对胎毛皮还要目测毛面花纹类型、清晰、坚实程度;对剪绒皮,还要观察毛面平顺及烫直情况;对染色皮,还要检查颜色牢固度。还需对各档色号进行鉴别。

5.3.2　板面

检验皮板的颜色、皮板的肉屑及脂肪去净程度、油浸板、陈板等伤残。从板面颜色判断皮张季节情况。对已鞣制的毛皮,还要检验皮板柔软程度。对毛革两用皮,还要检查革面涂饰层情况。

5.3.3　测量与计算

5.3.3.1　对小动物皮,如:水貂皮、黄狼皮、猸皮、猫皮等,用校准量具逐张丈量。

5.3.3.2　对大动物(如绵羊、狗、狐狸等)的片状皮,板面朝上,平放在工作台上,长度从颈部中间至尾根量出,宽度在腰间部位按抵补法量出。按式(1)计算:

$$S = A \times B \qquad \cdots\cdots(1)$$

式中:

S——面积,单位为平方厘米(cm^2);

A——长度,单位为厘米(cm);

B——宽度,单位为厘米(cm)。

5.3.4 **衡重**

5.3.4.1 将全部货物，逐件（包、盘、捆）稳放在磅盘上实衡毛重。

5.3.4.2 实衡皮重：抽取货物件数的10％拆件，逐张去掉浮盐或杂物，将所有包装物和浮盐、杂物等堆放在磅盘上，衡取皮重，求得每件皮重，以此推算全批皮重。

5.3.4.3 按式（2）求净重：

$$m_3 = m_2 - m_1 \qquad \cdots\cdots (2)$$

式中：

m_3——净重；

m_2——毛重；

m_1——皮重；

5.3.5 **数量**

数量以短少实数对外出证，但必须全部清点到货总数。

5.4 结果判定

5.4.1 等级规定

a） 一级皮：利用率≥90％；

b） 二级皮：利用率≥80％；

c） 三级皮：利用率≥70％。

5.4.2 有下列情况之一者判为不合格批：

a） 利用率低于5.4.1规定的皮张数量超过5％；

b） 等级升降互相抵补后，降级率超过5％；

c） 平均面积短少超过5％；

d） 盐湿皮短重率超过5％；盐干、淡干皮短重率超过3％。

6 检验有效期

检验有效期为二个月。

中华人民共和国出入境检验检疫行业标准

SN/T 1576—2005

出口骨粒骨粉检验检疫监督管理规程

Protocol of supervision for exported bone ground

2005-05-20 发布　　　　2005-12-01 实施

中华人民共和国国家质量监督检验检疫总局　发布

前　言

本标准由国家认证认可监督管理委员会提出并归口。

本标准起草单位：中华人民共和国重庆出入境检验检疫局。

本标准主要起草人：李应国、刘尧志、刘玉欣、王欣乐、刘宏、蔡金生。

本标准系首次发布的出入境检验检疫行业标准。

出口骨粒骨粉检验检疫监督管理规程

1 范围

本标准规定了出口骨粒骨粉检验检疫监督管理的要求。

本标准适用于对出口骨粒骨粉企业的检验检疫监督管理。

2 规范性引用文件

下列文件中的条款通过本标准的引用而成为本标准的条款。凡是注日期的引用文件，其随后所有的修改单(不包括勘误的内容)或修订版均不适用于本标准，然而，鼓励根据本标准达成协议的各方研究是否可使用这些文件的最新版本。凡是不注日期的引用文件，其最新版本适用于本标准。

GB/T 6432 饲料中粗蛋白测定方法

GB/T 6433 饲料中粗脂肪测定方法

GB/T 6435 饲料中水分的测定方法

GB/T 6437 饲料中总磷的测定方法

GB/T 6678 化工产品采样总则

GB/T 14609 谷物中铜、铁、锰、锌、钙、镁的测定法 原子吸收法

SN/T 1049 出口有机肥、骨粒(粉)检验规程

3 术语和定义

下列术语和定义适用于本标准。

3.1

骨粒骨粉 bone ground

猪、牛、羊等动物(不包括禽类、水生动物)的骨骼经过蒸煮或煅烧后粉碎而成的粒状或粉状物质。

4 监督管理

4.1 审核企业卫生质量控制体系

审核企业卫生质量控制体系是否健全，运行是否有效。

企业的质量控制体系应包括：

——卫生质量方针和目标、组织机构及其职责、生产、质量管理人员的要求；

——环境卫生的要求；

——车间及设施卫生的要求；

——原料、辅料卫生的要求、生产、加工卫生的要求；

——包装、贮存、运输卫生的要求；

——有毒有害物品的控制、检验的要求。

4.2 检查原料及加工工艺

4.2.1 原料骨骼

用于生产骨粒骨粉的原料骨骼须来自非疫区健康动物群，并有官方机构出具的动物产品检疫合格证明。反刍动物的原料骨骼中不能含有脊椎骨和头骨。

4.2.2 原料骨骼贮存

用于生产骨粒骨粉的原料骨骼应按来源动物种类分别贮存于专用贮存场、库，标识明显。

4.2.3 **工艺流程**

企业加工工艺流程合理，能够避免原料骨骼和成品间的交叉污染。

4.2.4 **加工条件**

不同种类动物的骨骼应分开加工。

采取蒸制工艺加工的，原料骨骼应加热至133℃以上，在3×10^5 Pa压力下维持20 min以上；烘烤温度和时间应能保证产品的充分干燥。

采取煅烧工艺加工的，原料骨骼应在1 100℃条件下煅烧30 min以上。

4.3 **检查产品包装**

包装袋应整洁牢固、干燥，唛头清晰。

4.4 **检查产品贮存**

产品应贮存在专用成品库，并有明显标识。

4.5 **审核记录**

对下列记录进行审核：

——原料出（入）库记录；

——成品出（入）库记录；

——加工温度、压力、时间，烘烤温度和时间记录；

——产品检验记录；

——出口销售及客户意见反馈记录；

——卫生和防疫消毒记录。

4.6 **产品抽查检验**

必要时，按照GB/T 6678规定对产品抽样检查。

检查项目及方法：

——水分：按照GB/T 6435检测；

——粗蛋白：按照GB/T 6432检测；

——粗脂肪：按照GB/T 6433检测；

——总磷：按照GB/T 6437检测；

——钾：按照SN/T 1049检测；

——铜、铁、锰、锌、钙、镁：按照GB/T 14609检测。

4.7 **检查防疫消毒条件**

4.7.1 企业应有淋浴和更衣的设施，淋浴和更衣的设施应完善、清洁。

4.7.2 企业应有对运输原料车辆和原料贮存场、库消毒的消毒设施。

4.8 **检查废气、废物和污水的处理**

企业生产的废气、废物和污水的处理应符合环保部门的要求。

4.9 **整改**

在实施检验检疫监督的过程中，检验检疫人员发现不符合4.1～4.8要求的，出具监督管理书面处理通知，督促企业进行整改，直至符合要求。

4.10 **检验检疫监督记录**

检验检疫人员实施监督管理时，须做详细记录。

中华人民共和国出入境检验检疫行业标准

SN/T 1629—2005

出口硫酸软骨素检验检疫规程

Rule for the inspection and quarantine of chondroitin sulfate for export

2005-08-18 发布　　　　2006-02-01 实施

中华人民共和国国家质量监督检验检疫总局　发布

前　言

本标准的附录A为规范性附录,附录B为资料性附录。

本标准由国家认证认可监督管理委员会提出并归口。

本标准由中华人民共和国河北出入境检验检疫局负责起草。

本标准主要起草人:阚保东、尹金双、鲁学军。

本标准系首次发布的出入境检验检疫行业标准。

出口硫酸软骨素检验检疫规程

1 范围

本标准规定了出口硫酸软骨素的抽样和制样、检验检疫方法及检验结果的判定。

本标准适用于出口硫酸软骨素的检验检疫。

2 规范性引用文件

下列文件中的条款通过本标准的引用而成为本标准的条款。凡是注日期的引用文件，其随后所有的修改单(不包括勘误的内容)或修订版均不适用于本标准，然而，鼓励根据本标准达成协议的各方研究是否可使用这些文件的最新版本。凡是不注日期的引用文件，其最新版本适用于本标准。

GB/T 4789.12　食品卫生微生物学检验　肉毒梭菌及肉毒毒素检验

GB/T 4789.13　食品卫生微生物学检验　产气荚膜梭菌检验

GB/T 4789.15　食品卫生微生物学检验　霉菌和酵母记数

GB/T 5009.3　食品中水分测定

SN/T 1059.1　出口食品中沙门氏菌　滤膜筛选法

SN/T 1059.2　出口食品大肠菌群大肠杆菌计数　滤膜/MUG法

SN/T 1059.3　出口食品平板菌落计数　滤膜法

3 抽样和制样

3.1 检验批

以400件为一个检验批，简称批。超过部分另列批次。同一检验批的商品应具有相同的特征，如品质、包装、标记、规格、等级。

3.2 抽样数量

按式(1)计算抽样数量：

$$a = \sqrt{\frac{N}{2}} \quad \cdots\cdots\cdots (1)$$

式中：

a——所抽样品的数量；

N——整批货物的件数。

注：a取整数，小数部分向前进位为整数。

3.3 抽样工具

3.3.1 取样铲。

3.3.2 分样器。

3.3.3 样品袋：可密封。

3.4 抽样方法

根据报检单所列规格、件数、质量、唛头与实际货物核对相符后，随机抽取规定数量的件数，每件中各抽取不少于5 g的样品。

3.5 样品的制备

合并所取样品，充分混匀，用分样器或四分法缩样，至样品质量不少于100 g。装入清洁、干燥容器内，加封后，标明标记，及时送交实验室。

3.6 样品的保存

试样于4℃下的干燥、避光处保存。

4 检验检疫方法

4.1 包装、标志的检验

4.1.1 包装

内外包装应完整、清洁、无破损，且密闭或包扎牢固。

4.1.2 标志

标志应正确、清晰，品名、等级、规格应与内容物相符。

4.2 感官检验

4.2.1 颜色和气味

硫酸软骨素在光线充足的地方，其颜色应为白色或类白色；具有其特殊的气味，不得有油味或其他异味。

4.2.2 外观

硫酸软骨素外观应为粉末状，不得有结块，不得有可见杂质。

4.3 重量检验

4.3.1 检验工具

普通磅秤，感量度0.05 kg。

4.3.2 检验步骤

对统一包装规格的可随机抽取5件～10件包装称量计算皮重。平均皮重得出后，逐件称取毛重，再按式(2)计算被检样品重量：

$$W = W_1 - W_0 \qquad \cdots\cdots(2)$$

式中：

W——净重，单位为千克(kg)；

W_1——毛重，单位为千克(kg)；

W_0——平均皮重，单位为千克(kg)。

4.4 微生物学检验

4.4.1 菌落总数测定

按SN/T 1059.3中的方法进行。

4.4.2 大肠杆菌测定

按SN/T 1059.2中的方法进行。

4.4.3 沙门氏菌检验

按SN/T 1059.1中的方法进行。

4.4.4 梭菌检验

按GB/T 4789.12和GB/T 4789.13中的方法进行。

4.4.5 霉菌和酵母菌的检验

按GB/T 4789.15中的方法进行。

4.4.6 其他微生物检验

根据输入国或合同要求，做其他微生物检验的，按相应的国家标准或检验检疫行业标准进行。

4.5 理化检验

4.5.1 水分含量的测定

按GB/T 5009.3中的方法进行。

4.5.2 澄清度的测定

4.5.2.1 样品的制备

称取 0.5 g 样品于 10 mL 比色管中，在玻璃棒搅拌下加水溶解，用超声波脱气，定容至刻度。

注：本标准中所有用水均为重蒸馏水。

4.5.2.2 测定

按上述方法以水做空白调整分光光度计，在 640 nm 处进行测定。

4.5.3 旋光度的测定

4.5.3.1 仪器：旋光度仪，W22-1 型，或与其相当。

4.5.3.2 测定

精确称取硫酸软骨素样品 2.00 g～3.00 g，加水溶解定容至 100 mL，仪器预热 20 min 后，以水为空白，用 20 cm 样品管测其旋光度 a。

4.5.3.3 计算

样品的旋光度按式(3)计算：

$$B=\frac{a}{L\times W}\times 1\ 000 \qquad (3)$$

式中：

a——旋光仪读数；

L——样品管长度 20 cm；

W——样品质量，单位为克(g)；

B——被测样品的旋光度。

4.5.4 细度的测定

将取得的样品称取一定量，用标准分样筛进行筛分，按式(4)计算每个目数所占比例。

$$x=\frac{A}{A+B}\times 100\% \qquad (4)$$

式中：

x——每个目数所占比例(%)；

A——通过标准分样筛的样品质量，单位为克(g)；

B——未通过标准分样筛的样品质量，单位为克(g)。

4.5.5 密度的测定

4.5.5.1 质量的确定

如果检测堆积密度，准确称取洁净、干燥的量筒的质量后，再用试样均匀填充，至某一刻度处，测得量筒及试样的总质量，确定所取试样的质量。

如果检测振实密度，需将盛试样的量筒轻轻振荡，直到体积不发生明显变化，观察表面所处刻度处，再测得量筒及试样的总质量，确定所取试样的质量。

4.5.5.2 体积的确定

在同一条件下，用水代替试样至同一量筒同一刻度处，取得水及量筒的总质量，根据水的质量计算出其体积，即所取试样的体积。

4.5.5.3 计算

样品的密度按式(5)计算：

$$\rho=\frac{m}{V} \qquad (5)$$

式中：

ρ——样品的密度，单位为克每毫升(g/mL)；

m——样品的质量，单位为克(g)；

V——样品的体积,单位为毫升(mL)。

4.5.6 **重金属含量的测定**

根据输入国或合同要求,做某种重金属检验的,按相应的国家标准或检验检疫行业标准进行。

4.5.7 **硫酸软骨素含量的测定**

见附录A。

4.6 **检疫要求**

4.6.1 用于加工出口硫酸软骨素的动物软骨,动物必须来自非疫区,并取得农业部门出具的非疫区证明。

4.6.2 加工硫酸软骨素过程中须经85℃,90 min 消毒处理。

5 结果判定

根据上述结果,对照有关技术要求进行综合判定合格与否。

美国有关技术要求参见附录B。

附 录 A
(规范性附录)
硫酸软骨素含量测定

A.1 仪器试剂

A.1.1 全自动电位滴定仪 DL50;光度电极 DP550,或与其相当。

A.1.2 盐酸十六烷基吡啶溶液:1 mg/mL。

A.1.3 磷酸盐缓冲液:pH7.2。

A.1.4 硫酸软骨素标准溶液:称取 25 mg 硫酸软骨素标准品(色谱纯),放入 25 mL 容量瓶中,加入 6 mL水和 pH7.2 的磷酸盐缓冲液 1 mL,加水稀释至刻度,得到浓度为 1 mg/mL 的硫酸软骨素标准溶液。

A.2 试样制备

准确称取已经过 105℃ 4 h 干燥后的硫酸软骨素样品 100 mg,放入 100 mL 容量瓶中,加入 30 mL 水,5 mL pH7.2 的磷酸盐缓冲溶液,加水定容至刻度,混均,备用。

A.3 测定

A.3.1 移取 5 mL 的标准溶液,加入 30 mL 水,用盐酸十六烷基吡啶滴定,测定在 420 nm、550 nm 或 660 nm 处的光通量,以光通量的 70% 为滴定终点,按式(A.1)计算盐酸十六烷基吡啶溶液的滴定度,同时进行一次空白测定,进行空白校正,决定等同因素。

$$F = \frac{3c}{V} \qquad \text{(A.1)}$$

式中:

F——滴定度,即每毫升盐酸十六烷基吡啶所消耗的硫酸软骨素的量,单位为毫克每毫升(mg/mL);

c——硫酸软骨素标准溶液浓度,单位为毫克每毫升(mg/mL);

V——消耗的盐酸十六烷基吡啶溶液的体积,单位为毫升(mL)。

A.3.2 以 5 mL 样液代替硫酸软骨素标准溶液,重复上述步骤,根据式(A.2)计算:

$$S = 2\,000F \times \frac{V}{W} \qquad \text{(A.2)}$$

式中:

S——硫酸软骨素含量(总粘多糖的百分率);

F——滴定度,即每毫升盐酸十六烷基吡啶所消耗的硫酸软骨素的量,单位为毫克每毫升(mg/mL);

V——消耗的盐酸十六烷基吡啶溶液的体积,单位为毫升(mL);

W——硫酸软骨素的质量,单位为毫克(mg)。

附　录　B
（资料性附录）
美国药典 USP26-2002 参数

表 B.1

项　　目	标准参数
硫酸软骨素含量	＞90％
干燥失重	≤10.0％
pH	5.5～7.5
旋光度	－20.0～30.0
灼炽残渣	20％～30％
硫含量	＜0.24％
氯化物	＜0.5％
蛋白质	≤3.0％
重金属	$\leqslant 10\times10^{-6}$
砷	$\leqslant 2\times10^{-6}$
细菌总数	≤1 000 CFU/g
酵母和霉菌	≤100 CFU/g
沙门氏菌	不得检出
大肠杆菌	不得检出

中华人民共和国出入境检验检疫行业标准

SN/T 1661—2005

进出口桑蚕干茧检验规程

Rules for inspection of mulberry silkworm dried cocoons for import and export

2005-09-30 发布　　　　2006-05-01 实施

中华人民共和国国家质量监督检验检疫总局 发布

前　言

本标准由国家认证认可监督管理委员会提出并归口。

本标准起草单位:中华人民共和国浙江出入境检验检疫局。

本标准主要起草人:陆军、居培华、韦君玲、沈如英。

本标准系首次发布的出入境检验检疫行业标准。

进出口桑蚕干茧检验规程

1 范围

本标准规定了进出口桑蚕干茧的品质检验项目、分级要求和检验方法。

本标准适用于进出口桑蚕干茧的品质检验。

2 规范性引用文件

下列文件中的条款通过本标准的引用而成为本标准的条款。凡是注日期的引用文件，其随后所有的修改单(不包括勘误的内容)或修订版均不适用于本标准，然而，鼓励根据本标准达成协议的各方研究是否可使用这些文件的最新版本。凡是不注日期的引用文件，其最新版本适用于本标准。

GB/T 1798 生丝试验方法

GB/T 8170 数值修约规则

GB/T 15268—1994 桑蚕鲜茧

GB/T 19113 桑蚕鲜茧分级(干壳量法)

GSBW 40001 桑蚕茧(干茧)下茧实物样照

3 术语和定义

GB/T 15268、GB/T 19113 确立的以及下列术语和定义适用于本标准。

3.1

抽样余亏量 sample cocoon weight loss

混茧前后样茧总量的差值。

3.2

抽样余亏率 percentage of sample cocoon weight loss

抽样余亏量对混茧前样茧总量的百分率。

3.3

样茧总余亏量 strpped and selected sample cocoon weight loss

剥选前后样茧总量的差值。

3.4

样茧总余亏率 percentage of strpped and selected sample cocoon weight loss

剥选余亏量对样茧规定重量的百分率。

3.5

内霉茧 inside-musty cocoon

茧层内层霉或蛹体霉的茧。

3.6

粒茧量 mean weight of reelable cocoon

平均每粒上车茧的质量。

3.7

万米吊糙 rush upon cocoon per ten thousand meter

缫丝过程中，每一万米生丝出现吊糙的平均次数。

3.8

公量　conditioned weight

干量加公定回潮率后的量。

3.9

粒茧原量　original weight of reelable cocoon

根据粒茧量和样茧总余亏率换算为平均每粒上车茧的质量。

3.10

毛茧出丝率　raw silk percentage of cocoon

单位毛茧量所缫制的生丝总和对单位毛茧量的百分率。

4　要求与分级

4.1　要求

4.1.1　质量:精确到仪器分度值。

4.1.2　长度:精确到单位测试长度。

4.1.3　计数:精确到单位测试个数。

4.1.4　各项计算数据的无效小数按 GB/T 8170 修约。计量单位与小数有效位数见表 1。

表 1　小数有效位数表

编号	量的名称	单位名称	小数有效位数
1	抽样余亏量	kg	3
2	抽样余亏率	%	2
3	样茧实秤量	kg	3
4	剥光率	%	2
5	粒茧量	g/粒	4
6	样茧总余亏率	%	2
7	上车茧率	%	2
8	下茧率	%	2
9	茧衣率	%	2
10	毛脚茧率	%	2
11	内印茧率	%	2
12	内霉茧率	%	2
13	粒茧原量	g/粒	4
14	漏选下茧率	%	2
15	调整上车茧率	%	2
16	废丝折算生丝长度	m	0
17	生丝总长	m	0
18	茧丝长	m/粒	1
19	解舒丝长	m/粒	1
20	解舒率	%	2
21	茧丝纤度	Dtex/D	3

表 1（续）

编号	量的名称	单位名称	小数有效位数
22	发生吊糙次数	次	2
23	万米吊糙	次/万米	2
24	公量	g	2
25	茧层率	%	2
26	茧丝量	g/粒	4
27	上车茧出丝率	%	2
28	毛茧出丝率	%	2
29	蛹衣量	mg/粒	2
30	蛹衣率	%	2
31	茧幅整齐度	%	2

4.2 分级

4.2.1 分级项目

4.2.1.1 主要项目：解舒丝长、洁净、毛茧出丝率。

4.2.1.2 辅助项目：清洁、内印茧率、解舒率、万米吊糙次数、毛脚茧率。

4.2.1.3 补正项目：内霉茧率、茧幅整齐度。

4.2.1.4 参考项目：上车茧率、茧丝长、茧丝纤度、粒茧原量、茧层率、光折、次茧率、色泽。

4.2.2 分级表

分级情况见表 2。

表 2 分级表

茧级	主要检验项目		附级	辅助项目				
	解舒丝长/(m/粒)	洁净/分		清洁/分	内印茧率/(%)	解舒率/(%)	万米吊糙次数/(次/万米)	毛脚茧率/(%)
1	950.0	95.00	一	98.0	2.00	70.00	2	0
2	870.0							
3	800.0	94.00	二	97.5	2.50	60.00	3	5
4	740.0							
5	680.0	93.00	三	96.5	3.00	55.00	4	10
6	620.0	92.00						
7	570.0	90.00	四	95.0	3.50	50.00	5	15
8	520.0							
9	480.0							
10	440.0	88.00	五	93.0	4.00	45.00	7	20
11	410.0							
12	380.0							
级外品	380 以下	88 以下	六	93 以下	4 以上	45 以下	7 以上	20 以上

4.2.3 定级

4.2.3.1 基本级的评定

先以解舒丝长和洁净中的最低一项成绩确定基本茧级。毛茧出丝率不参与定级。

4.2.3.2 附级规定

4.2.3.2.1 辅助检验项目中任何一项低于基本级所属的附级允许范围，应予降级。附级相差一级，则降一个茧级，相差两级，则降两个茧级，以此类推。

4.2.3.2.2 辅助检验项目中有两项以上低于基本级所属的附级允许范围，以最低一项降级。

4.2.3.3 补正规定

4.2.3.3.1 内霉茧率大于等于1.5%时，降一个茧级；大于等于3.0%时，降两个茧级，以此类推。

4.2.3.3.2 茧幅整齐度小于等于93%时，降一个茧级；茧幅整齐度小于等于85%时，降至级外品。

4.2.3.3.3 补正项目两项都未达到要求时，分别降两次级，但最低降至级外品。

4.2.3.4 参考项目

不作为定级依据，仅供需方参考。

4.2.3.5 定级顺序

4.2.3.5.1 根据主要检验项目中的最低一项成绩确定基本级。

4.2.3.5.2 辅助检验项目中所有低于基本级所属的附级允许范围的，以最低一项降级。

4.2.3.5.3 补正检验项目超出要求时，分别再降茧级。

4.2.3.5.4 核定茧级。

5 样茧准备

5.1 抽样

5.1.1 电子秤

量程 50 kg，最小分度值≤5 g。

5.1.2 时间地点

在贮存仓称量后随即抽取。

5.1.3 样茧数量

按交易庄口茧数量抽取检验样茧，每份数量规定如下：

a) ≤5 000 kg 抽样 4 kg；

b) ＞5 000 kg，＜10 000 kg 抽样 5 kg；

c) ≥10 000 kg 抽样 6 kg。

5.1.4 操作方法

5.1.4.1 按交易茧数量随机抽取批样，抽样应均匀。按逐包或隔包抽取的样茧，应顾及茧包各部位。

5.1.4.2 每包抽取样茧量应均匀，批样数量相当于检验样茧的2倍～3倍，充分混匀后，按规定称取样茧。

5.1.4.3 样茧抽毕，随即称准样茧总重量(即混茧前样茧总重量)，然后在干净平面上反复拌匀至少三次，称出混茧后的样茧总重量。

5.1.4.4 算出混茧前后样茧二次称量所产生的余亏量和抽样余亏率，按照规定样茧数量计算样茧实称量，称准两份。

5.1.4.5 抽样余亏率超过3%，一律重新过磅抽取。

5.2 包装

5.2.1 两份样茧应分别装入布质样茧袋，样茧袋需在样茧入袋前称量，缝补过的茧袋不应作为样茧袋。并填写票签一式两份，一份放入袋内，一份系在袋口旁。

5.2.2 样茧票签内容包括产地、代号、庄口名称、茧年度、茧期、蚕品种、抽样日期等。

5.3 **样茧编号**

每个样茧要编写检验号码，号码签系在有封条的袋口旁。

5.4 **样茧运送**

样茧在运送途中应做好防雨淋日晒、防质变受损、防票签脱落等保护工作。长途运输的样茧，布袋外面应覆加粗厚包皮，以防漏损。

5.5 **贮存**

5.5.1 样茧库相对湿度在55%～75%，温度不高于35℃，严防虫、鼠危害及霉变。

5.5.2 样茧堆放离墙不少于0.5 m，堆高不超过2 m。

5.6 **检验结果的计算**

检验结果按式(1)、式(2)、式(3)计算：

5.6.1 抽样余亏量(kg)＝混茧后样茧总量(kg)－混茧前样茧总量(kg) ……………………(1)

5.6.2 $$抽样余亏率=\frac{抽样余亏量(kg)}{混茧前样茧总量(kg)}\times 100\% \qquad \cdots\cdots(2)$$

5.6.3 样茧实秤量(kg)＝样茧规定数量(kg)×(1＋抽样余亏率) ……………………(3)

6 检验方法

6.1 剥选检验

6.1.1 **剥茧**

6.1.1.1 **设备**

6.1.1.1.1 剥茧机。

6.1.1.1.2 电子秤：量程1 kg，最小分度值≤1 g。

6.1.1.2 **操作方法**

每个样号的茧，全部剥去茧衣，并分清光茧和茧衣。

6.1.1.3 **操作要求**

随机抽取200粒茧，检查剥光率，春茧不低于92%，夏秋茧不低于86%。

6.1.1.4 **计算公式**

按式(4)计算：

$$剥光率=\frac{光茧粒数(粒)}{抽验茧粒数(粒)}\times 100\% \qquad \cdots\cdots(4)$$

6.1.2 **选茧检验**

6.1.2.1 **设备**

6.1.2.1.1 选茧台。

6.1.2.1.2 电子秤：量程1 kg，最小分度值≤1 g。

6.1.2.1.3 粒数器。

6.1.2.2 **操作方法**

6.1.2.2.1 按照GSBW 40001选出全部下茧，得上车茧和下茧。

6.1.2.2.2 用粒数器数完上车茧粒数。

6.1.2.2.3 供试茧分区：按抽样数量，以等粒等量法配置供试茧。检验茧幅整齐度和切剖检验两区，每区200粒，其中备试一区。同时随机抽取洁净、万米吊糙检验样茧500 g。解舒检验每区300粒，按以下规定分区，其中备试一区：

a) 抽样数量4 kg，解舒检验五区；

b) 抽样数量5 kg，解舒检验六区；

c) 抽样数量6 kg，解舒检验七区。

6.1.2.3 **操作要求**

6.1.2.3.1 上车茧中无双宫茧。

6.1.2.3.2 上车茧中漏选下茧,春茧不超过0.15%,夏秋茧不超过0.25%。

6.1.2.3.3 下茧中无上茧。

6.1.2.4 **计算公式**

按下式计算:

6.1.2.4.1 $$粒茧量(g/粒)=\frac{上车茧总量(g)}{上车茧总粒数(粒)} \qquad \cdots\cdots(5)$$

6.1.2.4.2 $$样茧总余亏率=\frac{样茧剥选后总量(kg)-样茧规定数量(kg)}{样茧规定数量(kg)}\times 100\% \qquad \cdots\cdots(6)$$

6.1.2.4.3 $$上车茧率=\frac{上车茧量(kg)}{样茧剥选后总量(kg)}\times 100\% \qquad \cdots\cdots(7)$$

6.1.2.4.4 $$光茧上车茧率=\frac{上车茧量(kg)}{样茧剥选后光茧总量(kg)}\times 100\% \qquad \cdots\cdots(8)$$

6.1.2.4.5 $$下茧率=\frac{下茧量(kg)}{样茧剥选后总量(kg)}\times 100\% \qquad \cdots\cdots(9)$$

6.1.2.4.6 $$茧衣率=\frac{茧衣量(kg)}{样茧剥选后总量(kg)}\times 100\% \qquad \cdots\cdots(10)$$

6.1.2.4.7 $$粒茧原量(g/粒)=\frac{粒茧量(g/粒)}{1+样茧总余亏率} \qquad \cdots\cdots(11)$$

6.2 **茧幅整齐度检验**

6.2.1 **茧幅测定器**

测量范围13 mm～25 mm,每档间隔1 mm。

6.2.2 **操作方法**

6.2.2.1 将检验的200粒样茧逐粒放入茧幅测定器中适应的茧幅槽,统计出数量最多的落在连续5档内的蚕茧粒数。

6.2.2.2 按式(12)计算茧幅整齐度。

6.2.2.3 检验后的茧供切剖检验。

6.2.3 **计算公式**

计算见式(12):

$$茧幅整齐度=\frac{连续5档的最多粒数总和(粒)}{受验茧粒数(粒)}\times 100\% \qquad \cdots\cdots(12)$$

6.3 **切剖检验**

6.3.1 **电子秤**

量程200 g,最小分度值≤0.2 g。

6.3.2 **操作方法**

6.3.2.1 将切剖检验的200粒样茧逐粒切剖茧层,倒出蛹体蜕皮。切割时避免使茧盖脱离。

6.3.2.2 选出毛脚茧,发现内印、内霉、病蚕等玷污茧层时,应除去污物。

6.3.2.3 按照6.3.3的计算公式,分别计算百分率。

6.3.2.4 称出茧层原量,进行公量检验。

6.3.3 **计算公式**

按下式计算:

6.3.3.1 $$内印茧率=\frac{内印茧粒数(粒)}{受验茧粒数(粒)}\times 100\% \qquad \cdots\cdots(13)$$

6.3.3.2 $$内霉茧率=\frac{内霉茧粒数(粒)}{受验茧粒数(粒)}\times 100\% \qquad \cdots\cdots(14)$$

6.3.3.3 $毛脚茧率=\frac{毛脚茧粒数(粒)}{受验茧粒数(粒)}\times 100\%$ ……………………（15）

6.4 煮茧

6.4.1 设备

煮茧机。

6.4.2 工艺条件

6.4.2.1 采用茧检定专用设备时，煮茧工艺同 GB/T 15268—1994 中 6.2.2 的规定。

6.4.2.2 以下给出的煮茧工艺条件适合 100 笼体外渗透煮茧机，仅供参考。还可根据茧质、设备和水质等情况进行合理调配煮茧工艺，达到适煮：

a) 全回转时间：春茧 14^{+1}_{-2} min，夏秋茧 11^{+1}_{-1} min；

b) 总压力：$11.77\times10^{4}\pm1.96\times10^{4}$ Pa；

c) 真空渗透：＞0.09 MPa；

d) 蒸室 1 温度：春茧(100±1)℃，夏秋茧(99±1)℃；

e) 蒸室 2 温度：春茧(99±1)℃，夏秋茧(98±1)℃；

f) 蒸室 3 温度：春茧(98±1)℃，夏秋茧(97±1)℃(茧层薄可关闭)；

g) 静煮温度：(55±5)℃；

h) 出口温度：(40±5)℃；

i) 桶汤给水温度：(40±5)℃；

j) 水质：总硬度 1.5 mmol/L 以下，总碱度 1.5 mmol/L 以下。

6.4.3 操作方法

600 粒解样茧分装六只网袋，每袋 100 粒，分 2 次～3 次煮茧。

6.4.4 质量要求

煮茧稳定，渗透适当，适熟均匀。

6.5 缫丝检验

6.5.1 设备

立缫机(篗速稳定、可调)或茧检定自动缫丝机。

6.5.2 工艺条件

采用茧检定专用设备时，缫丝工艺同 GB/T 15268—1994 中 6.3.2 的规定。以下为立缫机工艺：

a) 篗速：春茧(60±1.2)m/min；夏秋茧(55±1.2)m/min；

b) 汤温：缫丝汤温(35±2)℃，索绪汤温(90±2)℃；

c) 绪数：10 绪；

d) 定粒：8 粒；

e) 蛹衣率：春茧 2.4%～2.8%，夏秋茧 2.8%～3.2%。

6.5.3 操作方法

6.5.3.1 采用茧检定自动缫丝机时，缫丝方法同 GB/T 15268—1994 中 6.3.3～6.3.6 的规定，下列方法适合用立缫机时的操作：

a) 每区解舒应由同一解舒工完成；

b) 理绪后，数清有绪茧和无绪茧粒数，核准供试茧粒数；

c) 按规定绪数，定粒生绪，开车前推篗五转(最多不超过八转)，捻准定粒分绪开篗，先开边绪四篗，以后依次增开二篗，直到开齐为止；

d) 开车后始终保持定粒，逐步做到新薄搭匀，“先添后掐”，杜绝弃丝和落环丝，如添绪来不及时可停篗；

e) 当茧缫到蛹衣起皱，将破未破时，应主动除去，防止自然落绪；

f) 索绪一律采用手索；

g) 待添绪茧将添完时，采取先开先并，逐绪并绪的方法，直至最后一绪不能保持八粒定粒时，才停止缫丝，系好标记，落下丝籤；

h) 在缫丝过程中，每区解舒测定籤速二次，部位以左右两边的第二只小籤为准，测定汤温一次，部位以每组缫丝机左右两边的第二台车的中绪为准，随时调整至标准要求。

6.5.3.2 任300粒样茧中，发现漏选下茧，从供试茧中扣除。漏选下茧满三粒及以上的，调整上车茧率。

6.5.3.3 在缫丝检验中途产生汤茧、索穿茧及缫剩茧，一律不扣该区供试茧粒数和供试茧量。

6.5.3.4 落绪茧的确定：

a) 推籤时落下的茧不作落绪茧，分绪开籤时落下的茧则作落绪茧；

b) 空添不作落绪茧，添绪后，茧丝已通过集绪器(瓷眼)即落下的茧则作落绪茧；

c) 添绪即发生吊糙的茧不作落绪茧，缫丝中途产生的吊糙茧则作落绪茧；

d) 凡经记录的落绪茧，因索绪而被索穿或最后索不起绪头的茧，应从落绪茧中扣除。

6.5.3.5 随机抽取30粒蛹衬，剥除蛹体及蜕皮，蛹衣不经水洗，预烘干燥。经预烘后的蛹衣送交公量检验。

6.5.4 计算公式

按下式计算：

6.5.4.1 $$漏选下茧率=\frac{漏选下茧粒数(粒)}{供试茧总粒数(粒)}\times100\% \qquad \cdots\cdots(16)$$

6.5.4.2 调整上车茧率(%)=上车茧率×(1－漏选下茧率－内印茧率×0.3) ……(17)

6.6 复摇检验

6.6.1 设备

复摇机(配有断头自停装置和记数器)。籤周长度(1.5±0.005)m。

6.6.2 工艺条件

6.6.2.1 籤速：(240±10)m/min。

6.6.2.2 车箱温度：(43±2)℃。

6.6.3 规则

返丝中，遇无法寻头的小籤丝片弃出的废丝，应另行称量，加入样丝总量，折算生丝长度。

6.6.4 计算公式

按下式计算：

6.6.4.1 $$废丝折算生丝长度(m)=\frac{生丝总长(m)}{生丝总量(g)}\times废丝总量(g) \qquad \cdots\cdots(18)$$

6.6.4.2 生丝总长(m)=籤周长(m/转)×复摇机籤卷取转数(转)+废丝折算生丝长度(m) ……(19)

6.6.4.3 $$茧丝长(m/粒)=\frac{生丝总长(m)\times8}{供试茧粒数(粒)} \qquad \cdots\cdots(20)$$

6.6.4.4 $$解舒率(\%)=\frac{供试茧粒数(粒)}{供试茧粒数(粒)+落绪次数(粒)}\times100 \qquad \cdots\cdots(21)$$

6.6.4.5 解舒丝长(m/粒)=茧丝长(m/粒)×解舒率 ……(22)

6.7 清洁、洁净和万米吊糙检验

6.7.1 煮茧

每个样号500 g样茧分次煮茧。煮茧的设备、工艺条件与6.4相同。

6.7.2 **缫丝**

6.7.2.1 **设备**

立缫机(簸速稳定、可调)或茧检定自动缫丝机。

6.7.2.2 **工艺条件**

采用茧检定自动缫丝机时,缫丝工艺同 GB/T 15268—1994 中 6.3.2 的规定。以下为立缫机工艺:

a) 簸速:(70±1.2)m/min;

b) 汤温:缫丝汤温(35±2)℃,索绪汤温(90±2)℃;

c) 绪数:20 绪;

d) 瓷眼孔径:170 μm～190 μm;

e) 定粒:按生丝纤度 27/29D(相当于 30 dtex～32 dtex)配准定粒。

6.7.2.3 **操作方法**

6.7.2.3.1 **立缫机**

6.7.2.3.1.1 按工艺规定,做准定粒,新薄搭匀。除蛹衣程度与解舒检验同,如遇解舒特差而不能保持定粒者,允许部分停簸。

6.7.2.3.1.2 新茧将添完,绪头不能保持正常配茧要求时,开始自左至右并绪,直至最后一绪不能保持定粒为止。

6.7.2.3.1.3 缫毕,20 只小簸隔簸分开,每 10 簸返成一片大簸丝片,共返两片,其中一片供洁净、清洁检验用,另一片备用。

6.7.2.3.2 **茧检定自动缫丝机**

6.7.2.3.2.1 给茧口罩按平均茧幅的 1.4 倍至 1.6 倍选择,给茧水位调节器、给茧调节档板的调节以茧子进入给茧口不相互重叠挤压为原则。

6.7.2.3.2.2 规定春茧九粒至 11 粒,夏秋茧 10 粒至 12 粒为标准生绪。

6.7.2.3.2.3 开簸前,推簸五转,捻准定粒,一次开齐,开车后,先开探索、震动机构,再开捕集器。

6.7.2.3.2.4 索绪采用机索,但待索茧少于 20 粒时,可用手索。

6.7.2.3.2.5 一个给茧口待添有绪茧少于 10 粒无法补充时,要逐绪并绪,直至并到一绪为止。

6.7.2.3.2.6 缫剩茧为 20 粒～55 粒时,缫丝结束。

6.7.2.3.2.7 感知器每天定时清洗一次,发现磨损失效应及时调换。

6.7.2.3.2.8 每区缫丝操作应由同一检验工完成。

6.7.2.3.2.9 缫毕,三只小簸隔簸分开,每只小簸返成一片大簸丝片,共返三片,其中二片供洁净、清洁检验用,另一片备用。

6.7.2.3.2.10 按 GB/T 1798 检验清洁和洁净。

6.7.2.3.3 **吊糙记录规则**

分别记录蛹衬吊糙、薄皮吊糙、厚皮吊糙和其他吊糙的次数,下列情况发生的吊糙不计吊糙次数:

a) 推簸时产生的吊糙茧,分绪开簸时产生的吊糙茧;

b) 因添入糙茧即产生的吊糙。

6.7.3 **复摇**

6.7.3.1 **设备**

复摇机。

6.7.3.2 **工艺条件**

同 6.6.2。

6.7.4 **检验**

按 GB/T 1798 检验。

6.7.5 **计算公式**

6.7.5.1 茧检定自动缫丝机发生吊糙次数见式(23)：

$$\text{发生吊糙次数(次)} = \text{记录吊糙次数(次)} + \frac{\text{记录吊糙次数(次)} \times \text{换算粒数(粒)}}{\text{供试粒数(粒)} - \text{换算粒数(粒)}} \quad \cdots\cdots(23)$$

6.7.5.2 万米吊糙计算见式(24)：

$$\text{万米吊糙(次/万米)} = \frac{\text{发生吊糙次数(次)} \times 10000}{\text{生丝总长(m)}} \quad \cdots\cdots(24)$$

6.8 公量检验

6.8.1 **设备**

带有天平的烘箱。天平量程 1 000 g，最小分度值≤0.01 g。

6.8.2 **操作方法**

将切剖检验的 200 粒茧层，同一样号的各区解舒丝、绪丝和蛹衣先称记原重，然后烘至恒重，得出干重。

6.8.3 **规则**

称量规则见表 3。

表 3 称量规则

项目	蛹衣	茧层	绪丝	样丝
干燥温度/℃	120±2		140±2	
干燥时间/h	0.5～1	1～1.5	1.5～2	2～2.5
二次称重允差	称量 100 g 以上，不超过 60 mg，称量 100 g 以下，不超过 40 mg			
注 1：“二次称量”指达到预定干燥时间后的邻近(间隔时间 10 min)二次称量。干量以最后一次称量为准。 注 2：表中干燥时间适合于八蓝烘箱，快速烘箱的干燥时间可缩短。				

6.8.4 **计算公式**

计算见下式：

6.8.4.1 $\text{公量(g)} = \text{干量(g)} \times (1 + 11\%)$ ……(25)

6.8.4.2 $\text{茧层率} = \frac{\text{茧层公量(克/粒)}}{\text{粒茧原量(克/粒)}} \times 100\%$ ……(26)

6.8.4.3 $\text{茧丝量(g/粒)} = \frac{\text{生丝公量(g)}}{\text{供试茧粒数(粒)}} \times 100$ ……(27)

6.8.4.4 $\text{茧丝纤度(dtex)} = \frac{10\,000 \times \text{茧丝量(g/粒)}}{\text{茧丝长(m/粒)}}$ ……(28)

或：

$$\text{茧丝纤度(D)} = \frac{9000 \times \text{茧丝量(g/粒)}}{\text{茧丝长(m/粒)}} \quad \cdots\cdots(29)$$

6.8.4.5 $\text{上车茧出丝率} = \frac{\text{茧丝量(g/粒)}}{\text{粒茧原量(g/粒)}} \times 100\%$ ……(30)

6.8.4.6 $\text{毛茧出丝率(\%)} = \text{上车茧出丝率(\%)} \times \text{上车茧率}$ ……(31)

6.8.4.7 $\text{蛹衣量(mg/粒)} = \frac{\text{蛹衣总公量(mg)}}{\text{测试蛹衬粒数(粒)}}$ ……(32)

6.8.4.8 $\text{蛹衣率} = \frac{\text{粒茧蛹衣量(g/粒)}}{\text{粒茧原量(g/粒)}} \times 100\%$ ……(33)

6.9 检验结果整理

6.9.1 每个样号的上车茧率、茧丝长、解舒丝长、解舒率、毛茧出丝率、万米吊糙、内霉茧率、内印茧率、清洁、洁净、毛脚茧率和茧幅整齐度均须填写原始检验表，作为计算成绩的依据。

6.9.2 复核原始检验表数据，计算各项检验项目。

6.9.3 复试按以下规定进行：

a） 各区检验结果与平均数之差的绝对值超出下列允差范围则进行复试：

——解舒率≥5％；

——毛茧出丝率≥0.8％；

b） 复试以一区为限；

c） 复试后舍去与平均数（含复试区）之差的绝对值最大的区。

6.9.4 交易双方对检验结果如有异议，可提出复验，结果以复验为准。

SN

中华人民共和国出入境检验检疫行业标准

SN/T 2023—2007

出口肝素钠检验检疫规程

Protocol of inspection and quarantine for exporting heparin sodium

2007-12-24 发布　　2008-07-01 实施

中　华　人　民　共　和　国
国家质量监督检验检疫总局　发布

前　言

本标准的附录 A 为规范性附录。

本标准由国家认证认可监督管理委员会提出并归口。

本标准起草单位:中华人民共和国上海出入境检验检疫局。

本标准主要起草人:邬宝官、李树清、王忠宽、陈志飞、王巧全。

本标准系首次发布的出入境检验检疫行业标准。

出口肝素钠检验检疫规程

1 范围

本标准规定了出口肝素钠的检验检疫方法。

本标准适用于出口肝素钠粗品、外用精品和注射用精品的检验检疫。

2 规范性引用文件

下列文件中的条款通过本标准的引用而成为本标准的条款。凡是注日期的引用文件，其随后所有的修改单(不包括勘误的内容)或修订版均不适用于本标准，然而，鼓励根据本标准达成协议的各方研究是否可使用这些文件的最新版本。凡是不注日期的引用文件，其最新版本适应用于本标准。

GB/T 6682 分析实验室用水规格和试验方法(neq ISO 3696)

SN/T 1119 进口动物源性饲料中牛羊源性成分检测 PCR 方法

《中华人民共和国药典》(2005 年版二部)

3 术语、定义和缩略语

3.1 术语和定义

下列术语和定义适用于本标准。

3.1.1

肝素钠 heparin sodium

自猪的肠粘膜中提取的硫酸氨基葡萄糖的钠盐，具有延长血凝时间的粘多糖类物质。

3.1.2

批 batch

采用基本相同的原料，使用同一制造工艺，同一次生产出品质均匀一致，包装一致的产品为一批。

3.1.3

细菌内毒素 bacterial endotoxins

由某些特定细菌产生并在该细菌细胞裂变时释放出来的一种毒素。

3.2 缩略语

下列缩略语适用于本标准。

3.2.1

EU Endotoxin Unit

内毒素单位。

3.2.2

nkat ŋanokatalytic

凝血因子 Xa 的活性单位。

3.2.3

S-2222 *N*-Benzoyl-L-isoleucyl-L-glutamyl-glycyl-Larginine-*p*-nitroaniline hydrochloride and its-methyl ester

N-苯甲酰-L-异白氨酰-L-谷氨酰(*O*-甲基)甘氨酰-L-精氨酸对硝基苯胺盐酸盐。

3.2.4

U Unit

肝素效价单位。

4 检疫检验

4.1 肝素钠原料的要求

4.1.1 屠宰的生猪应来自非疫区、经官方有效监控的规模化、集约化饲养场。

4.1.2 生猪在官方有效监控的屠宰场屠宰,并且经宰前、宰后检疫合格。

4.1.3 制造肝素钠粗品的猪原肠具有官方签发的动物产品检疫合格证书。

4.1.4 肝素钠粗品加工企业的加工过程应符合我国的兽医卫生要求。

4.1.5 如果进口国要求不含牛、羊源性成分,按 SN/T 1119 进行检测。

4.2 采样

出口肝素钠实行批批无菌采样。

4.3 水

实验室用水按 GB/T 6682 中实验室用水的规格要求。

4.4 粗品检疫检验项目

4.4.1 效价测定

按《中华人民共和国药典》中附录ⅫD“肝素生物测定法”进行测定。比较肝素标准品与样品延长新鲜兔血或兔、猪血浆凝结时间的作用,以测定供试品的效价。按干燥品计算,不得少于 60 U/mg。如果进口国有特殊要求的,应符合进口国的要求。

4.4.2 干燥失重

按《中华人民共和国药典》中附录ⅧL“干燥失重测定法”测定。取样品 1 g,置五氧化二磷干燥器内,在 60℃减压干燥至恒重,减失重量不得超过 12%。

4.5 外用精品检疫检验项目

4.5.1 性状

冻干成品应为白色或类白色粉末,易溶解于水。

4.5.2 鉴别

4.5.2.1 比旋度

精确称取样品,加水溶解并定量成 40 mg/mL 溶液,按《中华人民共和国药典》中附录ⅥE“旋光度测定法”进行测定,比旋度应不小于+35℃。

4.5.2.2 电泳试验

取样品和肝素标准品,分别加水配制成 2.5 mg/mL 溶液,按《中华人民共和国药典》中附录ⅤF第三法“琼脂糖凝胶电泳法”进行试验,样品和标准品所显斑点的迁移距离之比应为 0.9~1.1。

4.5.2.3 钠离子定性试验

按《中华人民共和国药典》中附录Ⅲ一般鉴别试验中“钠盐鉴别方法”进行试验,应为钠盐。

4.5.3 酸碱度

取样品 0.1 g,加水 10 mL 溶解成 1%溶液,按《中华人民共和国药典》中附录ⅥH“pH 值测定法”进行测定,pH 值应为 5.0~7.5。如果进口国有特殊要求的,应符合进口国的要求。

4.5.4 溶解度

1 份样品应完全溶解于 2.5 份水中。

4.5.5 溶液的澄清度与颜色

取样品 0.5 g,加水 10 mL 溶解后,溶液应澄清无色;如显混浊,按《中华人民共和国药典》中附录ⅣA“紫外-可见分光光度法”在 640 nm 处测定。吸光度不得大于 0.018;如显色,与《中华人民共和国药典》中附录ⅨA 第一法中的黄色 1 号标准比色液比较,不得更深。

4.5.6 吸光度

将样品 40 mg 用水 10 mL 配制成 0.4%(质量浓度)的溶液,按《中华人民共和国药典》中附录ⅣA

"紫外-可见分光光度法"检测，在 260 nm 波长处，其吸光度不得大于 0.20；在 280 nm 波长处，其吸光度不得大于 0.15。如果进口国有特殊要求的，应符合进口国的要求。

4.5.7 干燥失重

按照 4.4.2 测定。减失重量不得超过 8.0%。

4.5.8 蛋白质

将样品用无二氧化碳的水配制成 1%(质量浓度)溶液，取 20%的三氯乙酸溶液 0.25 mL～1 mL 样品溶液中，不得产生沉淀或浑浊。

4.5.9 重金属

按《中华人民共和国药典》中附录Ⅷ H"重金属检查第二法"检测，含重金属不得超过 30 mg/kg。如果进口国有特殊要求的，应符合进口国的要求。

4.5.10 总氮量

按《中华人民共和国药典》中附录Ⅶ D"氮测定第二法"检测，按干燥品计算，总含氮量应为 1.3%～2.5%。如果进口国有特殊要求的，应符合进口国的要求。

4.5.11 硫

按《中华人民共和国药典》中附录Ⅶ C"氧瓶燃烧法"进行测定。按干燥品计算，含硫量不得少于 10%。

4.5.12 炽灼残渣

取样品 0.5 g，按《中华人民共和国药典》中附录Ⅷ N"炽灼残渣检查法"进行检测，遗留残渣应为 28.0%～41%。如果进口国有特殊要求的，应符合进口国的要求。

4.5.13 钠含量

精确称取 50 mg 样品，溶解于 0.1 mol/L 盐酸(含 1.27 mg/mL 氯化铯)中，并用此液定容至 100 mL。标准钠溶液也用 0.1 mol/L 盐酸(含 1.27 mg/mL 氯化铯)配制成 25 mg/L、50 mg/L 和 75 mg/L的浓度。按《中华人民共和国药典》中附录Ⅳ D"原子吸收分光光度法"在 330.3 nm 处进行测定。钠含量应为 9.5%～12.5%。

4.5.14 微生物限度检测

称取样品 10 g，加 pH7 无菌氯化钠-蛋白胨缓冲液 100 mL，混匀作为 1∶10 的供试液。按《中华人民共和国药典》中附录Ⅺ J"微生物限度检查法"进行检测。根据进口国的要求，检测微生物项目。

4.5.15 效价测定

按照 4.4.1 测定。按干燥品计算，效价不得少于 150 U/mg。测得的结果应为标示量的 91%～110%。如果进口国有特殊要求的，应符合进口国的要求。

4.5.16 抗 Xa 因子活性

测定检测方法见附录 A。抗 Xa 因子活性与肝素钠效价比应为 80%～120%。

4.6 注射用精品检疫检验项目

按照 4.5 要求的项目检测，但减失重量不得超过 5.0%。此外，还进行下列项目的检测。

4.6.1 热源

称取样品，用氯化钠注射液配制成 1 000 U/mL 的溶液，按 2 mL/kg 体重静脉注射家兔。按《中华人民共和国药典》中附录Ⅺ D"热源检测法"进行测定。在初试的 3 只家兔中，体温升高均低于 0.6℃，并且 3 只家兔体温升高总和低于 1.4℃；或在复试的 5 只家兔中，体温升高 0.6℃或 0.6℃以上的家兔不超过 1 只，而且初试、复试合并 8 只家兔的体温升高总和为 3.5℃或 3.5℃以下，均判为供试品的热原检查符合规定。

4.6.2 细菌内毒素

按《中华人民共和国药典》中附录Ⅺ E"细菌内毒素检查法"，利用鲎试剂检测细菌内毒素。每单位肝素钠中内毒素的含量应小于 0.015 EU。如果进口国有特殊要求的，应符合进口国的要求。

4.7 结果判定

肝素钠样品符合检验检疫要求，判为合格，允许出口。

5 签发证书

肝素钠经检验检疫合格后，签发兽医卫生证书。

附 录 A
（规范性附录）
抗 Xa 因子活性测定方法

A.1 溶液的配制

A.1.1 pH8.4 缓冲液

称取三羟甲基氨基甲烷（tris），乙二胺四乙酸（EDTA）和氯化钠各适量，用 0.1% 聚乙二醇 6 000 水溶液溶解，混匀，使溶液中各组分浓度为三羟甲基氨基甲烷 0.050 mol/L，乙二胺四乙酸 0.007 5 mol/L 和氯化钠 0.175 mol/L，pH 值为 8.4，如有偏差，可用 1 mol/L 氢氧化钠或 1 mol/L 盐酸，调节 pH 至8.4。

A.1.2 抗凝血酶Ⅲ溶液

精确称取抗凝血酶Ⅲ，用 pH8.4 缓冲液稀释成 1 U/mL 抗凝血酶Ⅲ溶液。使用前经 37℃预温 15 min。

A.1.3 Xa 因子溶液

精确称取 Xa 因子，用 pH8.4 缓冲液稀释成 20 nkat/mL。使用前经 37℃预温 15 min。

A.1.4 发色底物溶液

精确称取发色底物 S-2222，用水稀释成含有 2.5 mmol/L 的溶液。使用前经 37℃预温 15 min。

A.1.5 终止反应溶液

20% 乙酸。

A.1.6 标准溶液

精确称取肝素钠标准品，用 pH8.4 缓冲液稀释成 0.312 U/mL、0.25 U/mL、0.188 U/mL、0.125 U/mL、0.062 5 U/mL。

A.1.7 样品溶液：精确称取样品适量，用 pH8.4 缓冲液稀释成和标准品相同浓度的溶液。

A.2 吸光度的测定步骤

取试管编号，依次加入 100 μL 抗凝血酶Ⅲ溶液，100 μL 标准溶液（或样品溶液，或 pH8.4 缓冲液），600 μL pH8.4 缓冲液，混匀，37℃水浴 2 min。加入 100 μL Xa 因子溶液，混匀，37℃水浴 2 min。加入 100 μL S-2222 溶液，37℃水浴 2 min。立即拿出水浴，在 405 nm 处测各管吸光值。pH8.4 缓冲液作为空白对照，每个试验做两个重复。

A.3 计算

以标准溶液和样品溶液吸光值的对数为 Y 轴，标准溶液与样品溶液的浓度为 X 轴，绘制标准曲线。并使用最小二乘方作线性回归分析。分别建立回归直线及斜率。用式（A.1）计算肝素钠样品抗凝血因子 Xa 的活性。

$$M = P \times \frac{S_T}{S_S} \qquad \text{(A.1)}$$

式中：

M——肝素钠样品抗凝血因子 Xa 的活性；

P——肝素钠标准品抗凝血因子 Xa 的活性；

S_T——样品回归线的斜率；

S_S——标准品回归线的斜率。

中华人民共和国出入境检验检疫行业标准

SN/T 2193—2008

进出境生皮和鞣制材料皮检验检疫规程

Protocol of inspection and quarantine for entry-exit raw piece hide and tanned piece leather

2008-11-18 发布　　　　2009-06-01 实施

中华人民共和国国家质量监督检验检疫总局　发布

前　言

本标准由国家认证认可监督管理委员会提出并归口。

本标准由中华人民共和国天津出入境检验检疫局负责起草。

本标准主要起草人:呼子明、王磊、孙明钊、郝学江。

本标准系首次发布的出入境检验检疫行业标准。

进出境生皮和鞣制材料皮检验检疫规程

1 范围

本标准规定了进出境材料皮的抽样和检验检疫方法。

本标准适用于各种动物的生皮和鞣制材料皮的进出境检验检疫。

2 规范性引用文件

下列文件中的条款通过本标准的引用而成为本标准的条款。凡是注日期的引用文件，其随后所有的修改单(不包括勘误的内容)或修订版均不适用于本标准，然而，鼓励根据本标准达成协议的各方研究是否可以使用这些文件的最新版本。凡是不注日期的引用文件，其最新版本适用于本标准。

GB/T 18088 出入境动物检疫采样

SN/T 0118 进出口商品重量鉴重方法 衡量衡重

SN 0331 出口畜产品炭疽杆菌检验方法

SN/T 1700 动物皮毛炭疽 Ascoli 反应操作规程

3 术语和定义

本标准采用下列定义和术语。

3.1

虫蚀 worm-eaten

皮蠹将皮板蛀成小洞或弯曲沟道。

3.2

污染 pollution

毛皮、革皮被其他化合物或染料意外接触。

3.3

发霉 mold

毛皮、革皮材料因运输、存储不当，使货物变质，生长出霉菌物质。

3.4

鞣制材料皮 tannage material

经过加工的毛、革材料皮。

4 取样方案

4.1 检验检疫采样

4.1.1 按照 GB/T 18088 的规定，对间隔件、号、托盘分别按每批货物抽取代表性的样品。

4.1.2 已加工鞣制的材料皮不进行检疫采样。

4.1.3 未加工鞣制的材料皮做检疫采样。

4.1.4 应做检疫采样的采样后将样品封闭在容器内并编序号，送实验室检验检疫。

4.2 品质检验抽样数量

对生皮和鞣制材料皮，按每批货物件数抽取，20 件～40 件抽取 3 件，不足 20 件的按 20 件计算，40 件以上的每增加 20 件增抽 1 件。散装货物，应根据堆放情况按货物的 10%随机抽取。被采过样品的皮张要按序（同样品编号一致）存放。

5 检验检疫

5.1 工具

剪刀、尺、磅秤。

5.2 现场条件

检验场地光线适宜。

5.3 检疫

依据 SN 0331，SN/T 1700 进行实验室检测。

5.4 检验

品质检验按以下要求进行：

a) 毛长、面积、规格应在合同（小样）规定的范围之内；

b) 毛面检验：毛面朝上，验看毛的粗细、疏密、光泽度及颜色比例状况；

c) 皮板检验：板面朝上，验看肉屑、脂肪块是否去净，加工是否合理。用于摸试皮板厚薄及均匀程度，纤维组织粗细、紧密程度。结合板面伤残及污染、虫蚀、发霉的影响程度综合判定质量；

d) 鞣制材料皮检验：验看皮革着色的牢固、均匀程度及皮革的拉力、薄厚均匀程度，结合皮革纤维状况、霉斑等伤残影响程度，综合判定品质；

e) 材料皮的品质、规格不符合规定的，再按 10%扩大抽验货物件数。

5.5 面积测量

对材料皮合同如规定以面积计价的，应按照 4.2 规定抽样，并逐张（片）测量实际面积。

5.6 衡重

5.6.1 衡器要求按照 SN/T 0118 执行。

5.6.2 实衡毛重：将全部货物逐件（包、盘、捆）稳放在磅盘上实衡毛重。

5.6.3 实衡皮重：抽取货物件数的 10%拆包，逐张去掉浮盐或杂物，将所有包装物和浮盐杂物等堆放在磅盘上，衡取皮重，求得每件皮重，以此推算全批皮重。

5.6.4 实衡净重：将抖净的皮逐张平放在磅盘上，实衡净重，分清重量档次。

6 结果的判定

6.1 经检验检疫，货物的安全卫生、品质、规格、面积、质量均符合相关法规及合同规定的，判定为合格。

6.2 不合格的判定标准如下：

a) 经过衡重后，短重超过总质量 5%的，判为不合格；

b) 面积测量后，面积短缺超过总面积 3%的，判为不合格；

c) 品质、规格与合同规定不符的，判为不合格；

d) 凡带有活的昆虫、节肢动物等生物的，判为不合格；

e) 经检验检出带有炭疽杆菌及其他致病菌的货物，封存，退回或销毁处理工作，判定为全批不合格；

f) 经检验发现存在合同标明的商品名称以外的货物，扩大抽取货物件数的10%，仍存在合同标明的商品名称以外的货物，判为不合格；

g) 凡材料皮存在发霉、变质的判为不合格。

7 不合格货物的处理

7.1 经检疫不合格的做除害处理、退回、销毁。

7.2 经检验检疫不合格的，应出具相关单证，保留送检样品及相关影像资料。

中华人民共和国出入境检验检疫行业标准

SN/T 2437—2010

进出口兔皮检验检疫规程

Protocol of inspection and quarantine for import and export rabbit skin

2010-01-10 发布　　　　2010-07-16 实施

中华人民共和国国家质量监督检验检疫总局　发布

前　言

本标准的附录 A 为规范性附录。

本标准由国家认证认可监督管理委员会提出并归口。

本标准起草单位：中华人民共和国天津出入境检验检疫局。

本标准主要起草人：呼子明、王磊、张晖、赵强。

本标准为首次发布的出入境检验检疫行业标准。

进出口兔皮检验检疫规程

1 范围

本标准规定了进出口兔皮的术语和定义、抽样、检验检疫结果的判定。

本标准适用于进出口生兔皮、鞣制兔皮的检验检疫。

2 规范性引用文件

下列文件中的条款通过本标准的引用而成为本标准的条款。凡是注日期的引用文件，其随后所有的修改单(不包括勘误的内容)或修订版均不适用于本标准，然而，鼓励根据本标准达成协议的各方研究是否可以使用这些文件的最新版本。凡是不注日期的引用文件，其最新版本适用于本标准。

GB/T 2828.1 计数抽样检验程序 第1部分 按接收质量限(AQL)检索的逐批检验抽样计划

GB/T 18088 出入境动物检疫采样

GB/T 19941 皮革和毛皮 化学试验 甲醛含量的测定

GB/T 19942 皮革和毛皮 化学试验 禁用偶氮染料的测定

SN/T 0846 进出口裘皮、革皮制品包装检验规程

SN/T 1700 动物皮毛炭疽 Ascoli 反应操作规程

3 术语和定义

下列术语和定义适用于本标准。

3.1

病瘦皮 thin skin

兔子患病后，毛绒变得紊乱，板质薄弱、无油性枯干状。

3.2

尿黄(圈黄毛) pen-yellow hair(urine-yellow hair)

毛被长期受粪便污染，毛面产生不易除去的黄色。

3.3

脱毛(光板) hairless spot

毛绒局部脱落，露出皮板。

3.4

落绒 with less under fur

绒已顶到毛峰表面，有的脱落，有的尚未完全脱落。

3.5

锈毛(缠结毛) rusty hair(twined hair)

毛绒粘合在一起。

3.6

污染 pollution

毛皮被其他化合物或染料意外接触，使皮张失去使用价值。

3.7

发霉 mildew

毛皮因运输、存储不当，使其变质，生长出霉菌物质。

3.8

虫蚀　worm-eaten

因保管工作不当，皮蠹将皮板蛀成小洞或弯曲沟道，使毛皮成片脱落或断毛。

3.9

糟板　rotten leather

鞣制不当造成纤维损坏，无拉力，稍用力拉伸即破损。

3.10

响板　sounding leather

用手搓动有响声，一般是病瘦皮或鞣制不当或钉皮后烘干方法不当所致。

3.11

硬板　stiff leather

鞣制不当所致，手感僵硬。

3.12

色花　mottling

加工染色不均匀所致。

3.13

浮色　losing colour

毛皮染色不牢固，掉色。

3.14

油毛　oily leather

毛面有油脂。

3.15

A类不合格品　not qualified product A

单位产品出现明显的虫蚀、掉毛、病瘦皮、硬板、色花、响板、尿黄及明显影响质量和美观的缺陷。

3.16

B类不合格品　not qualified product B

单位产品出现较明显的油毛、锈毛、落绒及较明显影响质量和美观的缺陷。

4　抽样方案

4.1　检验批

以同一合同在同一条件下加工的同一品种或进出口报检批为一检验批。

4.2　生兔皮检疫采样

按照 GB/T 18088 执行。

4.3　鞣制兔皮抽样

按 GB/T 2828.1 规定执行，见附录 A。

检查水平：按照 GB/T 2828.1 规定，采用一般检查水平Ⅱ。

合格质量水平 AQL：A类不合格品：AQL=1.0；B类不合格品：AQL=4.0。

4.4　抽样方法

4.4.1　成包的皮张，从堆放的不同部位，随机抽取。

4.4.2　未成包的皮张，按上中下或左中右抽取。

5 检验

5.1 工具

检验台。

5.2 条件

检验场地光线适宜。

5.3 品质

5.3.1 毛面

毛面朝上平放在工作台上，一只手捏住头部，另一只手捺住臀部，用腕力轻轻抖动，使毛绒蓬散，看锋毛分布是均匀齐全，毛绒疏密程度，毛面平顺、灵活光润程度，有无秃针、勾针等伤残。

用手轻推毛绒，查看毛绒长短和疏密程度，同时查看毛绒底部有无光板、落绒等伤残，对有疑问的地方用嘴吹开毛绒，查看伤残。

5.3.2 皮板

5.3.2.1 皮板朝上，验看皮形是否完整，肉屑、脂肪块是否去净，加工是否合理。

5.3.2.2 检查有无虫蚀、发霉变质及受到污染。

5.3.2.3 兔皮的品质、规格不符合规定的，扩大抽验数量，及时拍照录像。

5.3.3 级别分类

一级：皮板厚足，毛足绒厚平顺，锋毛齐全，毛绒灵活，色泽光润，皮板良好，利用率 95%以上。

二级：皮板较厚足，毛稍松疏，绒稍薄空弱，毛绒略欠平顺，色泽欠光润，皮板稍次，利用率 80%以上。

三级：皮板欠厚足，毛绒稀薄而空疏，毛绒欠平顺，色泽与皮板均次，利用率 70%以上。

注：轻微尿黄不算缺点，严重者降级。

6 安全卫生项目检测

6.1 产品无发霉变质和污染现象，无异味。

6.2 产品无严重的灰尘及脱色。

6.3 禁用偶氮染料测定按 GB/T 19942 执行。

6.4 甲醛含量按 GB/T 19941 执行。

6.5 炭疽杆菌检测按 SN/T 1700 执行。

7 包装

按照 SN/T 0846 执行。

8 结果判定

8.1 品质

8.1.1 A 类、B 类不合格品数量同时小于等于 Ac 时，判定该批合格。

8.1.2 A 类、B 类不合格品数量同时大于 Re 时，判定该批不合格。

8.1.3 当 A 类不合格品数量大于 Re 时，判定该批不合格。

8.1.4 当 B 类不合格品数量大于 Re 时，判定该批不合格。

8.2 数量

包装件数，张数与合同及信用证数量不符超过 5%的，判定该批不合格。

8.3 安全卫生

安全卫生项目不符合国家相关强制性规定或进口国要求的，判定该批不合格。

9 检验有效期

检验有效期为 60 d。

附　录　A
（规范性附录）
一次正常抽验表

表 A.1　一次正常抽验表

批量 N/件	抽验数	A类不合格品 AQL=1.0		B类不合格品 AQL=4.0	
		合格 Ac	不合格 Re	合格 Ac	不合格 Re
51～90	13	0	1	1	2
91～150	20	0	1	2	3
151～280	32	1	2	3	4
281～500	50	1	2	5	6
501～1 200	80	2	3	7	8
1 201～3 200	125	3	4	10	11
3 200～10 000	200	5	6	14	15
10 001～35 000	315	7	8	21	22

中华人民共和国出入境检验检疫行业标准

SN/T 2517—2010

进境羽毛羽绒检疫操作规程

Protocal of quarantine for import feather and down

2010-03-02 发布　　　　2010-09-16 实施

中华人民共和国
国家质量监督检验检疫总局　发布

前　言

本标准由国家认证认可监督管理委员会提出并归口。

本标准起草单位:中华人民共和国江苏出入境检验检疫局、中华人民共和国深圳出入境检验检疫局、中华人民共和国河南出入境检验检疫局、中华人民共和国辽宁出入境检验检疫局。

本标准主要起草人:侯玉峰、秦培仙、孙璐、宗卉、郭会清、李超美、葛勇。

本标准系首次发布的出入境检验检疫行业标准。

进境羽毛羽绒检疫操作规程

1 范围

本标准规定了进境羽毛羽绒的检疫抽样、检疫查验内容和要求、检疫查验方法和程序、结果判定规则及处理措施等。

本标准适用于进境羽毛羽绒的检疫。

2 规范性引用文件

下列文件所包含的条款通过在本标准中引用而成为本标准的条款。凡是注日期的引用文件,其随后所有的修改单(不包括勘误的内容)或修订版均不适用于本标准,然而,鼓励根据本标准达成协议的各方研究是否可使用这些文件的最新版本。凡是不注日期的引用文件,其最新版本适用于本标准。

GB/T 10288—2003 羽绒羽毛检验方法

GB/T 17685—2003 羽绒羽毛

GB/T 18088 出入境动物检疫采样

SN/T 1124 集装箱熏蒸规程

SN/T 1253 入出境集装箱及其货物消毒规程

SN/T 1270 入出境散装货物消毒规程

3 术语和定义

下列术语和定义适用于本标准。

3.1

未水洗羽毛羽绒 unwashed feather and down

从禽类身上拔取后,未经任何水洗加工或只经清水粗略漂洗的羽毛羽绒原料。

3.2

水洗羽毛羽绒 washed feather and down

从禽类身上拔取后,经良好的水洗加工和高温烘干,可直接用作制品填充料的羽毛羽绒。

4 抽样

进境羽毛羽绒抽样按照GB/T 18088执行。

5 检疫内容和要求

5.1 检疫单证查验

查验兽医卫生证书和其他检疫证书;企业进口未水洗羽毛羽绒时,还应查验是否提供了注册登记证明和《进境动植物检疫许可证》。

5.2 现场检疫

5.2.1 水洗羽毛羽绒现场检疫

5.2.1.1 核对实际货物名称、数/质量、产地、包装、唛头标志、集装箱号与封识与所附单证应相符。

5.2.1.2 产品包装检疫:产品包装应完好,不允许有水渍、散包、破损等异常情况,不应该沾染禽类排泄物和血液等杂物。

5.2.1.3 产品外观检疫:货物不应有潮湿、霉烂、虫蛀现象;不应发现皮蠹、混藏杂草种子等检疫性有害生物。

5.2.1.4 运输工具和装载容器检疫:运输工具和装载容器应无污染、沾染禽类排泄物和血液等杂物,无病媒昆虫等检疫性有害生物。

5.2.1.5 产品中含异物的检疫:羽毛羽绒中不得夹杂携带生活物品或其他生物源性异物。

5.2.2 未水洗羽毛羽绒现场检疫

5.2.2.1 同5.2.1.1。

5.2.2.2 产品包装检疫:产品包装应完好,不允许有水渍、散包、破损等异常情况。

5.2.2.3 产品外观检疫:不应有霉烂、生虫、皮蠹、混藏杂草种子等检疫性有害生物。

5.2.2.4 运输工具和装载容器检疫:同5.2.1.4。

5.2.2.5 产品中含异物的检疫要求同5.2.1.5。

5.3 水洗羽毛羽绒实验室检测

水洗羽毛羽绒实验室检疫内容包括产品的透明度和耗氧量指标。进境水洗羽毛羽绒的透明度和耗氧量指标的技术要求应符合GB/T 17685—2003中5.2的规定。

6 检疫方法和程序

6.1 检疫单证查验方法和程序:审核5.1的资料是否齐全并查验单证的真实性。

6.2 核对货证:逐项核对货证是否相符。

6.3 产品包装检疫:货物到达定点存放注册厂后,打开集装箱或其他装载容器,在光线充足条件下,目测查看有无5.2.1.2、5.2.2.2描述的情况。

6.4 产品外观检疫:从集装箱或其他装载容器的不同部位按第4章的规定抽样相应数量的包装,在羽毛羽绒不易扩散飞扬的环境中打开包装,从包装的上、中、下和深、浅不同部位抓取羽毛羽绒样品,在光线充足条件下查看有无5.2.1.3、5.2.2.3描述的情况。

6.5 运输工具和装载容器检疫:仔细查看运输工具和装载容器有无5.2.1.4描述的情况。

6.6 产品中异物检疫:将手臂伸入包装内部触摸,探查包装内有无夹杂携带其他禁止入境的物品。

6.7 水洗羽毛羽绒实验室检测方法和程序:按照GB/T 10288—2003中5.4、6.5和6.6的规定执行。

7 结果判定和处理

7.1 检疫单证查验结果判定和不合格处理

所提供的进境羽毛羽绒检疫证单满足5.1的要求时,判检疫证单查验项目合格;不满足5.1要求的,判该项目不合格。

7.2 现场检疫结果判定和不合格处理

7.2.1 水洗羽毛羽绒现场检疫结果判定和不合格处理

7.2.1.1 进境水洗羽毛羽绒满足5.2.1要求的,则判定该批羽毛羽绒现场检疫项目合格。

7.2.1.2 进境水洗羽毛羽绒不满足5.2.1任一条款要求的,则判定该批羽毛羽绒现场检疫项目不合格。

7.2.1.3 现场检疫不合格的,在按照SN/T 1253、SN/T 1270或SN/T 1124规定的消毒方法和消毒程序进行除害处理和消毒效果评价合格后,可判该项目合格。

7.2.2 未水洗羽毛羽绒现场检疫结果判定

7.2.2.1 进境未水洗羽毛羽绒满足5.2.2要求的则判定该批羽毛羽绒现场检疫项目合格。

7.2.2.2 进境未水洗羽毛羽绒不满足5.2.2要求的则判定该批羽毛羽绒现场检疫项目不合格。

7.2.2.3 进境未水洗羽毛羽绒现场检疫不合格的处理同7.2.1.3。

7.3 水洗羽毛羽绒实验室检测结果判定

7.3.1 透明度和耗氧量指标均符合GB/T 17685—2003中5.2的要求则判该批水洗羽毛羽绒实验室

检测合格。

7.3.2 透明度和耗氧量中任意一项不符合 GB/T 17685—2003 中 5.2 的要求，则判该批水洗羽毛羽绒实验室检测不合格。

7.4 综合判定

7.4.1 进境未水洗羽毛羽绒检疫单证查验和现场检疫都合格则判该批进口货物全批合格。

7.4.2 进境未水洗羽毛羽绒检疫单证查验和现场检疫任意一项不合格则判该批进口货物全批不合格。

7.4.3 进境水洗羽毛羽绒检疫单证查验、现场检疫和实验室检疫项目都合格则判该批进口货物全批合格。

7.4.4 进境水洗羽毛羽绒检疫单证查验、现场检疫和实验室检疫项目任意一项不合格则判该批进口货物全批不合格。

8 其他

我国法律法规有其他特殊要求的，按照法律法规要求检疫，并结合本标准综合判定。

中华人民共和国出入境检验检疫行业标准

SN/T 2652—2010

进境含脂毛(绒)检疫操作规程

Protocal of quarantine for import greasy wool(fine hair)

2010-11-01 发布　　　　　　2011-05-01 实施

中华人民共和国国家质量监督检验检疫总局　发布

前　言

本标准按照GB/T 1.1—2009给出的规则起草。

本标准由国家认证认可监督管理委员会提出并归口。

本标准起草单位：中华人民共和国河南出入境检验检疫局、中华人民共和国江苏出入境检验检疫局。

本标准主要起草人：郭会清、杜会堂、和长利、郭启祥、禹建鹰、侯玉峰、岳忠贤、王洪波。

进境含脂毛(绒)检疫操作规程

1 范围

本标准规定了进境含脂毛(绒)的检疫抽样、检疫查验内容和要求、检疫查验方法和程序、结果判定规则及处理措施等。

本标准适用于进境含脂毛(绒)的检疫。

2 规范性引用文件

下列文件对于本文件的应用是必不可少的。凡是注日期的引用文件,仅注日期的版本适用于本文件。凡是不注日期的引用文件,其最新版本(包括所有的修改单)适用于本文件。

GB/T 18088 出入境动物检疫采样

SN/T 1124 集装箱熏蒸规程

SN/T 1253 入出境集装箱及其货物消毒规程

SN/T 1270 入出境散装货物消毒规程

SN/T 1700 动物皮毛炭疽 ASCOLI 反应操作规程

3 术语和定义

下列术语和定义适用于本文件。

3.1 含脂毛(绒) greasy wool(fine hair)

未经洗涤、溶剂脱脂、碳化或其他方法处理过的毛(绒)。

4 抽样

进境含脂毛(绒)抽样按照 GB/T 18088 执行。

5 检疫内容和要求

5.1 检疫单证查验

查验以下单据:进境含脂毛(绒)生产、加工、存放企业注册登记证明文件;《进境动植物检疫许可证》的证明文件;输出国家或地区应出具有效官方兽医卫生证书或其他检疫证书。

5.2 进境含脂毛(绒)现场检疫内容和要求

5.2.1 货物名称、数(重)量、产地、包装、唛头标志、集装箱号、封识与所附单证应相符。

5.2.2 产品包装检疫:产品包装应完好,不允许有水渍、散包、破损等异常情况,不应该沾染动物类排泄物和血液等杂物。

5.2.3 产品外观检疫:不应有霉烂、生虫、皮蠹、混藏杂草种子等检疫性有害生物。

5.2.4 运输工具和装载容器检疫:运输工具和装载容器应无污染、沾染排泄物和血液等杂物,无病媒昆虫等检疫性有害生物。

5.2.5 产品中含异物的检疫:进境含脂毛(绒)中不得夹杂携带生活垃圾或其他生物源性异物。

5.3 进境含脂毛(绒)实验室检测内容

进境含脂毛(绒)实验室检测内容包括炭疽检测,杂草种子等植物性有害生物检疫。

6 检疫方法和程序

6.1 检疫单证查验

审核进境含脂毛(绒)生产、加工、存放企业注册登记证明文件;《进境动植物检疫许可证》的证明文件;输出国家或地区应出具有效官方兽医卫生证书或其他检疫证书是否齐全并验证。

6.2 产品包装检疫

货物到国家指定的生产、加工、存放企业后,打开集装箱或其他装载容器,卸货后在光线充足条件下,按 5.2.2 查验。

6.3 产品外观检疫

按 GB/T 18088 进行采样,从包装的上、中、下和深、浅不同部位抓取含脂毛(绒)样品,在光线充足条件下查看有无 5.2.3 描述的情况。

6.4 运输工具和装载容器检疫

仔细查看运输工具和装载容器有无 5.2.4 描述的情况。

6.5 产品中异物检疫

打开外包装,检查货物内有无夹杂携带其他禁止进境的物品。

6.6 进境含脂毛(绒)实验室检测方法

炭疽检测按 SN/T 1700 要求执行。

杂草种子、植物性有害生物,分别情况按生物学特性及其形态特征进行鉴定,有害生物的具体检疫鉴定方法,按照国家标准、行业标准和有关有害生物鉴定资料进行鉴定。有标准规定的,按照有关国家标准、行业标准进行检疫鉴定;无标准规定的,按照生物学特性、形态特征和有关有害生物鉴定资料进行检疫鉴定。

7 结果判定和处理

7.1 检疫单证查验结果判定和不合格处理

所提供的进境含脂毛(绒)检疫证单满足 5.1 的要求时,判检疫证单查验项目合格;不满足 5.1 要求的,判该项目不合格。

7.2 现场检疫结果判定和不合格处理

7.2.1 进境含脂毛(绒)满足 5.2 中全部条款要求的,则判定该批进境含脂毛(绒)现场检疫项目合格。

7.2.2 进境含脂毛(绒)不满足5.2中任一条款要求的,则判定该批进境含脂毛(绒)现场检疫项目不合格。

7.2.3 现场检疫判定和不合格处理:

a) 现场检疫不合格的,按照SN/T 1253、SN/T 1270或SN/T 1124规定的消毒方法和消毒程序进行除害处理和消毒效果评价合格后,可判该项目合格;

b) 发现其他异物的,在确定无害后可判定该项目合格;

c) 除害效果评价仍不合格的,该批货物作退回或销毁处理。

7.3 进境含脂毛(绒)实验室检测结果判定和不合格处理

7.3.1 炭疽检测结果符合SN/T 1700的要求,且害虫检疫、杂草检疫、线虫鉴定结果均合格的,则判该批进境含脂毛(绒)实验室检测合格。

7.3.2 炭疽检测结果不符合SN/T 1700的要求,害虫检疫、杂草检疫、线虫鉴定结果任一项目不合格的,则判该批进境含脂毛(绒)实验室检测不合格。

7.3.3 实验室检测不合格处理:

a) 实验室检测发现炭疽阳性,不符合SN/T 1700的要求,该批货物作销毁处理;

b) 发现害虫、杂草、线虫等,按照相应的除害方法处理;

c) 除害效果评价仍不合格的,该批货物作退回或销毁处理。

7.4 综合判定

7.4.1 进境含脂毛(绒)检疫单证查验、现场检疫和实验室检测都合格则判该批进境货物全批合格。

7.4.2 进境含脂毛(绒)检疫单证查验、现场检疫和实验室检测任意一项目不合格则判该批进境货物全批不合格。

8 其他

我国法律法规有其他特殊要求的,按照法律法规要求检疫,并结合本标准综合判定。

饲料检验检疫标准

（一）动物源性饲料

中华人民共和国出入境检验检疫行业标准

SN/T 0800.20—2002

进出境饲料检疫规程

Rules for the quarantine of importing and exporting feed stuffs

2002-08-02 发布　　2003-01-01 实施

中华人民共和国国家质量监督检验检疫总局 发布

前　言

本标准由国家认证认可监督管理委员会提出并归口。

本标准起草单位:中华人民共和国江苏出入境检验检疫局。

本标准主要起草人:孙亮、张宇、郑光华、杨占臣、冉俊祥。

进出境饲料检疫规程

1 范围

本标准规定了进出境饲料检疫方法及检疫结果的判定。

本标准适用于进出境植物性饲料的检疫。

2 规范性引用文件

下列文件中的条款通过本标准的引用而成为本标准的条款。凡是注日期的引用文件，其随后所有的修改单(不包括勘误的内容)或修订版均不适用于本部分，然而，鼓励根据本部分达成协议的各方研究是否可使用这些文件的最新版本。凡是不注日期的引用文件，其最新版本适用于本标准。

SN/T 0800.1—1999 进出口粮油、饲料检验 抽样和制样方法

3 术语和定义

下列术语和定义适用于本标准。

饲料 feed stuffs

粮食、油料经加工后的副产品(如：麦麸、豆饼、饼粕等)。

4 检疫准备

4.1 对出境饲料的单证，应审核出口合同(或信用证)条款中的检疫要求；对进境饲料的单证，应审核有无输出国或地区的官方机构出具的植物检疫证书，以及其他应有的证书和批准文件。

4.2 了解输出国家或地区的疫情情况；了解饲料产地疫情和装运港口周围疫情；了解输入国家或地区的检疫要求。

4.3 根据进出境饲料种类、包装、运输方式，结合4.1、4.2的情况，明确检疫重点。

5 现场检疫

5.1 检疫工具

规格筛、样品袋、油性记号笔、手持放大镜、指形管、镊子、美工刀及其他现场检疫工具。

5.2 运输工具检疫

检疫人员登轮验舱，逐舱检查，舱内应无活虫、昆虫残体、动植物及其产品残留物、垃圾、杂质等；集装箱、车厢的检疫参照上述方法检疫。

5.3 出境饲料检疫

5.3.1 对照报检单，核实货位、唛头、规格、数量、重量和原产地是否与报检内容相符。

5.3.2 对整批货物进行抽查。检查包装袋、堆垛覆盖物、铺垫物、存放场所四周有无有害生物感染。采取倒袋和过筛的方法，仔细检查货物中有无病粒、菌瘿、昆虫、杂草、禁止进境物等，并带回实验室鉴定。

5.4 进境饲料检疫

整船装载的进境饲料应在锚地或靠泊后卸运前检疫。检疫人员登轮后，向承运人索取配载图、有关证单，询问货物运输及装船后的检疫处理情况，核对货、证是否相符。根据卸货进度分舱、分层进行抽检，每舱不少于三次，检查有无渗漏受潮、霉变结块或其他污染，检查舱角、舱壁、包装物有无活虫。采取过

筛、倒袋等方法，检查货物中有无病粒、菌瘿、昆虫、杂草籽、禁止进境物等，并带回实验室鉴定。车厢或集装箱运输进境饲料的现场检疫，参照上述方法进行检疫。

5.5 过境饲料检疫

检验过境运输工具、包装覆盖物的外表有无破损、撒漏，是否附着土壤、害虫及杂草等有害生物、禁止进境物。

5.6 抽样

5.6.1 抽样工具

单管扦样器、双套管扦样器、抽样铲、机械化自动抽样设备、样品袋、油性记号笔、美工刀等。

5.6.2 抽样方法

5.6.2.1 实施堆垛抽样时，在堆垛四周按正弦曲线从上、中、下层随机确定抽样点。

5.6.2.2 实施船舱内货物抽样时，分舱分层按棋盘式随机抽取。集装箱、车厢装载饲料抽样参照上述方法抽样。

5.6.3 抽样数量

5.6.3.1 堆垛袋装货物抽样：每 500 t 取一份代表样品，不足 500 t 的抽取一份样品，每份样品抽样件数参照表 1。每份样品 1.5 kg 以上。堆垛散装饲料以 50 kg 为一件计算，参照袋装饲料抽样方法进行抽样。

表 1 抽样件数

件 数	吨 位	抽样件数
1 000 件以下	50 t 以下	5～10
1 001～3 000 件	50～150 t	10～15
3 001～5 000 件	150～250 t	15～25
5 001～10 000 件	250～500 t	25～40

5.6.3.2 船舶装载货物抽样：分舱按棋盘式选 30 点～50 点，表层抽样在卸货前进行，卸货期间 1 000 t 取一个样品，每份样品 1.5 kg 以上。

5.6.3.3 集装箱、车厢等方式装载饲料的抽样参照上述方法抽样。

6 实验室检疫

6.1 仪器设备及试剂、药品

6.1.1 昆虫解剖设备，昆虫饲养设备，病原菌分离设备，线虫分离设备，昆虫、病原微生物鉴定设备、玻璃器皿、白搪瓷盘、台秤、天平等。

6.1.2 根据检验项目配置相应的试剂及药剂。

6.2 样品的制备

按照 SN/T 0800.1—1999 缩分样品，缩分出 1 000 g 样品放入广口玻璃瓶中，作为存查样品，瓶上贴上标签，注明报检编号、货物名称、货主、数量、扦样日期和扦样人。其余样品根据需要分别用作病、虫、杂草和禁止进境物的检疫。

6.3 害虫检疫

按饲料种类和害虫的生物学特性，根据检查需要和具体情况，分别采用下列一种或几种方法进行检查和鉴定。

6.3.1 过筛检查

将代表样品（不少于 500 g）倒入规格套筛内，用回旋法过筛，把筛上物和筛下物分别倒入白瓷盘内，检出或挑出其中的害虫，分类并按式(1)计算害虫含量：

$$有害生物含量(头或粒/kg)=\frac{p}{m} \quad \cdots\cdots(1)$$

式中：

p——试样中有害生物的数量，单位为头或粒；

m——试样质量，单位为千克(kg)。

6.3.2 **电热检查**

用电热均匀缓慢加热迫使害虫活动，检查体色与饲料相似且过筛难于分检出来的害虫。

6.3.3 **染色检查**

用不同的化学药品进行染色，根据颜色程度区分或鉴别有无害虫及其种类。

6.3.4 **饲养检查**

将适量样品置于培养箱内饲养，检查是否有幼虫、成虫。此方法主要适用于饲料中卵的检查和潜伏于样品内部虫态的检查。

6.3.5 **螨类检查**

用螨类分离器，或用电热加温的方法检出饲料中的螨类。亦可结合过筛检查，观察筛下物中是否附有螨类。

6.4 **病害检验**

通过直接镜检、洗涤离心、分离培养等方法进行病害检验。

6.5 **杂草籽检验**

将代表样品倒入白瓷盘内，挑出其中的杂草籽，分类并按式(1)计算杂草籽含量。

7 结果评定及处置

7.1 **结果评定**

7.1.1 **评定依据**

7.1.1.1 中国法定的植物检疫要求。

7.1.1.2 输入国家或地区进境植物检疫要求。

7.1.1.3 中国政府与输入国家或地区政府签定的双边检疫协议、议定书、备忘录等。

7.1.1.4 国际或区域性植保植检公约、协定。

7.1.1.5 贸易合同订明的检疫要求。

7.1.2 **合格与不合格的评定**

7.1.2.1 **合格评定**

检疫结果符合7.1.1评定依据规定的，评定为合格。

7.1.2.2 **不合格评定**

检疫结果不符合7.1.1评定依据规定的，评定为不合格。

7.2 **合格、不合格处置**

7.2.1 **检疫合格处置**

对进境、过境、出境检疫合格的饲料，分别出具相应证单放行。

7.2.2 **检疫不合格处置**

7.2.2.1 有有效除害处理方法的，通知并监督货主或代理作熏蒸、消毒、灭菌、限制使用、定点加工等除害处理措施。处理合格后，出具相应证单放行。

7.2.2.2 无有效除害处理方法的，进境饲料作退回或销毁处理，出具相应证书供进口商对外索赔；出境饲料作不准出境处理。

7.3 **样品保存和处理**

合同规定索赔期限的，存查样品保存到合同规定的索赔有效期满为止；合同未规定索赔期限的，样品保存半年。

前　　言

本标准是按照GB/T 1.1—1993《标准化工作导则　第1单元:标准的起草与表述规则　第1部分:标准编写的基本规定》编写的。本标准是对原专业标准ZB B46 002—1987《出口鱼粉中乙氧基喹的测定方法》的修订。

本标准从实施之日起,同时代替ZB B46 002—1987。

本标准由中华人民共和国国家出入境检验检疫局提出并归口。

本标准由中华人民共和国上海出入境检验检疫局负责起草。

本标准主要起草人:沈礼兵。

中华人民共和国出入境检验检疫行业标准

SN/T 0861—2000

代替 ZB B46 002—1987

进出口鱼粉中乙氧三甲喹啉的测定方法

Method for the determination of ethoxyquin in fishmeal for import and export

1 范围

本标准规定了进出口鱼粉中乙氧三甲喹啉含量的荧光光度测定方法。

本标准适用于进出口鱼粉中乙氧三甲喹啉含量的测定。

2 测定方法

2.1 方法提要

样品中乙氧三甲喹啉用甲醇提取，经液液分配净化后，用荧光分光光度计测定其荧光强度，与标准曲线比较定量。

2.2 试剂

所用试剂均为分析纯，水为蒸馏水。

2.2.1 甲醇

2.2.2 石油醚(沸程 30℃～60℃)

2.2.3 硫酸奎宁参比溶液：称取 0.1 g 硫酸奎宁溶于 1 000 mL 0.05 mol/L 的硫酸溶液中。吸取 10 mL 此溶液，用 0.05 mol/L 硫酸溶液稀释至 1 000 mL，此溶液每毫升相当于 1 μg 硫酸奎宁，作校正荧光分光光度计用。

2.2.4 乙氧三甲喹啉标准溶液：精确称取 100 mg 乙氧三甲喹啉于烧杯中，用石油醚溶解后移入 100 mL容量瓶中，并稀释至刻度。此液每毫升相当于 1 mg 乙氧三甲喹啉。使用时，用石油醚配成相当于 0.5，1.0，1.5，2.0 和 2.5 μg/mL 的乙氧三甲喹啉标准系列溶液。

2.3 仪器

荧光分光光度计。

2.4 测定步骤

2.4.1 样品处理

称取 10.0 g 样品于三角烧瓶中，加入 50 mL 甲醇，振荡 15 min，提取液过滤于 250 mL 分液漏斗中，再用 30 mL 甲醇，分二次洗涤三角瓶，滤液合并于分液漏斗中。加入 100 mL 水，摇匀后，加入 50 mL 石油醚，振摇 1 min，静置分层(若发现乳化现象，可加入少量氯化钠，以使乳化层消失)。将下层水溶液移入另一个 250 mL 分液漏斗中，再用石油醚提取二次，每次加入 25 mL，合并提取液。加入 50 mL 水洗涤石油醚层，然后将石油醚层通过无水硫酸钠柱过滤于 100 mL 容量瓶中，加石油醚稀释至刻度，作样品测定液。同时做试剂空白。

2.4.2 测定

将样品测定液、试剂空白液和乙氧三甲喹啉标准系列移入荧光分光光度计的石英杯中。设定狭缝为 9 mm、激发波长 365 nm，于 420 nm～450 nm 波长范围进行荧光扫描。测定前用石油醚调节荧光分光光

中华人民共和国国家出入境检验检疫局 2000-06-22 批准　　2000-11-01 实施

度计的零点，再用硫酸奎宁调节为100。然后进行样品液、试剂空白和标准溶液的测定，绘制标准曲线，样品荧光强度与曲线比较求出含量。

3 结果计算

按下列式(1)计算样品中乙氧三甲喹啉的含量：

$$X = \frac{(c_1 - c_0) \times V \times 1\,000}{m \times 1\,000} \quad \cdots\cdots(1)$$

式中：X——样品中乙氧三甲喹啉的含量，mg/kg；

c_0——试剂空白液中乙氧三甲喹啉浓度，μg/mL；

c_1——样品溶液中乙氧三甲喹啉浓度，μg/mL；

V——样品溶液的定容体积，mL；

m——样品质量，g。

前　　言

本标准是按照GB/T 1.1—1993《标准化工作导则　第1单元：标准的起草与表述规则　第1部分：标准编写的基本规定》的要求编写的。

目前，我国出口生牛皮宠物饲料已形成一定规模，但该类产品的出口检验还没有统一的标准。为了提高检验的准确性，使之规范化、标准化，故制定本标准。本标准在编写中参考了相关标准，确定了抽样、包装标志、感官、质量、强度、微生物及理化检验方法，并对检验结果判定作了规定。

本标准的附录A是标准的附录。

本标准的附录B是提示的附录。

本标准由国家认证认可监督管理委员会提出并归口。

本标准起草单位：中华人民共和国浙江出入境检验检疫局。

本标准主要起草人：汪驰、宋益国。

本标准首次发布。

中华人民共和国出入境检验检疫行业标准

出口宠物饲料检验规程

SN/T 1019—2001

Rules for the inspection of pet foods for export

1 范围

本标准规定了出口宠物饲料的抽样、检验及检验结果的判定。

本标准适用于以生牛皮下脚料为主要原料加工而成的出口宠物饲料的检验。

2 引用标准

下列标准所包含的条文，通过在本标准中引用而构成为本标准的条文。本标准出版时，所示版本均为有效。所有标准都会被修订，使用本标准的各方应探讨使用下列标准最新版本的可能性。

GB/T 5009.11—1996 食品中总砷的测定方法

GB/T 5009.12—1996 食品中铅的测定方法

GB/T 6432—1994 饲料中粗蛋白测定方法

GB/T 6433—1994 饲料粗脂肪测定方法

GB/T 6435—1986 饲料水分的测定方法

GB/T 6438—1992 饲料中粗灰分的测定方法

GB/T 6543—1986 瓦楞纸箱

SN 0169—1992 出口食品中大肠菌群、粪大肠菌群和大肠杆菌检验方法

SN 0170—1992 出口食品沙门氏菌属(包括亚利桑那菌)检验方法

SN 0330—1994 出口食品中微生物学检验通则

3 定义

本标准采用下列定义。

3.1 颗粒皮类宠物饲料

以生牛皮下脚料粉碎皮为主要原料，添加食用色素，加适量粘合剂，经搅料、成型、烘干处理后所得到的宠物饲料。

3.2 全皮类宠物饲料

以生牛皮下脚料全皮为主要原料，经成型、烘干处理后所得到的宠物饲料。

3.3 强度

颗粒皮类宠物饲料所能承受的一定的抗压能力。

3.4 脂肪斑

生牛皮下脚料在洗皮过程中，因脱脂不彻底而造成的表面脂肪块。

3.5 显粒

颗粒皮类宠物饲料，表面皮有较明显的外露颗粒。

3.6 死色

颗粒皮类宠物饲料由于添加了过量的回料，而造成成品色泽不鲜艳，无光泽的现象。

中华人民共和国国家质量监督检验检疫总局 2001-12-30 批准　　2002-06-01 实施

3.7 有害杂质

有毒、有害及其他有碍安全卫生的有形物质，如金属、砂石、昆虫体、人畜毛发。

3.8 一般杂质

不属于 3.7 的各种非本品杂质。

4 抽样

4.1 检验批

以不超过 1 000 件(箱)为一检验批。同一检验批的商品应具有相同的特征，如包装、标记、产地和规格。

4.2 抽样件(箱)数

抽样件(箱)数按式(1)计算。微生物、质量检验的抽样分别按 4.5 和 5.4 进行。

$$\alpha=\sqrt{\frac{N}{2}} \qquad \cdots\cdots(1)$$

式中：α——抽样件(箱)数；

N——全批件(箱)数。

注：α 值取整数，小数部分向前进位为整数。

4.3 抽样条件

4.3.1 抽样场所

应清洁干燥，光线良好。

4.3.2 抽样器具

洁净的不锈钢剪刀、不锈钢手铲、乳胶手套、聚乙烯塑料袋或磨口瓶。

4.4 抽样方法

按检验批在堆垛各部位随机抽取 4.2 规定的应抽样件(箱)数，拆开所抽件(箱)，用不锈钢手铲或戴乳胶手套在每件(箱)内随机抽样不少于 50 g，立即装入塑料袋或磨口瓶内，作为原始样品，密封袋口或瓶口。每批原始样品的总量不少于 2 000 g。

4.5 微生物检验样品的抽样

按 SN 0330 进行。

4.6 标注

在样品上标明商品名称、数量、生产批号及抽样人姓名和抽样日期。

4.7 样品保存

存查样品应放在密封的容器内，样品数量不少于 500 g，保存期为六个月或至索赔有效期满止。样品室必须通风干燥、温度适宜、清洁卫生。

5 检验

按检验批进行包装标志、质量、感官、强度及微生物、理化检验，检验流程图见附录 A(标准的附录)。

5.1 检验场所

环境应清洁，无异味干扰，光线良好，避免强光直射。

5.2 包装标志检验

5.2.1 外包装检验

外包装应坚固、完整、清洁，无污染、破损、潮湿、发霉现象，封口应牢固。如使用纸箱包装，按 GB/T 6543 检验。

5.2.2 内包装检验

内包装应无破损和污染，孔口、封口应密封、牢固。

5.2.3 标志检验

品名、唛头、批号、质量标志应准确、清晰,并与内容物相符。

5.3 检验器具

5.3.1 天平:感量 0.1 g、0.01 g。

5.3.2 磅秤:感量 0.1 kg(最大称量值应在被称物质量的5倍之内)。

5.3.3 白瓷盘:清洁卫生,大小应能均匀铺开样品。

5.3.4 不锈钢锅:清洁卫生,大小应能盛水完全渗入样品。

5.3.5 不锈钢支架:高度 15 mm,支架两端支点间距离 8 cm。

5.3.6 不锈钢尺:0 cm~20 cm、0 cm~50 cm。

5.3.7 游标卡尺:0 cm~125 mm。

5.3.8 剪刀、钢丝钳、砝码。

5.4 质量检验

5.4.1 毛重:按检验批总数的5%抽取,经衡器过重,计算每件平均毛重。

5.4.2 皮重:按检验批总数的1%抽取(不少于10件),经衡器过重,计算每件平均皮重。

5.4.3 净重:根据平均毛重与平均皮重计算出每件平均净重。

5.5 感官检验

5.5.1 外观检验

将待检样品平摊于白色瓷盘内,检查其总体色泽、气味、形状、规格,并做好记录。必要时,可将样品浸入盛水的不锈钢锅内,用剪刀、钢丝钳将样品解剖后检查。

5.5.2 杂质检验

将样品倒入白色搪瓷盘内,拣出所有杂质,将一般杂质与有害杂质分开。有害杂质装入塑料袋内封好,并做好记录。一般杂质用感量为0.01 g的天平称量,所得结果按式(2)计算百分含量:

$$X = \frac{m_1}{m_2} \times 100 \qquad \cdots\cdots(2)$$

式中:X——一般杂质的含量,%;

m_1——一般杂质的质量,g;

m_2——样品的质量,g。

5.6 强度检验

将样品逐支平放,置于两端均有支点的不锈钢支架,在样品中间加挂合同所要求承受质量的砝码,保持5 s,视断裂比例判定是否符合合同要求。

5.7 微生物和理化检验

5.7.1 微生物检验

5.7.1.1 样品处理

颗粒皮类样品在无菌室内粉碎后分取试样;全皮类样品在无菌室内切割成片后分取试样。

5.7.1.2 检验方法

大肠菌群按SN 0169规定执行。沙门氏菌按SN 0170规定执行。

5.7.2 理化检验

5.7.2.1 水分的测定

按GB/T 6435规定执行。

5.7.2.2 粗蛋白的测定

按GB/T 6432规定执行。

5.7.2.3 粗灰分的测定

按GB/T 6438规定执行。

5.7.2.4 粗脂肪的测定

按 GB/T 6433 规定执行。

5.7.2.5 总砷的测定

按 GB/T 5009.11 规定执行。

5.7.2.6 铅的测定

按 GB/T 5009.12 规定执行。

5.8 检验结果的判定

5.8.1 根据检验结果,对照合同、信用证及进口国的要求,综合判定合格与否。

5.8.2 如无指定要求,可参照附录 B(提示的附录)进行判定。

6 不合格的处置

判为不合格的产品,允许在返工整理的基础上复查一次。凡属安全卫生项目不合格的产品,不得复查。

7 检验有效期

检验有效期为三个月。

附 录 A
（标准的附录）
出口宠物饲料检验流程

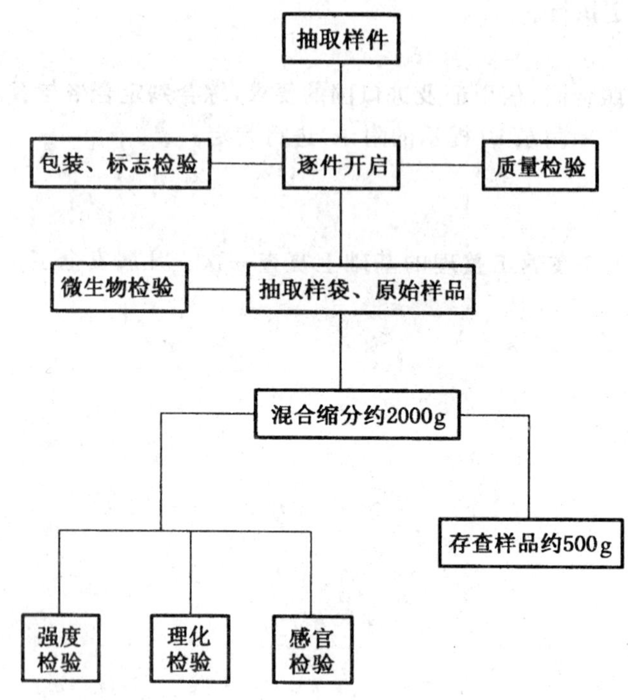

附 录 B
（提示的附录）
品 质 指 标

表 B1 感官指标

项目 \ 指标 \ 类别		颗粒皮类宠物饲料	全皮类宠物饲料
色泽		色泽鲜艳、有光泽、呈色均匀、无灰尘色或死色	表面光洁、透明度较好，无污渍、脂肪斑及杂质
气味		气味正常、无霉味及其他异味	气味正常、无霉味及其他异味
形状		形状规则、无明显弯曲、显粒、端面切口平整	形状规则、符合设计要求
杂质	一般杂质	≤0.1%	≤0.1%
	有害杂质	不得检出	不得检出

表 B2 理化指标

类别 指标 项目	颗粒皮宠物饲料	全皮宠物饲料
水分含量/%	<12	≤15
粗蛋白含量/%	>66	>70
粗灰分含量/%	<4.0	<1.5
粗脂肪含量/%	≤3.0	≤3.0
总砷含量/(mg/kg)	≤10.0	≤10.0
铅含量/(mg/kg)	≤30.0	≤30.0

表 B3 卫生指标

类别 指标 项目	颗粒皮宠物饲料	全皮宠物饲料
大肠菌群/(个/g)	<300	<300
沙门氏菌/(个/g)	不得检出	不得检出

中华人民共和国出入境检验检疫行业标准

SN/T 1119—2002

进口动物源性饲料中牛羊源性成分检测方法 PCR方法

Identification of bovine, sheep and goat derived materials in import animal derived feedstuff —PCR method

2002-05-20 发布　　2002-11-01 实施

中华人民共和国国家质量监督检验检疫总局　发布

前　言

本标准的附录A、附录B为规范性附录。

本标准由国家认证认可监督管理委员会提出并归口。

本标准起草单位:中国进出口商品检验技术研究所、中华人民共和国深圳出入境检验检疫局、中华人民共和国辽宁出入境检验检疫局、中华人民共和国珠海出入境检验检疫局。

本标准主要起草人:徐宝梁、杨宝华、王静、曹际娟、薄清如。

本标准系首次发布的出入境检验检疫行业标准。

引　言

牛海绵状脑病、痒病均可通过食用病畜组织传播，所以含牛羊源性成分的动物源性饲料的使用，一直被认为是牛海绵状脑病、痒病得以传播的主要途径。禁止疫区含牛羊源性成分的动物源性饲料的生产、流通和使用，也就成为防止牛海绵状脑病、痒病感染、流行的主要手段。

根据牛羊遗传物质的特异性，应用PCR方法，可以检测动物源性饲料中牛羊源性成分。本方法的测定低限为0.125％。

进口动物源性饲料中牛羊源性成分检测方法 PCR 方法

1 范围

本标准规定了进口动物源性饲料中牛羊源性成分检测的抽样、制样、PCR 方法、限制性内切酶酶切反应方法。

本标准适用于动物源性饲料中牛羊源性成分的定性检测。

2 术语、定义和缩略语

下列术语、定义和缩略语适用于本标准。

2.1

动物源性饲料 animal derived feedstuff

含有动物成分的饲料。

2.2

牛源性成分 bovine derived material

牛特异性 DNA 片段。

2.3

羊源性成分 sheep and goat derived material

羊特异性 DNA 片段。

2.4

聚合酶链式反应 polymerase chain reaction

聚合酶链式反应,简称 PCR。使用两段(20 个～24 个核苷酸)寡核苷酸作为反应的引物,这两段寡核苷酸引物的序列应不发生互补作用。但它们可和称为模板的待测 DNA 两条链上在一定的位点分别发生互补。反应液由包括含有镁离子的反应缓冲液、4 种单核苷酸(dNTP)、模板 DNA 及引物。在 DNA 聚合酶催化下,通过温度的变化(DNA 变性、退火及延伸)而合成两个互补位点之间的 DNA 片断。这样的反应反复进行,使第一个循环产生的 DNA 片断得以扩增。经 25 个～30 个循环,扩增倍数达 10^6。

2.5 **缩略语**

PCR:polymerase chain reaction,简称 PCR。

DNA:deoxyribonucleic acid,脱氧核糖核酸。

dNTP:deoxyribonucleoside triphosphate,脱氧核苷酸三磷酸。

dATP:deoxyadenosine triphosphate,脱氧腺苷三磷酸。

dCTP:deoxycytidine triphosphate,脱氧胞苷三磷酸。

dGTP:deoxyguanosine triphosphate,脱氧鸟苷三磷酸。

dTTP:deoxythymidine triphosphate,脱氧胸苷三磷酸。

dUTP:deoxyuridine triphosphate,脱氧尿苷三磷酸。

UDG:uracil DNA glycosylase,尿嘧啶 DNA-糖基酶。

bp:base pair,碱基对。

BSA：bovine serum albumin，牛血清白蛋白。

EDTA：ethylene diaminetetraacetic acid，乙二胺四乙酸。

Taq：*Thermus aquaticu*，水生栖热菌。

Tris：tris (hydroxymethyl) aminomethane，三(羟甲基)氨基甲烷。

TE：Tris-Cl、EDTA 缓冲液。

GuSCN：guanidinium isothiocyanate，异硫氰酸胍。

Triton X-100：t-octylphenoxypolyethoxyethanol，辛基苯氧基聚乙氧乙醇。

3 抽样和制样

3.1 检验批

以不超过 200 t 为一检验批，简称批。

同一检验批的商品应具有相同的特征，如包装、标记、产地、规格、等级。

3.2 抽样数量

3.2.1 袋装饲料

按式(1)计算抽样袋数：

$$a = \sqrt{N} \qquad \cdots\cdots(1)$$

式中：

N——全批袋数；

a——抽样袋数。

注：a 值取整数，小数部分向前进位为整数。

3.2.2 散装饲料

根据散装单位的大小和类型，一般可从上、中、下三层的中心及四角五点抽样；或分层随机采样，取样点不少于 15 处。

3.3 抽样工具

3.3.1 金属单管抽样器：全长 65 cm～75 cm，槽口长 50 cm～55 cm，口宽 1 cm～1.8 cm，头尖形，最大外径约 2.5 cm，或其他等效抽样器。

3.3.2 取样铲。

3.3.3 分样器。

3.3.4 样品袋：可密封。

3.4 抽样方法

3.4.1 袋装饲料

将扦槽向下，从每袋一角依斜对角方向插入袋内，然后将扦槽旋转向上，抽出扦样器。每袋取样量不少于 500 g。

每批所抽取的样品总量不少于 4 kg。

3.4.2 散装饲料

分层定点采样，每点取样量不少于 500 g。

每批所抽取的样品总量不少于 4 kg。

3.4.3 实验室样品制备

合并所取样品，充分混匀，用分样器或按四分法缩样，至样品重约 1 000 g。装入清洁容器内，加封后，标明标记，及时送交实验室。

3.5 试样制备

从所取实验室样品中取出有代表性样品约 500 g，经粉碎机粉碎，过 20 目筛，混匀，均分成三份。分别装入清洁容器内，加封后，标明标记。

3.6 **试样保存**

试样于4℃下避光保存。

4 测定方法

4.1 **方法提要**

利用裂解液破碎细胞，二氯甲烷抽提蛋白质，异丙醇沉淀得到DNA；以提取的DNA为模板进行PCR扩增，琼脂糖凝胶电泳检测PCR扩增产物；应用限制性内切酶酶切反应进行确证。

4.2 **试剂和材料**

除另有规定外，试剂为分析纯或生化试剂，水为灭菌双蒸水。

4.2.1 **引物**

4.2.1.1 牛源性成分检测用引物(对)序列为：

5'-GCCATATACTCTCCTTGGTGACA-3'

5'-GTAGGCTTGGGAATAGTACGA-3'

4.2.1.2 羊源性成分检测用引物(对)序列为：

5'-TATTAGGCCTCCCCCTTGTT-3'

5'-CCCTGCTCATAAGGGAATAGCC-3'

4.2.2 Taq DNA聚合酶。

4.2.3 限制性内切酶：*Dpn* Ⅱ、*sau*3*A* Ⅰ。

4.2.4 dNTP：dATP、dTTP、dCTP、dGTP。

4.2.5 琼脂糖：电泳纯。

4.2.6 溴化乙锭。

4.2.7 三氯甲烷。

4.2.8 异丙醇。

4.2.9 70%乙醇。

4.2.10 分子量标记：50 bp～300 bp。

4.2.11 裂解液：5 mol/L GuSCN，0.05 mol/L Tris-盐酸(pH6.4)，0.02 mol/L EDTA(pH8.0)，1.3% Triton X-100。

4.2.12 TE缓冲液：10 mmol/L Tris-盐酸(pH8.0)，1 mmol/L EDTA(pH8.0)。

4.2.13 10×PCR缓冲液：100 mmol/L氯化钾，160 mmol/L硫酸铵，20 mmol/L硫酸镁，200 mmol/L Tris-盐酸(pH8.8)，1% Triton X-100，1 mg/mlBSA。

4.2.14 电泳缓冲液：Tris 54 g，硼酸27.5 g，0.5 mol/L EDTA(pH8.0)20 mL，加蒸馏水至1 000 mL；使用时10倍稀释。

4.2.15 加样缓冲液：0.25%溴酚蓝，40%蔗糖。

4.2.16 酶切缓冲液：10 mmol/L Tris-HCl(pH7.5)，10 mmol/L氯化镁，50 mmol/L氯化钠，0.1 mg/mL BSA。

4.3 **仪器和设备**

4.3.1 粉碎机。

4.3.2 离心机。

4.3.3 DNA热循环仪。

4.3.4 电泳仪。

4.3.5 pH计。

4.3.6 移液器：10 μL、20 μL、100 μL、1 000 μL。

4.3.7 紫外检测仪。

4.3.8 恒温水浴锅。

4.4 步骤

4.4.1 模板 DNA 提取

称取 50 mg 试料于 1.5 mL 离心管中，加入 200 μL TE，混匀；加入 400 μL 裂解液，加 400 μL 三氯甲烷，混匀；10 000 r/min 离心 5 min，取上清液；加 0.8 倍体积异丙醇，沉淀；10 000 r/min 离心 5 min，弃上清液；70％乙醇洗涤一次，晾干；加入 50 μL TE，溶解沉淀。

也可用等效 DNA 提取试剂盒提取模板 DNA。

4.4.2 PCR 扩增

反应体系体积为 50 μL：10×PCR 缓冲液 5 μL、dNTP(5 mmol/L)1 μL、引物对(各 5 μmol/L) 2 μL、Taq DNA 聚合酶(5 U/μL)0.5 μL、模板 DNA(0.1 μg～1.0 μg)10 μL、水 31.5 μL。反应条件：94℃预变性 1 min～3 min。94℃变性 30 s～60 s，56℃～58℃退火 30 s～60 s，72℃延伸 30 s～60 s，30 个循环。72℃延伸 5 min。4℃保存。

检测过程中分别设阳性对照、阴性对照和空白对照。用牛源性饲料或羊源性饲料作阳性对照，用非牛源性饲料或非羊源性饲料作阴性对照，空白对照除不加模板外，测定步骤相同。

4.4.3 PCR 扩增产物电泳检测

取 1.5 g 琼脂糖，于 100 mL 电泳缓冲液中加热，充分溶化，加入溴化乙锭至终浓度为 1 μg/mL，制胶。在电泳槽中加入电泳缓冲液，使液面刚刚没过凝胶。将 5 μL～8 μL PCR 扩增产物分别和适量加样缓冲液混合，点样。9 V/cm 恒压，电泳 10 min～20 min。紫外检测仪下观察电泳结果并记录。

4.4.4 确证试验

4.4.4.1 限制性内切酶酶切反应

PCR 扩增产物电泳检测结果阳性，进行限制性内切酶酶切反应。

Dpn Ⅱ 反应体系(50 μL)：*Dpn* Ⅱ 酶(5 U/μL)2 μL，酶切缓冲液 5 μL，PCR 扩增产物20 μL，水 23 μL。*Sau*3 *A* Ⅰ 反应体系(50 μL)：*Sau*3 *A* Ⅰ 酶(10 U/μL)1 μL，酶切缓冲液 5 μL，PCR 扩增产物 20 μL，水 24 μL。充分混匀反应液，37℃温浴 1 h，65℃水浴 5 min 终止酶切反应。取 2 g～3 g 琼脂糖，其余同 4.4.3，进行限制性内切酶酶切产物电泳检测。

4.4.4.2 PCR 扩增产物测序

必要时，进行 PCR 扩增产物测序，具体步骤见附录 A。

5 结果及判断

5.1 PCR 扩增产物电泳检测结果

牛源性成分的 PCR 扩增产物为 271 bp，羊源性成分的 PCR 扩增产物为 294 bp。

5.2 限制性内切酶酶切产物电泳检测结果

牛源性成分的 PCR 扩增产物 *Dpn* Ⅱ 限制性酶切产物为 57 bp、214 bp。羊源性成分的 PCR 扩增产物 *Sau*3 *A* Ⅰ 限制性酶切产物，绵羊为 91 bp、203 bp，山羊为 92 bp、202 bp。

5.3 结果表述

PCR 扩增产物电泳检测结果阴性，未检出牛或羊源性成分。

PCR 扩增产物电泳检测结果阳性，限制性内切酶酶切产物片段大小正确，检出牛或羊源性成分。

6 废弃物处理和防止污染的措施

检测过程中的废弃物，收集后在焚烧炉中焚烧处理。

检测过程中防止交叉污染的措施见附录 B。

附　录　A
（规范性附录）
确证试验—PCR 扩增产物测序

A.1　试剂和仪器

A.1.1　PCR 扩增产物纯化试剂盒。

A.1.2　DNA 测序试剂。

A.1.3　95%乙醇。

A.1.4　甲酰胺。

A.1.5　DNA 序列分析仪。

A.2　步骤

A.2.1　PCR 扩增产物的纯化

按 PCR 扩增产物纯化试剂盒要求纯化，或直接测序扩增。

A.2.2　测序扩增反应

反应体系（20 μL）：8 μL DNA 测序试剂，200 ng～500 ng PCR 纯化产物，3.2 pmol 引物，水补足至 20 μL；PCR 扩增程序：96℃ 10 s，50℃ 5 s，60℃ 4 min，25 个循环，扩增产物 4℃保存。

A.2.3　测序扩增产物的纯化

扩增管中加入 16 μL 水、64 μL 95%乙醇，稍混匀，室温放置 15 min，12 000 r/min 离心 20 min，去上清，加入 250 μL 70%乙醇，短暂混匀，12 000 r/min 离心 10 min，去上清，室温干燥。

A.2.4　测序

纯化产物管中加入 170 μL 甲酰胺溶液，95℃，5 min，迅速转移至冰上，2 min。分装样品于测序仪的加样槽中，自动测序。

A.3　PCR 扩增产物测序结果

A.3.1　牛源性成分的 PCR 扩增产物序列

gtaggcttgggaatagtacgataagggctacgagagggagacctaaaattacaggggtaataaaagaggtaaataaattttcgttcattttg
tttctcaaggggtgttttgttttaatatttttgttggtgtcagttctggattgtgataaaggttgtgttttgaaacttttagttgaaagatgataa
aaagggtcaagaatattgataagatcattgtcagtcatgttgacgtgtctagttgcggcatgtcaccaaggagagtatatggc

A.3.2　羊源性成分的 PCR 扩增产物序列

A.3.2.1　绵羊

ccctgctcataagggaatagccatgcctaggtttattgatagttgtgtagttggtgtaaatgagtggggtaggaggcctagtaggtttgtagat
ccaataaataaaattagggacattagtattaatagctcatgtctgtcctttggtgttatgaatgctcattatttgttttgatactaattgaagtattc
actgttggagggagatgaggcaggttgttgactagtcggcttgatgtgggaaataataggctagggaataaaacaatgagggtaacaaggg
ggaggcctaata

A.3.2.2　山羊

ccctgctcataagggaatagcccatgcctagatttattgatagttgtgtagttggtgtaaatgagtggggtagaaggcctaataggtttgtaga
tccaataaataggattagggacattaatattaatgttcatgtttgtcctttggtgttatgaatacttattatttgttttgatatgagttgaagtgccc
attgttggagagagacgaggcggttgttaattagtcggtttgatgagggaaatagtaagctaggaaataaaataataagggtaacaagggg
gaggcctaata

附 录 B
（规范性附录）
检测过程中防止交叉污染的措施

B.1 抽样和制样过程

抽样和制样工具，必须清洗干净，121℃、15 min～20 min 高压，一套清洁工具限于一个样品使用。存放样品的容器应该经过清洗、高压，或为一次性灭菌容器。

B.2 检测过程

B.2.1 PCR 实验室应分为样品制备区、前 PCR 区、PCR 区、后 PCR 区。将模板提取、PCR 反应液配制、PCR 循环扩增及 PCR 产物的鉴定等步骤分区或分室进行。实验室的运作应从“净区”到“脏区”单方向进行。

B.2.2 实验过程中，必须穿实验服和戴手套，手套要经常更换。各区要有专用实验服，经常清洗。

B.2.3 各区所有的试剂、器材（尤其是移液器）、仪器都应专用，不得带出该区。

B.2.4 所有溶液、水、耗材和器具要 121℃、15 min～20 min 高压，避免核酸和（或）核酸酶污染。每种溶液必须使用高质量的成分和新蒸馏的双蒸水。在 20℃～25℃贮存的试剂中，可加入 0.025％的叠氮钠。所有试剂应该以大体积配制，然后分装成仅够一次使用的量进行贮存。

B.2.5 装有 DNA 模板或引物的离心管打开之前，要简短离心，离心管不能用力崩开，以免产生气溶胶。

B.2.6 前 PCR 区中，最好能在 PCR 操作箱中加入 PCR 反应各组分。

B.2.7 实验前后，实验室用紫外线消毒以破坏残留的 DNA。

B.2.8 可使用 UDG 和 dUTP 系统控制污染。

B.2.9 应遵循 PCR 操作的其他要求。

参 考 文 献

[1] Tartaglia,M. ,Saulle,E. ,et al. (1998). Detection of Bovine Mitochondrial DNA in Ruminant Feeds:A Molecular Approach to Test for the Presence of Bovine-Drived Materials. Journal of Food Protection,61:513-518.

[2] Wang,R. G. ,Myers,M. J. ,et al. (2000). A Rapid Method for PCR Detection of Bovine Meterials in Animal Feedstuffs. Molecular and Probes,14:1-5.

[3] C. W. 迪芬巴赫,G. S. 德维克斯勒(著). 黄培堂,俞炜源等(译). PCR 技术实验指南. 科学出版社,1998,1～40.

中华人民共和国出入境检验检疫行业标准

SN/T 1353—2004

进口鱼粉检验检疫操作规程

Protocol of inspection and quarantine for import fishmeal

2004-06-01 发布　　　　2004-12-01 实施

中华人民共和国国家质量监督检验检疫总局　发布

前　言

本标准的附录 A、附录 B、附录 C、附录 D 为规范性附录。

本标准由国家认证认可监督管理委员会提出并归口。

本标准起草单位:中华人民共和国上海出入境检验检疫局。

本标准主要起草人:黄建康、张卫东、褚庆华、顾鸣、杜希豪。

本标准系首次发布的出入境检验检疫行业标准。

进口鱼粉检验检疫操作规程

1 范围

本标准规定了进口鱼粉现场检验检疫、检验检疫样品抽取和制备的方法、实验室检验检疫及检验检疫结果的评定。

本标准适用于进口鱼粉的检验检疫。

2 规范性引用文件

下列文件中的条款通过本标准的引用而成为本标准的条款。凡是注日期的引用文件，其随后所有的修改单(不包括勘误的内容)或修订版均不适用于本标准，然而，鼓励根据本标准达成协议的各方研究是否可使用这些文件的最新版本。凡是不注日期的引用文件，其最新版本适用于本标准。

GB/T 5009.45 水产品卫生标准的分析方法

GB/T 6432 饲料粗蛋白测定方法

GB/T 6433 饲料粗脂肪测定方法

GB/T 6435 饲料水分的测定方法

GB/T 6438 饲料粗灰分测定方法

GB/T 6439 饲料中水溶性氯化物测定方法

GB/T 9825 油料饼粕盐酸不溶性灰分测定方法

GB/T 18088 出入境动物检疫采样

SN/T 0800.1 进出口粮油、饲料检验抽样和制样方法

SN/T 1119—2002 进口动物源性饲料中牛羊源性成分检测方法 PCR 方法

ZBB 46002 出口鱼粉中乙氧基喹的测定检验方法

3 现场检验检疫

3.1 审单

审核进口鱼粉的进境动植物检疫许可证、输出国或地区官方检疫证书、合同及其有关单证。

3.2 现场检验检疫

3.2.1 向承运人了解有关船舶上一港卸货情况、沿途停靠港口、清仓、消毒方法等，并做好详细记录。

3.2.2 核对货物品种、数量、产地、唛头与报检单、进境动植物检疫许可证和检疫证书的各项内容是否相符。对集装箱装运的应核对箱号、铅封号。

3.2.3 现场感观检查鱼粉是否有霉变、结块、自燃或混杂动物尸体、动植物危险性有害生物。

4 抽样

4.1 定义

按照 GB/T 18088 定义规定。

4.2 要求

按照 GB/T 18088 要求规定。

4.3 抽样工具

使用经清洁、干燥、灭菌的铁制镀镍或不锈钢制成的抽样扦子(有槽口)和一次性使用的抽样袋。

4.4 抽样比例

4.4.1 袋装鱼粉品质检验样品抽样按每 50 kg 计为一袋，100 t 以下任取 50 袋；100 t 以上，按一批货物总袋数的百分之一抽取，每袋抽样 15 g，每 500 t 抽取一份原始样品(不足 500 t 按 500 t 计算)。

4.4.2 袋装鱼粉检疫样品抽样按每 50 kg 计为一袋，100 t 以下任取 40 袋；100 t 以上，按一批货物总袋数的百分之一抽取。每袋抽样 15 g，20 袋采集的份样合为一个样品，样重约 300 g(不足 500 t 按 500 t计算)。

4.4.3 散装鱼粉检验检疫样品抽样待鱼粉灌包进仓后按 4.4.1 和 4.4.2 操作。

4.5 抽样方法

4.5.1 按 4.4 抽取样品份数。在每堆垛四周，上、中、下各部位以曲线型走向，随机抽取样品。

4.5.2 将扦样口朝下，自鱼粉袋包角斜角方向插入袋内，然后旋转朝上(180℃)抽出，装入抽样袋。

5 制样

5.1 工具

使用经清洁、干燥、灭菌的铝或不锈钢制成的分样铲(薄铁板或不锈钢板分样板两块)。

5.2 方法

5.2.1 四分法：按 SN/T 0800.1 规定执行。

5.2.2 检疫样品按每 100 t 制成一份实验室样品；检验样品按每 3 000 t 制成一份实验室样品。

5.3 标识

样品标签应写明报检号、品名、数量(重量)、检验项目、送样日期、送样单位等有关内容。

5.4 留样

样品应密封保存阴凉干燥处。

6 实验室检验检疫

6.1 检验

6.1.1 制样

将 5.2.2 实验室检验样品置于清洁的白色搪瓷盘中，用分样板充分混匀后摊平，以四分法逐步缩分至 250 g，装入盛样玻璃瓶内。

6.1.2 标识

检验样品的盛样玻璃瓶上须加贴标签，标签上应有报检号、样品名称、检验项目、开检日期、检毕日期等记录。

6.1.3 检验方法

6.1.3.1 蛋白质

按照 GB/T 6432 进行测定。

6.1.3.2 脂肪

按照 GB/T 6433 进行测定。

6.1.3.3 盐分

按照 GB/T 6439 进行测定。

6.1.3.4 灰分

按照 GB/T 6438 进行测定。

6.1.3.5 砂分(盐酸不溶性灰分)

按照 GB/T 9825 进行测定。

6.1.3.6 挥发性盐基氮

按照 GB/T 5009.45 进行测定。

6.1.3.7 乙氧基喹

按照 ZBB 46002 进行测定。

6.1.3.8 水分

按照 GB/T 6435 进行测定。

6.2 检疫

6.2.1 沙门氏菌的检验方法见附录 A。

6.2.2 细菌总数的测定方法见附录 B。

6.2.3 霉菌检验方法见附录 C。

6.2.4 致病性弧菌检验方法见附录 D。

6.2.5 进口动物源性中牛羊源性成分检测方法按照 SN/T 1119—2002 进行测定。

7 检验检疫结果评定及处置

7.1 检验结果符合合同规定的、检疫未发现危险性有害生物的，评定为合格，出具《入境货物检验检疫证明》。

7.2 凡检验中某项(几项)结果不符合合同要求的，评定为不合格，出具《索赔证书》。

7.3 检疫项目中有不符合卫生标准或发现动植物危险性有害生物(如沙门氏菌、谷斑皮蠹等)的，评定为不合格。出具《检验检疫处理通知书》实施检疫处理，并出具《植物检疫证书》或《兽医卫生证书》。

7.4 对来自卫生检疫疫区的货物，出具《检验检疫处理通知书》实施卫生处理，并签发《熏蒸/消毒证书》。

附　录　A
（规范性附录）
沙门氏菌检验方法

A.1　预增菌培养

取检疫样品 25 g，加入装有 225 mL 缓冲蛋白胨水的 500 mL 广口瓶内（块粒状用均质器，以 8 000 r/min～10 000 r/min 打碎 1 min）。在 36℃±1℃培养 16 h～20 h。

A.2　选择性增菌培养

取预增菌培养物 10 mL，接种于装有 100 mL 四硫磺酸钠煌绿（TTB）增菌液的培养瓶中，另取预增菌培养物 10 mL，接种于装有 100 mL 亚硒酸盐胱氨酸（SC）增菌液培养瓶中，四硫磺酸钠培养瓶在 43℃培养 24 h。亚硒酸盐胱氨酸培养瓶在 36℃±1℃培养 24 h。

A.3　快速筛选

选择市售的"快速检测沙门氏菌的试剂盒"或相关微生物检验仪器配套用试剂或类同的快速筛选沙门氏菌的商品化试剂，按有关商品使用说明，对 TTB 和 SC 选择性增菌培养物进行处理、检测和反应结果的阴阳性判断。对阴性结果可以报告"未检出沙门氏菌"；阳性结果必须进行分离培养和鉴定。

A.4　分离培养

A.4.1　取第 A.3 章结果为阳性的 TTB 或 SC 选择性增菌培养物一接种环，分别划线接种酚红煌绿（BS）琼脂平皿和 DHL 琼脂平皿，各接种两个平皿，将平皿底部向上在 36℃±1℃培养。必要时可取第 A.2 章选择性增菌培养物重复分离培养一次。

A.4.2　分离培养 20 h～24 h 后，检查平皿中是否出现沙门氏菌典型菌落，生长在酚红煌绿琼脂上的沙门氏菌典型菌落，使培养基颜色由粉红变红，菌落为红色透明；生长在 DHL 培养基上的沙门氏菌典型菌落，为黄褐色透明，中心为黑色，或为黄褐色透明的小型菌落。

A.4.3　如生长微弱，或无典型沙门氏菌落出现时，可在 36℃±1℃重新培养 18 h～24 h。再检验平皿是否有典型沙门氏菌菌落。

A.4.4　辨认沙门氏菌菌落，在很大程度上依靠经验，他们外表各有不同，不仅是种与种之间，每批培养基之间也有不同，此时，可用沙门氏菌多价因子血清，先与菌落作凝集反应，以帮助辨别可疑菌落。

A.4.5　从每种分离平皿培养基上，挑取五个被认为可疑菌落，如一个平皿上典型或可疑菌落少于五个时，可将全部典型或可疑菌落供进行鉴定。

A.5　生化鉴定

A.5.1　将从 A.4.5 培养基上挑选的典型菌落，接种在三糖铁、尿素琼脂、赖氨酸脱羧反应培养基上，进行生化反应观察；或者应用微生物鉴定仪器（例：AMS、ATB 等）进行沙门氏菌生化鉴定。

A.5.1.1　三糖铁培养基：在琼脂斜面上划线和穿刺，在 36℃±1℃培养 24 h。培养基变化见表 A.1。

典型沙门氏菌培养基，斜面显红色，底端显黄色，有气体产生，有 90%形成硫化氢，琼脂变黑。当分离到乳糖阳性沙门氏菌时,三糖铁斜面是黄色的,因而证实沙门氏菌,不应仅仅限于三糖铁培养的结果。

表 A.1 三糖铁培养基变化表

培养基部位	培养基变化	
琼脂斜面	黄色	乳糖和蔗糖阳性
	红色或不变色	乳糖和蔗糖阴性
琼脂深面	底端黄色	葡萄糖阳性
	红色或不变色	葡萄糖阴性
	穿刺黑色	形成硫化氢
	气泡或裂缝	葡萄糖产气

A.5.1.2 尿素琼脂培养基:在琼脂表面划线,在 36℃±1℃培养 24 h,应不时检查,如反应是阳性,尿素极快的释放氨,它使酚红的颜色变成玫瑰红色—桃红色,以后再变成深粉红色,反应常在 2 h～24 h 之间出现。通常,沙门氏菌反应为阴性。

A.5.1.3 赖氨酸脱羧反应培养基:将培养物刚好接种在液体表面之下,在 36℃±1℃培养 24 h,生长后产生紫色,表明是阳性反应。约 95%的沙门氏菌反应为阳性。

A.6 抗原反应

A.6.1 以纯培养菌落,用沙门氏菌因子血清 O、Vi 或 H 型,用平板凝集法,检查其抗原的存在。在仔细擦净的玻璃板上,放 1 滴盐水,使部分被检菌落分散于盐水中,均匀混合后,轻轻摇动 30 s～60 s,对着黑的背影观察,如果细菌已凝集成或多或少的清晰单位,此菌株被认为能自凝,不宜提供作抗原鉴定。

A.6.2 O 抗原检查:用认为无自凝力的纯菌落,按 A.6.1 方法,用 1 滴 O 型血清代替盐水,如发生凝集,判为阳性。

A.6.3 Vi 抗原检查:用认为无自凝力的纯菌落,按 A.6.1 方法,用 1 滴 Vi 型血清代替盐水,如发生凝集,判为阳性。

A.6.4 H 抗原检查:用认为无自凝力的纯菌落接种在半固体营养琼脂中,在 36℃±1℃培养 18 h～20 h,用这种培养物作为检查 H 抗原用,按照 A.6.1 方法,用 1 滴 H 血清代替盐水,如发生凝集,判为阳性。

A.7 生化和血清反应结果判定

只有以上生化反应(包括仪器鉴定)均典型,同时 O、Vi 或 H 抗原血清反应阳性,才可判定“检出沙门氏菌”。

A.8 检验报告

综合以上生化试验、血清鉴定结果,报告检验样品是否含有沙门氏菌。卫生标准为“不得检出/25 g”。

A.9 检验程序

沙门氏菌检验程序见图 A.1。

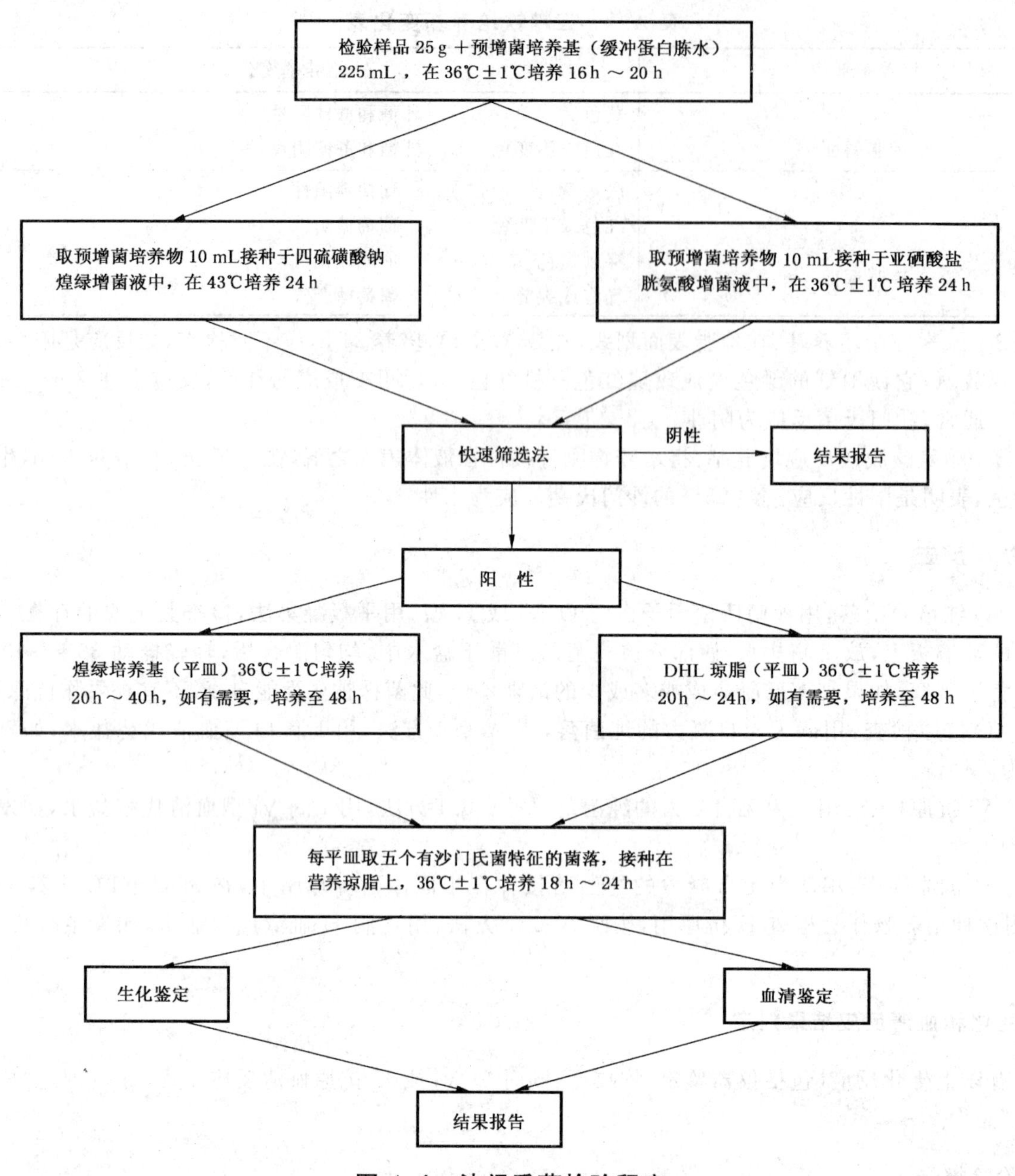

图 A.1 沙门氏菌检验程序

附 录 B
（规范性附录）
细菌总数检验方法

B.1 操作步骤

B.1.1 试样稀释及培养

B.1.1.1 无菌称取试样 10.0 g，放入含有 90 mL 稀释液的灭菌三角烧瓶（瓶内预先加有适当数量的玻璃珠）。经充分振摇，制成 1∶10 的均匀稀释液。最好置振荡器中以 8 000 r/min～10 000 r/min 的速度处理 2 min～3 min。

B.1.1.2 用 1 mL 灭菌吸管吸取 1∶10 稀释液 1 mL，沿管壁慢慢注入含有 9 mL 稀释液的试管内（注意吸管尖端不要触及管内稀释液），振摇试管，混合均匀，作成 1∶100 的稀释液。

B.1.1.3 另取一支 1 mL 灭菌吸管，按上述操作顺序，作 10 倍递增稀释，如此每递增稀释一次，即更换一支吸管。

B.1.1.4 根据鱼粉卫生标准要求或对试样污染程度的估计，选择 2 个～3 个适宜稀释度，分别在作 10 倍递增稀释的同时，即以吸取该稀释度的吸管移 1 mL 稀释液于灭菌平皿内，每个稀释度作两个平皿。

B.1.1.5 稀释液移入平皿后，应及时将凉至 46℃±1℃的平板计数用培养基（可放置 46℃±1℃水浴锅内保温）注入平皿约 15 mL，小心转动平皿使试样与培养基充分混匀。从稀释试样到倾注培养基之间，时间不能超过 15 min。如估计到试样中所含微生物可能在琼脂平板表面生长时，待琼脂完全凝固后，可在培养基表面倾注凉至 46℃±1℃的水琼脂培养基 4 mL。

B.1.1.6 待琼脂凝固后，倒置平皿于 30℃±1℃恒温箱内培养 72 h±3 h 取出，计数平板内菌落数目，菌落数乘以稀释倍数，即得每克试样所含细菌总数。

B.1.2 菌落计数方法

作平板菌落计数时，可用肉眼观察，必要时借助于放大镜检查，以防遗漏。在计数出各平板菌落数后，求出同一稀释度两个平板菌落的平均数。

B.1.3 菌落计数的报告

选取菌落数在 30～300 之间的平板作为菌落计数标准。每一稀释度采用两个平板菌落的平均数，如两个平板其中一个有较大片状菌落生长时，则不宜采用，而应以无片状菌落生长的平板作为该稀释度的菌落数，如片状菌落不到平板的一半，而另一半菌落分布又很均匀，即可计算半个平板后乘 2 以代表全平板菌落数。

B.1.4 稀释度的选择

B.1.4.1 应选择平均菌落数在 30～300 之间的稀释度，乘以稀释倍数报告之。

B.1.4.2 如有两个稀释度，其生长的菌落数均在 30～300 之间，视两者之比如何来决定，如其比值小于 2，应报告其平均数；如大于 2，则报告其中较小的数字。

B.1.4.3 如所有稀释度的平均菌落数均大于 300，则应按稀释度最高的平均菌落数乘以稀释倍数报告之。

B.1.4.4 如所有稀释度的平均菌落数均小于 30，则应按稀释度最低的平均菌落数乘以稀释倍数报告之。

B.1.4.5 如所有稀释度均无菌落生长，则以小于（<）1 乘以最低稀释倍数报告之。

B.1.4.6 如所有稀释度的平均菌落数均不在 30～300 之间，其中一部分大于 300 或小于 30 时，则以最接近 30 或 300 的平均菌落数乘以稀释倍数报告之。

B.2 结果报告

菌落在100以内时，按其实有数报告；大于100时，采用两位有效数字，在两位有效数字后面的数值，以四舍五入方法计算。为了缩短数字后面的零数，用10的指数来表示。卫生标准为"$<2\times10^6$ 个/g"。

B.3 检验程序

细菌总数的检验程序见图B.1。

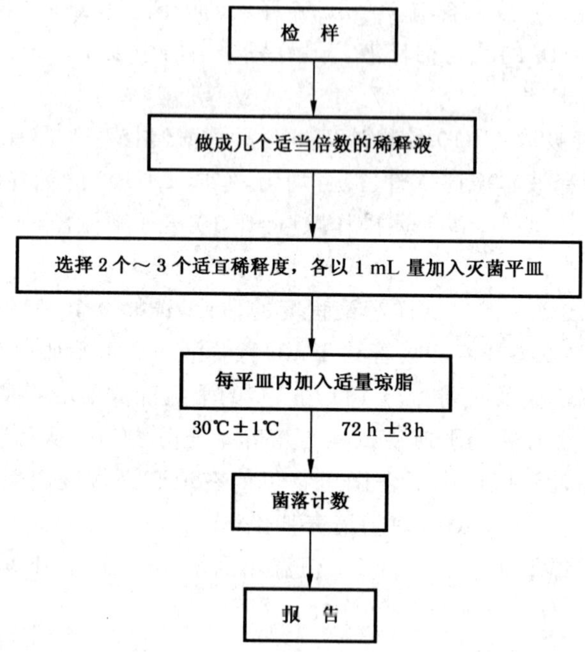

图B.1 细菌总数检验程序

附　录　C
（规范性附录）
霉菌计数检验方法

C.1　操作步骤

C.1.1　以无菌操作秤取样品 25 g(或 25 mL)，放入含有 225 mL 灭菌稀释液的玻塞三角瓶中，置振荡器上，振荡 30 min，即为 1∶10 的稀释液。

C.1.2　用灭菌吸管吸取 1∶10 稀释液 10 mL，注入带玻璃珠的试管中，置微型混合器上混合 3 min，或注入试管中，另用带橡皮乳头的 1 mL 灭菌吸管反复吸吹 50 次，使霉菌孢子分散开。

C.1.3　取 1 mL 1∶10 稀释液，注入含有 9 mL 灭菌稀释液试管中，另换一支吸管吹吸五次，此液为 1∶100稀释液。

C.1.4　按上述操作顺序作 10 倍递增稀释液，每稀释一次，换用一支 1 mL 灭菌吸管，根据鱼粉卫生标准和对样品污染情况的估计，选择三个合适稀释度，分别在作 10 倍稀释的同时，吸取 1 mL 稀释液于灭菌平皿中，每个稀释度作两个平皿，然后将凉至 45℃左右的高盐察氏培养基注入平皿中，充分混合，待琼脂凝固后，倒置于(25℃～28℃)±1℃温箱中，培养 3 d 后开始观察，应培养观察 5 d。

C.2　计算方法

通常选择菌落数在 30～100 个之间的平皿进行计数，同稀释度的两个平皿的菌落平均数乘以稀释倍数，即为每克(或每毫升)检样中所含霉菌数。

C.3　报告

每克鱼粉中含霉菌数以个/g 表示。卫生标准为“＜20 000 个/g”。

C.4　霉菌检验程序

霉菌检验程序见图 C.1。

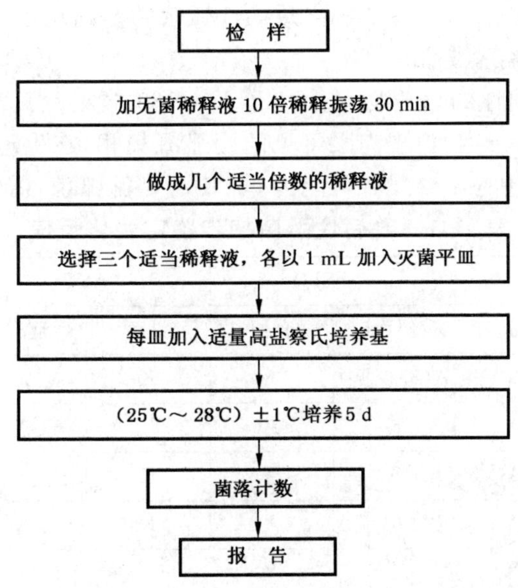

图 C.1　霉菌检验程序

附　录　D
（规范性附录）
致病性弧菌的检测方法

D.1　检验步骤

D.1.1　增菌

称取检样 25 g，加入装有 225 mL 碱性蛋白胨水增菌液（APW）的广口瓶内。固体样品应以均质器 8 000 r/min 打碎，或以剪刀充分剪碎。置 37℃培养 8 h～16 h 后，取此培养液 10 mL 加入 10 mL 双料碱性蛋白胨水（APW）中，置 37℃培养 6 h～8 h。

D.1.2　分离

以 3 mm～5 mm 接种环取上述增菌液的表面生长物一环划线接种 TCBS 琼脂平皿两个，置 37℃培养 20 h～24 h。在 TCBS 琼脂上，弧菌菌落为黄色或绿色菌落，光滑，稍平。

D.1.3　确定弧菌属

D.1.3.1　用接种环挑取 TCBS 琼脂平板上可疑菌落数个，进行革兰氏染色和镜检。弧菌应该为 G 阴性直或弯曲杆菌，有动力。

D.1.3.2　用接种环挑取可疑菌落数个，于无菌白色滤纸或无菌玻片上，滴加氧化酶试剂进行氧化酶反应。弧菌应该为氧化酶反应阳性。

D.1.3.3　以接种环取氧化酶反应阳性的培养物于 D-甘露糖溶液中，弧菌应该为 D-甘露糖发酵反应阳性。

D.1.3.4　以接种环取 D-甘露糖反应阳性的培养物，接种 O/129 试验用培养基，其上加贴 150 μg O/129纸片，置 37℃培养 18 h～24 h。弧菌对 O/129 抑菌试验敏感。

D.1.4　鉴定致病性弧菌

D.1.4.1　用接种环挑取上述弧菌属定性生化反应阳性的培养物，接种三糖铁琼脂（TSI）、双糖铁琼脂（KIA）、精氨酸葡萄糖斜面琼脂（AGS）、T_1N_0 肉汤和 T_1N_3 肉汤，穿刺底层并划线斜面。

D.1.4.2　上述培养物置 37℃培养 18 h～24 h。致病性弧菌的鉴别见表 D.1。同时使用微生物鉴定仪（AMS、ATB 仪）等类似设备进行鉴定。

D.1.4.3　挑取上述生化反应阳性的培养物，与 O1 群及 O139 群霍乱弧菌诊断血清做玻片凝集试验。如培养物在诊断血清中很快（10 s 内）出现肉眼可见的明显凝集相，在生理盐水中不凝集者判为霍乱弧菌阳性。诊断血清和生理盐水中均不凝集者可能为非 O1 群霍乱弧菌，需做进一步霍乱弧菌生化鉴定。

表 D.1　致病性弧菌初步鉴定生化反应

	KIA		TSI		AGS		T_1N_0	T_1N_3
	斜面	底层	斜面	底层	斜面	底层		
霍乱弧菌	K	A	A（K 少见）	A	K	a	+	+
副溶血性弧菌	K	A	K	A	K	A	−	+
溶藻性弧菌	K	A	A	A	K	A	−	+
创伤性弧菌	K 或 A	A	K（A 少见）	A	K	A	−	+

K—碱性；A—酸性；a—微酸性。

注：弧菌属细菌在 TSI、KIA、AGS 中不产硫化氢（H_2S），也不产气。

D.2 报告结果

应在综观检验过程反应和生化试验(包括微生物鉴定仪器试验)、血清学反应的基础上,报告致病性弧菌的检出与否。卫生标准为:"不得检出"。对可能的O1群、O139群霍乱弧菌和非O1群霍乱弧菌的检出,必须在24 h内呈报国家基准实验室做进一步确证,并向国家有关管理部门报告。

D.3 检验程序

致病性弧菌检验程序见图D.1。

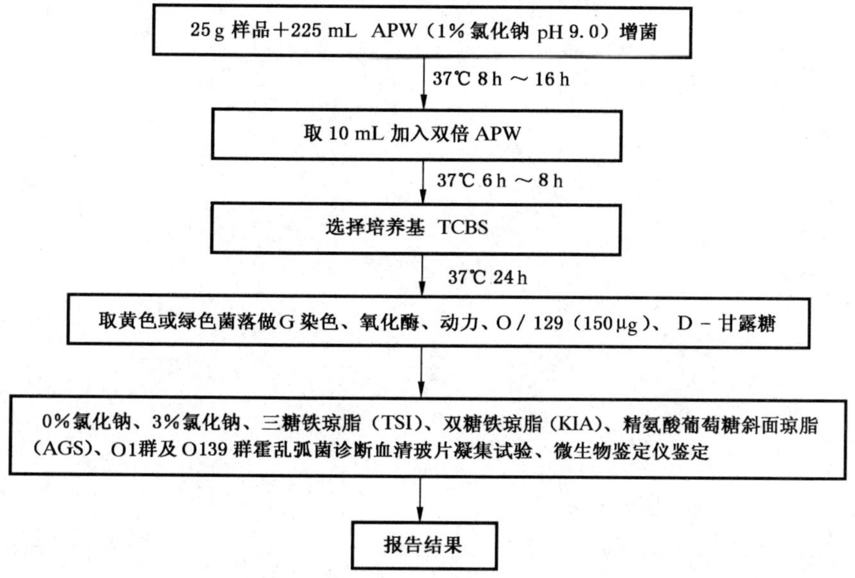

图 D.1 致病性弧菌检验程序

中华人民共和国出入境检验检疫行业标准

SN/T 2429—2010

输日饲草热处理动物检疫操作规程

Protocol of animal quarantine for steaming treatment of straw and forage to Japan

2010-01-10 发布　　　　2010-07-16 实施

中华人民共和国国家质量监督检验检疫总局 发布

前　言

本标准的附录 A、附录 B 为规范性附录，附录 C 为资料性附录。

本标准由国家认证认可监督管理委员会提出并归口。

本标准起草单位：中华人民共和国辽宁出入境检验检疫局。

本标准主要起草人：刘杰、肖妍君、苏永生、简中友、孙延峰、陈阳。

本标准系首次发布的出入境检验检疫行业标准。

输日饲草热处理动物检疫操作规程

1 范围

本标准规定了向日本出口热处理饲草动物检疫操作方法和程序。

本标准适用于向日本出口热处理饲草动物检疫及监督管理。

2 规范性引用文件

下列文件中的条款通过本标准的引用而成为本标准的条款。凡是注日期的引用文件，其随后所有的修改单(不包括勘误的内容)或修订版均不适用于本标准，然而，鼓励根据本标准达成协议的各方研究是否可使用这些文件的最新版本。凡是不注日期的引用文件，其最新版本适用于本标准。

中华人民共和国向日本出口饲用秸秆和草料的动物卫生要求

3 术语和定义

下列术语和定义适用于本标准。

3.1

热处理 steaming treatment

采用在热处理罐内，用饱和热蒸汽使饲草的中心温度达到 80 ℃以上，至少 10 min 的方式，为杀灭某些动物传染病病原而采取的措施。

3.2

饲草 straw and forage

供动物食用的秸秆和草料，如：稻草、麦秸、谷草、羊草、燕麦等。

4 基本要求

用于处理向日本出口饲草的热处理设施应经过日本农林水产省的认可，其基本条件见附录 A。

5 设施与仪器设备

5.1 蒸汽锅炉

可持续产生饱和热蒸汽。

5.2 热处理罐

具有保温功能、两侧开门的密闭罐，其最大承受压 0.2 MPa，最大真空度－0.1 MPa。

5.3 自动温度记录仪

有 7 个～12 个感温探头，感温探头置于特制的不锈钢针中，测温范围 0 ℃～150 ℃，精度±0.5 ℃，可连续记录每个温度监测点的温度变化，每隔 5 min 打印一次温度值。每个感温探头使用前应经过校正(见附录 B)。

6 环境要求

6.1 饲草的生产、加工和储存地区应在半径 50 km 范围内至少 3 年没有发生口蹄疫。

6.2 厂区内不得饲养除看门犬以外的其他动物。

6.3 厂区内清洁卫生，周围没有其他污染源。

7 方法

7.1 感温探头位置的测定

7.1.1 依据饲草的种类、数量、规格确定饲草的码放方式。草捆应码放在金属框架内，各草捆之间、装罐后草捆与罐壁间应间隔 3 cm 以上。

7.1.2 根据热处理罐内蒸汽的走向，选取上端及下端、前端及后端和中部 12 个位置插入感温探头。感温探头应置于单个草捆的中心位置。

7.1.3 将草捆装入热处理罐进行第一次热处理最难升温点测试：

a) 将草捆装入热处理罐，关闭罐门；

b) 减压至－0.094 MPa；

c) 注入饱合水蒸气，使罐内温度保持在 100 ℃以上，时间 10 min 以上；

d) 重复 b)和 c)的步骤；

e) 确认热处理罐内草捆中心温度 80 ℃以上，时间 10 min 以上；

f) 减压时间维持 15 min。

7.1.4 第一次最难升温点的测试结束后，根据自动温度记录仪打印的记录，从 12 个感温探头中确定 2 个最难升温点，即温度上升最慢的 2 个点。

7.1.5 将第一次热处理的饲草保持原样退出热处理罐，待草捆凉透后，保留已确定的 2 个最难升温点，改变其他探头位置按照 7.1.3 的步骤进行第二次蒸热处理测试。

7.1.6 根据两次感温探头温度上升情况综合判断，确定该品种草捆内部 6 个最难升温点感温探头的插扦位置。热处理时在草捆外部放置 1 个感温探头，以测定罐内蒸汽温度变化。

7.2 热处理程序

7.2.1 按照 7.1.1 的要求进行草捆码放。

7.2.2 感温探头的放置应：

a) 确认饲草的种类、数量、规格和码放方式；

b) 根据已确定的 6 个感温探头的测温位置插入感温探头，且探头牢固不松动。

7.2.3 热处理步骤按 7.1.3 进行。

7.2.4 草捆出罐后，进入成品库待检区待检。

7.2.5 现场检验检疫人员检查确认温度、时间达到要求后，热处理的饲草方可进入成品库。进入成品库的饲草要摆放整齐，并配有标明饲草种类、规格、数量及热处理日期的标示牌。

8 装载热处理后饲草的集装箱消毒

8.1 选用国家相关部门认可的有效杀灭口蹄疫病毒的消毒药，按照药品说明书配制使用浓度。

8.2 装箱前由经检验检疫机构认可的专业消毒公司对集装箱内部进行彻底清扫，并用专用喷洒器械对集装箱的五个内面和箱门内面进行喷洒消毒，要求喷洒均匀，不得有遗漏的地方。

8.3 消毒结束后，立即关闭集装箱门，加施检验检疫专用封识，并运至工厂装箱。

9 监督管理要点

9.1 饲草由原料、热处理、成品到装箱应为单向流程。

9.2 现场检验检疫人员应定期对成品库的清消情况和密闭性能进行监督检查并做好记录。

9.3 现场检验检疫人员到现场核查集装箱号和 CIQ 铅封号，同时检查集装箱封识是否完整，内部是否清洁，集装箱是否消毒。未经现场检验检疫人员确认的，不得装箱。

10 出证

对经现场检验检疫人员检查确认，符合《中华人民共和国向日本出口饲用秸秆和草料的动物卫生要求》的要求，给予出具《兽医卫生证书》，证书评语参见附录 C。

附 录 A
（规范性附录）
向日本出口饲草的热处理设施基本条件

A.1 原料库和成品库应完全隔离，与两者相连的热处理罐设有两个隔离门，其中一个门朝向原料库，另一个门朝向成品库，两扇门在任何时候不能同时开启。

A.2 为防止再次污染，原料库、成品库要分别安排不同作业人员，并设有独立的出入口、更衣室、厕所等设施，不同区域的作业人员要穿着不同颜色的统一工作服。

A.3 从原料库到成品库，加工流程应单项进行。

A.4 设施地面、墙壁及天花板应光滑、易清扫，地板采用防浸透材料，且具有适当的坡度和排水设施，以便实施消毒处理。

附　录　B
（规范性附录）
感温探头的校正

在恒温油浴槽中先放入一标准温度计。当油温升至80 ℃时，将12个感温探头同时放置恒温油浴槽中，每隔5 min打印温度值，观察温度变化15 min，如探头所显示的温度变化始终在79.5 ℃～80.5 ℃之间，即为合格探头。

附 录 C
（资料性附录）
证书评语

I certify that the ××× described above meet the following requirements：

Ⅰ. The ××× is originally derived from the People's Republic of China.

Ⅱ. The raw material of the ××× above originated from the regulated animal disease-free zone.

Ⅲ. The ××× was produced，processed and stored in ××× province.

Ⅳ. The ××× is clean and not be tainted or contaminated by excretion，secretion and others derived from cloven-hoofed animals.

Ⅴ. On ××. ××，××××，the ××× was treated with the action of steam for at least 10 minutes and at a minimum temperature of 80 ℃ in an air-tight chamber.

Ⅵ. The ××× after being have been subjected to the action of steam，was stored and conducted in such a way as to keep it from being contaminated with any causative agents of animal infectious diseases and not contacted with raw material until shipment to Japan.

Ⅶ. The ××× may be used for feeding animals.

中华人民共和国出入境检验检疫行业标准

SN/T 2743—2010

进境动物源性饲料检验检疫监管规程

Inspection and quarantine protocol for import feeding stuffs of animal origin

2010-11-01 发布　　2011-05-01 实施

中华人民共和国国家质量监督检验检疫总局　发布

前　言

本标准按照 GB/T 1.1—2009 给出的规则起草。

本标准由国家认证认可监督管理委员会提出并归口。

本标准由中华人民共和国宁夏出入境检验检疫局、中国检验检疫科学研究院、中国兽医药品监察所和中华人民共和国吉林出入境检验检疫局起草。

本标准主要起草人:郝俊虎、闫永利、贾广乐、李俊平、孟日增、苏建振、刘文丽、马昕、李萍、孙普兵、孙敏、陈林。

进境动物源性饲料检验检疫监管规程

1 范围

本标准规定了进境动物源性饲料检验检疫监管的程序和要求。

本标准适用于进境动物源性饲料的检验检疫监管工作。

2 规范性引用文件

下列文件对于本文件的应用是必不可少的。凡是注日期的引用文件，仅注日期的版本适用于本文件。凡是不注日期的引用文件，其最新版本(包括所有的修改单)适用于本文件。

GB 10648 饲料标签

GB/T 14699.1 饲料采样

GB/T 18088 出入境动物检疫采样

3 术语和定义

下列术语和定义适用于本文件。

3.1

动物源性饲料 feeding stuffs of animal origin

用以下8类动物性原料做成的饲料：

——肉粉(畜和禽)、肉骨粉(畜和禽)；

——鱼粉、鱼油、鱼膏、虾粉、鱿鱼肝粉、鱿鱼粉、乌贼膏、乌贼粉、鱼精粉、干贝精粉；

——血粉、血浆粉、血球粉、血细胞粉、血清粉、发酵血粉；

——动物下脚料粉、羽毛粉、水解羽毛粉、水解毛发蛋白粉、皮革蛋白粉、蹄粉、角粉、鸡杂粉、肠粘膜蛋白粉、明胶；

——乳清粉、乳粉、巧克力乳粉、蛋粉；

——蚕蛹、蛆、卤虫卵；

——骨粉、骨灰、骨炭、骨制磷酸氢钙、虾壳粉、蛋壳粉、骨胶；

——动物油渣、动物脂肪、饲料级混合油。

4 报检单证审核

4.1 审核《中华人民共和国进境动植物检疫许可证》(以下简称《进境动植物检疫许可证》)是否为正本，并在有效期内。

4.2 审验是否具有输出国家或地区官方出具的准许输出证明和检疫证书，以及证书中进境动物源性实验材料的品种、数量、输出国家和地区、运输路线、实验室检测项目、标准及结果是否符合《进境动植物检疫许可证》的要求。

4.3 查验贸易合同/协议、信用证、发票、提运单等单据是否齐全，并与《进境动植物检疫许可证》内容相符。

5 准备工作

5.1 准备现场检疫的工具、消毒器械、消毒药品。
5.2 准备相关现场检疫记录。
5.3 准备必要的人员防护用具。

6 现场查验

6.1 核对货证:核对单证与货物的名称、数(质)量、生产日期、集装箱号码、输出国家或者地区、生产企业名称或者注册登记号等是否相符。
6.2 标签检查:标签是否符合 GB 10648。
6.3 感官检查:检查货物的包装、封识、保存状况是否完好,是否超过保质期,有无腐败变质,有无携带有害生物,有无土壤、动物尸体、动物排泄物等禁止进境物。
6.4 现场检查结束后应填写现场检疫记录。

7 防疫消毒

现场检查结束后,进境单位应在口岸检验检疫机构的监督下对进境动物源性饲料的运输工具及装载容器进行防疫消毒处理。

8 检疫调离

8.1 现场检疫合格的,进境口岸检验检疫机构予以签发《入境货物通关单》。
8.2 根据《进境动植物检疫许可证》的要求,需要进行实验室检验的,调往指定的实验室进行检验。

9 采样送检

9.1 采样:按 GB/T 18088 和 GB/T 14699.1 进行采样。
9.2 送检:样品应标识清楚,依据《进境动植物检疫许可证》检测项目的要求及时送达实验室进行检测。

10 检疫处理

10.1 无输出国家或地区官方检疫机构出具的准许输出证明和检疫证书,进境口岸检验检疫机构可以根据具体情况,作退回或销毁处理。
10.2 未办理检疫审批手续的,或无有效《进境动植物检疫许可证》的,作退回或销毁处理。
10.3 经现场检查和实验室检验不合格的,应在检验检疫机构的监督下,作退回或者销毁处理。

11 检疫放行

11.1 经检疫合格的,出具《入境货物检验检疫证明》(格式 5-1),由《进境动植物检疫许可证》指定的单位进行保存和使用。
11.2 经检疫不合格的,出具《兽医卫生证书》(格式 9-3),供对外索赔。

11.3 需做检疫处理的，出具《检验检疫处理通知单》(格式 4-2)。

12 检疫监督

12.1 检验检疫机构对进境动物源性饲料的存放、使用实施监督管理，定期或不定期派员了解动物源性饲料的存放、使用情况，查阅有关记录。

12.2 输入的动物源性饲料应单独存放，由专人负责管理，并采取有效措施。

12.3 使用单位应做好动物源性饲料使用记录，记录应包括使用时间、使用单位、使用数量、使用地点、使用人。

12.4 进口企业应建立经营档案并接受检验检疫机构的核查。档案应记录动物源性饲料的报检号、品名、数(质)量、包装、输出国家或地区、国外出口商、境外生产企业名称及其注册登记号、《入境货物检验检疫证明》、进境流向等信息，档案至少保留 2 年。

12.5 一旦国外发生饲料安全事故，涉及已经进口的动物源性饲料时，进口企业应负责召回，并在检验检疫机构的监督下做退回、销毁或无害化处理。

13 资料归档

进境动物源性饲料所有资料由国家质量监督检验检疫总局和所在地检验检疫机构按照有关规定归档。

（二）饲料添加剂检疫

中华人民共和国出入境检验检疫行业标准

SN/T 2746—2010

进出境饲料添加剂检验检疫监管规程

Inspection and quarantine protocol for import and export feed additives

2010-11-01 发布　　　　2011-05-01 实施

中华人民共和国国家质量监督检验检疫总局　发布

前　言

本标准按照 GB/T 1.1—2009 给出的规则起草。

本标准由国家认证认可监督管理委员会提出并归口。

本标准起草单位：中华人民共和国宁波出入境检验检疫局、中华人民共和国陕西出入境检验检疫局、中华人民共和国河南出入境检验检疫局、中华人民共和国浙江出入境检验检疫局、中华人民共和国湖南出入境检验检疫局。

本标准主要起草人：梁启平、陈俊、章胜乔、张超、李剑、叶道成。

进出境饲料添加剂检验检疫监管规程

1 范围

本标准规定了进出境饲料添加剂(药物饲料添加剂除外)检验检疫监管的内容和措施。

本标准适用于进境、出境及过境饲料添加剂、添加剂预混合饲料。

2 规范性引用文件

下列文件对于本文件的应用是必不可少的。凡是注日期的引用文件,仅注日期的版本适用于本文件。凡是不注日期的引用文件,其最新版本(包括所有的修改单)适用于本文件。

GB 10648 饲料标签

GB/T 14699.1 饲料采样

GB/T 18088 进出境动物检疫采样

农业转基因生物标识管理办法(中华人民共和国农业部令第10号)

饲料添加剂品种目录(中华人民共和国农业部公告第658号)

3 术语和定义

下列术语和定义适用于本文件。

3.1

饲料添加剂 feed additive

为满足特殊需要而在饲料加工、制作、使用过程中添加的少量或者微量物质,包括营养性饲料添加剂和非营养性饲料添加剂。

本标准涉及的饲料添加剂包括《饲料添加剂品种目录》内的、经新饲料添加剂评审并公告的及办理过进口饲料添加剂登记的饲料添加剂。

3.2

添加剂预混合饲料 additive premix

由两种(类)或两种(类)以上饲料添加剂加载体或稀释剂按一定比例配制的均匀混合物,是复合预混合饲料、微量元素预混合饲料、维生素预混合饲料的统称。

4 报检单证审核

4.1 进境饲料添加剂要确认是否来自允许进口的国家或地区。根据产品的不同还应重点审核进境动植物检疫许可证、输出国或地区官方机构出具的证书、农业行政主管部门颁发的有效期内的《进口饲料和饲料添加剂产品登记证》。

4.2 出境饲料添加剂要核实出口生产企业是否获得检验检疫部门注册登记资格。重点审核《注册登记证》(复印件)、出厂合格证明等单证。

4.3 核对贸易合同、信用证、提单、发票等单证是否齐全、真实有效。

5 准备工作

5.1 查阅报检产品的相关检验检疫要求。

5.2 准备现场检验检疫的工具、消毒器械、消毒药品。

5.3 准备现场检验检疫记录。

6 现场检验检疫

6.1 核对货物品名、唛头、规格、数量、质量等货证信息，进境饲料添加剂要核对集装箱箱号、铅封号、产地、生产企业注册登记信息，出境饲料添加剂要核对用途、生产批次、出口生产企业名称或注册登记号等信息。

6.2 查验货物是否与有毒有害物品或其他污染物品混装，运输工具是否干燥、清洁、无异味、无传染性病虫害。

6.3 查验货物有无异味、霉变，有无虫体、动物尸体、动物排泄物、有害生物等污染，有无夹带杂草籽、土壤。

6.4 查验包装或容器是否密封完好，出境饲料添加剂的包装容器还要检查其编号是否与包装性能结果单相符。

6.5 查验标签是否符合要求。进境饲料添加剂的标签要符合 GB 10648 规定，含农业转基因生物成分的其标签要同时符合《农业转基因生物标识管理办法》要求；出境饲料添加剂的标签是否符合输入国国家的相关要求。

6.6 进境饲料添加剂现场查验合格并抽取样品送实验室检测的，存放到检验检疫机构指定的待检存放场所等待结果。存放处要求阴凉干燥，严禁与有毒有害物品或其他有污染的物品混合贮存。

6.7 进境饲料添加剂带有木质包装、滋生植物害虫、混藏杂草种子或土壤的，同时实施植物检疫。

6.8 含农业转基因生物成分以及输出国家或地区未被列入我国允许进口的国家或地区名单的过境饲料添加剂，过境转移前查验国家质量监督检验检疫总局的批准件。

6.9 过境饲料添加剂查验其运输工具、包装覆盖物的外表有无破损、撒漏，是否附带土壤、害虫及杂草等有害生物、禁止进境物。

7 防疫消毒

进境来自疫区的装运饲料添加剂的运输工具，应当视情况在进境口岸检验检疫机构的监督下实施防疫消毒处理。货物卸离运输工具后，应及时对运输工具的有关部位及装载货物的容器、包装外表、铺垫材料、污染场地等进行消毒处理。

8 检疫调离

需提供《进境动植物检疫许可证》的进境饲料添加剂现场检查合格并需调离的，进境口岸检验检疫机构签发《入境货物通关单》，根据《进境动植物检疫许可证》要求，调往指定检验检疫机构进行检验检疫。

9 采样送检

9.1 采样：按 GB/T 18088 和 GB/T 14699.1 执行。采样后应向货主出具《抽/采样凭证》。

9.2 送检：按照我国法律法规、国家强制性标准和国家质量监督检验检疫总局规定的检验检疫要求送实验室进行检验。

10 检验检疫处理

10.1 进境饲料添加剂

10.1.1 应依法办理检疫审批手续而未办理的，或应提供输出国家或地区官方检疫证书而不能提供的，作退回或销毁处理。

10.1.2 利用农业转基因生物生产或含有农业转基因生物成分，但没有国务院农业行政主管部门颁发的农业转基因生物安全证书和相关批准文件的，或者与证书、批准文件不符的，作退回或销毁处理。

10.1.3 经现场查验和实验室检验不合格的，应在检验检疫机构监督下，根据不同情况作相应处理。

10.2 出境饲料添加剂

10.2.1 检验检疫不合格经有效方法处理并重新检验检疫合格的，可以放行；无有效方法处理或虽经处理重新检验检疫仍不合格的，不予放行。

10.2.2 出境货物经换证查验发现货证不符的，不予放行。

10.3 过境饲料添加剂

10.3.1 未取得国家质量监督检验检疫总局相应批准件的，不得过境转移。

10.3.2 发现附带有土壤、害虫及杂草等有害生物、禁止进境物，无法进行有效的检疫除害处理的，不得过境转移。

11 检验检疫放行

11.1 经检验检疫合格的，进境的出具《入境货物检验检疫证明》，出境的出具《出境货物通关单》或《出境货物换证凭单》，并依据对外约定的要求签发兽医卫生、数量、质量、品质等相关检验检疫证书。

11.2 经检验检疫不合格的，进境的出具《兽医卫生证书》或《检验证书》，出境的出具《出境货物不合格通知单》。

11.3 需做检疫处理的，出具《检验检疫处理通知书》。

11.4 过境饲料添加剂查验合格的，加施封识后放行，并通知出境口岸检验检疫机构，由出境口岸检验检疫机构监督出境。

12 检验检疫监督

12.1 检验检疫机构对进境饲料添加剂的存放、使用实施监督管理，定期或不定期派员了解饲料添加剂的存放、使用情况，查阅相关记录。

12.2 饲料进出口企业应当建立经营档案，记录相关信息并保存。记录保存期限不得少于2年。

12.3 对检出疫病、有毒有害物质超标或者其他安全卫生质量等问题的饲料添加剂，实施加严检验检疫监管措施。

13 归档

各类报检单据及资料、检验检疫原始记录，相关各类证书/证单底稿及留底副本以及监督管理资料等，按有关规定存档。

其他检疫物标准

（一）疫苗、血清和诊断液

中华人民共和国出入境检验检疫行业标准

SN/T 2435—2010

出入境动物检疫诊断试剂盒质量评价规程

Protocol of quality assessment on the diagnostic kits used in entry-exit animal quarantine

2010-01-10 发布　　2010-07-16 实施

中华人民共和国国家质量监督检验检疫总局　发布

前言

本标准的附录A为资料性附录。

本标准由国家认证认可监督管理委员会提出并归口。

本标准负责起草单位:中国检验检疫科学研究院。

本标准参加起草单位:中华人民共和国上海出入境检验检疫局、中华人民共和国天津出入境检验检疫局、中华人民共和国江苏出入境检验检疫局、中华人民共和国广东出入境检验检疫局、中华人民共和国湖南出入境检验检疫局、中华人民共和国北京出入境检验检疫局、中华人民共和国山西出入境检验检疫局、中华人民共和国珠海出入境检验检疫局、中华人民共和国山东出入境检验检疫局、中华人民共和国内蒙古出入境检验检疫局、中华人民共和国深圳出入境检验检疫局、中华人民共和国浙江出入境检验检疫局。

本标准主要起草人:林祥梅、刘建、李树清、董志珍、贾广乐、陈国强、吴绍强、林志雄、朱忠武、李焱鑫、廉慧锋、薄清如、梁成珠、赵林立、范万红、何永强、王伊琴。

本标准系首次发布的出入境检验检疫行业标准。

出入境动物检疫诊断试剂盒
质量评价规程

1 范围

本标准规定了出入境动物检疫诊断试剂盒的质量评价程序。

本标准适用于对动物疫病进行抗原/抗体检测时选用的诊断试剂盒的质量评价。

2 规范性引用文件

下列文件中的条款通过本标准的引用而成为本标准的条款。凡是注日期的引用文件,其随后所有的修改单(不包括勘误的内容)或修订版均不适用于本标准,然而,鼓励根据本标准达成协议的各方研究是否可使用这些文件的最新版本。凡是不注日期的引用文件,其最新版本适用于本标准。

陆生动物诊断试验和疫苗手册(OIE)

水生动物诊断试验和疫苗手册(OIE)

3 术语和定义

下列术语和定义适用于本标准。

3.1

诊断试剂盒 diagnostic kit

用于诊断某种或某几种动物疫病的所需全部或主要试剂的总称,其中包括多种化学或生物制品,如抗体、抗原、酶结合物、稀释缓冲液等,本标准特指免疫学检测方法所用的商品化诊断试剂盒。

3.2

参考方法 reference test

动物和动物产品国际贸易中由国际权威组织推荐的可用于确定动物卫生状况最适的试验方法。本标准中主要指OIE《陆生动物诊断试验和疫苗手册》或《水生动物诊断试验和疫苗手册》中列明的指定试验或替代试验。

3.3

敏感性 sensitivity

以已知发病动物样品的阳性检出率来表示。对于未知样品,通过与公认的参考方法检测结果的比较确定其敏感性,同时要确定试剂盒的最低检出量。

3.4

特异性 specificity

用已知健康动物样品的阴性检出率来表示。对于未知样品,通过与公认的参考方法检测结果的比较确定其特异性。

3.5

重复性 repeatability

以变异系数表示。变异系数,又被称为离散系数,也被称为标准差系数,是一组数据的标准差与其相应的均值的比值。采用试剂盒对已知的阴性、弱阳性、强阳性样品进行反复测定,计算测定结果的变异系数,确定试验的重复性。

4 样品确认

样品为已知的阴性、阳性样品，样品数量不少于80个，其中已知阳性样品和阴性样品都至少20个以上。

5 试剂盒评价程序

5.1 总则

应在最佳条件下进行比较试验，即在同一实验室采用统一的技术方法、仪器设备，由同一批检测人员严格按照各试剂盒操作要求进行评价。

对于未知样品，在利用被评估试剂盒进行检测的同时，应采用参考方法对同批样品进行检测。对于已知样品，可用被评估试剂盒直接进行检测。

5.2 试剂盒包装及性状检验

检查试剂盒外包装是否完整，内容物是否齐全。外包装应标明制品名称、批号、规格、数量、生物安全级别、有效期限、保存温度、注意事项、生产单位名称等。

检查试剂盒说明书内容是否全面。说明书内容至少应包括：试剂盒名称、来源、制备日期、保存日期、质量状况、稀释剂种类、剂量组、稀释方法、试剂的具体用法、详细的检测程序；如涉及安全问题，说明书中还应包括关于安全使用的特殊要求或特殊情况的处理预案等。

如果试剂盒外包装不完整或内容物不齐全或说明书描述不全面，该试剂盒将视为不能达到进行评价的要求，评价过程自动中止。

5.3 敏感性试验

应使用已知阳性样品或经参考方法确认的阳性样品进行试验。可采用对阳性样品进行系列稀释的方式确定最低检出限量，并与已知样品结果或与参考方法得出的结果进行比较，根据符合率确定试剂盒的敏感性。

对已有国际参考诊断试剂盒的制品，应用该参考制品进行敏感性试验。

5.4 特异性试验

应使用已知阴性样品或经参考方法确认的阴性样品进行试验。在试验中，可采用对样品进行系列稀释的方式，并结合敏感性试验确定其判定标准是否合理。同时应确定判定试验系统的判定条件(同条件下对阴性、弱阳性、强阳性对照试剂的测定值范围)是否成立和合理。

对已有国际参考诊断试剂盒的制品，应用该参考制品进行特异性试验。

5.5 重复性试验

应使用被评价的试剂盒对已知阴性、弱阳性、强阳性对照样品进行至少4次重复测定，计算变异系数，确定试剂盒的重复性。

6 评价数据的统计分析

6.1 敏感性和特异性的计算

根据临界值可将试验结果分成阳性或阴性。临界值确定后，样品的检测结果如与已知病料样品的感染状态或与参考方法的检测结果相一致，则判为真阳性(TP)或真阴性(TN)。如果它们与标准不一致，则判为假阳性(FP)或假阴性(FN)。

诊断敏感性和诊断特异性的计算见式(1)、式(2)，示例参见附录A。

$$\text{诊断敏感性(DSe)} = TP/(TP + FN) \times 100\% \quad \cdots\cdots (1)$$

$$\text{诊断特异性(DSp)} = TN/(TN + FP) \times 100\% \quad \cdots\cdots (2)$$

6.2 重复性的计算

重复性通常用变异系数表示，即一系列检测数据的标准差与其相应的均值的比值。此处的检测数

据特指用于检测结果判定的最终数据。变异系数计算见式(3),标准差计算见式(4):

$$CV = \frac{\sigma}{\overline{X}} \times 100\% \quad \cdots\cdots(3)$$

$$\sigma = \sqrt{\frac{\sum (X - \overline{X})^2}{n}} \quad \cdots\cdots(4)$$

式中:

CV——变异系数;

σ——标准差;

X——每个检测数据;

$\overline{X}$——所有检测数据的平均值。

7 评价结论

7.1 一级试剂盒

DSe≥95%、DSp≥95%,重复性的变异系数均<5%,可判定评价的试剂盒为一级试剂盒。

7.2 二级试剂盒

DSe≥90%、DSp≥90%,重复性的变异系数均<10%,可判定评价的试剂盒为二级试剂盒。

7.3 三级试剂盒

DSe≥85%、Dsp≥85%,重复性的变异系数均<20%,可判定评价的试剂盒为三级试剂盒。

7.4 不合格试剂盒

DSe<85%、DSp<85%;重复性的变异系数≥20%。

以上各条件只要有一项符合,则可判定评价的试剂盒为不合格试剂盒。

8 评价记录、归档

8.1 所有原始记录由参评实验室存档备案。试验记录应至少包括以下内容:

a) 评价用病料样品种类、样品来源及其他相关样品信息;

b) 病料样品的感染状态,即阴性/阳性,或抗体滴度、抗原的微克数等;

c) 采用参考方法的名称,是否有国际参考诊断试剂盒及相关试剂盒信息;

d) 被评价的诊断试剂盒的名称、来源、生产日期及其他相关信息;

e) 试剂盒外包装、内容物、说明书等是否齐全;

f) 检测结果,包括敏感性、特异性、重复性等计算结果;

g) 评价结论,即对被评价试剂盒的最终判定;

h) 检测实验室的名称、地址、联系电话等相关信息;

i) 检测人员的姓名、联系电话等相关信息;

j) 采样日期、检测日期等。

8.2 参评实验室负责对所有资料进行归档管理。

附　录　A
（资料性附录）
检测200份已知阳性/阴性样品的双相法计算诊断敏感性和诊断特异性示例

已知的阳性/阴性样品	
已知阳性(n=60)	已知阴性(n=140)
57(TP)	5(FP)
3(FN)	135(TN)
诊断敏感性(DSe) $\frac{TP}{TP+FN}=\frac{57}{60}=95.0\%$	诊断特异性(DSp) $\frac{TN}{TN+FP}=\frac{135}{140}=96.4\%$
注：TP为真阳性；TN为真阴性；FP为假阳性；FN为假阴性。	

（二）实验用菌种和毒种

中华人民共和国出入境检验检疫行业标准

SN/T 2362—2009

进境动物源性实验材料现场检疫监管规程

Quarantine procedure on the spot for import laboratory materials derived from animals

2009-09-02 发布　　　　2010-03-16 实施

中华人民共和国国家质量监督检验检疫总局　发布

前　言

本标准由国家认证认可监督管理委员会提出并归口。

本标准由中国检验检疫科学研究院、中华人民共和国宁夏出入境检验检疫局、中华人民共和国上海出入境检验检疫局和中华人民共和国山西出入境检验检疫局起草。

本标准主要起草人：贾广乐、郝俊虎、刘建、李健、梅琳、吴绍强、韩雪清、林祥梅、巩红霞。

本标准系首次发布的出入境检验检疫行业标准。

进境动物源性实验材料现场检疫监管规程

1 范围

本标准规定了进境动物源性实验材料现场检疫监管的程序和要求。

本标准适用于进境动物源性实验材料的现场检疫监管工作。

2 规范性引用文件

下列文件中的条款通过本标准的引用而成为本标准的条款。凡是注日期的引用文件,其随后所有的修改单(不包括勘误的内容)或修订版均不适用于本标准,然而,鼓励根据本标准达成协议的各方研究是否可使用这些文件的最新版本。凡是不注日期的引用文件,其最新版本适用于本标准。

GB/T 18088 出入境动物检疫采样

3 术语和定义

下列术语和定义适用于本标准

3.1

动物源性实验材料 laboratory materials derived from animals

用于科学研究的动物病原微生物及其制品、动物组织、动物细胞、血清、抗原蛋白、抗体、核酸、生物酶等。

4 报检单证审核

4.1 审核《进境动植物检疫许可证》是否为正本,并在有效期内。

4.2 审验是否具有输出国家或地区官方出具的准许输出证明和检疫证书,以及证书中进境动物源性实验材料的品种、数量、输出国家和地区、运输路线、实验室检测项目、标准及结果是否符合《进境动植物检疫许可证》的要求。

4.3 查验贸易合同/协议、信用证、发票、提运单等单据是否齐全,并与《进境动植物检疫许可证》内容相符。

5 准备工作

5.1 准备现场检疫的工具、消毒器械、消毒药品。

5.2 准备现场检疫记录。

6 现场检查

6.1 核对货、证是否相符。

6.2 检查货物的包装、封识、保存状况是否完好。

6.3 现场检查结束后应填写现场检疫记录。

7 防疫消毒

现场检查结束后,进境单位应在口岸检验检疫机构的监督下对进境动物源性实验材料的运输工具及装载容器进行防疫消毒处理。

8 检疫调离

现场检查合格的，进境口岸检验检疫机构签发《入境货物通关单》，根据《进境动植物检疫许可证》的要求，需要进行实验室检验的，调往《进境动植物检疫许可证》指定的实验室进行检验。

9 实验室检验

9.1 采样：按 GB/T 18088 进行采样。

9.2 检验：依据《进境动植物检疫许可证》的要求进行实验室检验。

10 检疫处理

10.1 无输出国家或地区官方检疫机构出具的准许输出证明和检疫证书，进境口岸检验检疫机构可以根据具体情况，作退回或销毁处理。

10.2 未办理检疫审批手续的，或无有效《进境动植物检疫许可证》的，作退回或销毁处理。

10.3 经现场检查和实验室检验不合格的，应在检验检疫机构的监督下，作退回或者销毁处理。

11 检疫放行

11.1 经检疫合格的，出具《入境货物检验检疫证明》(格式 5-1)，由《进境动植物检疫许可证》指定的单位进行保存和使用。

11.2 经检疫不合格的，出具《兽医卫生证书》(格式 9-3)，供对外索赔。

11.3 需做检疫处理的，出具《检验检疫处理通知单》(格式 4-2)。

12 检疫监督

12.1 检验检疫机构对进境动物病原微生物实行检疫监督。动物病原微生物以外的其他动物源性实验材料不实行检疫监督，有特殊要求的，按要求执行。

12.2 检验检疫机构对进境动物病原微生物的存放、使用实施监督管理，定期或不定期派员了解动物病原微生物的存放、使用情况，查阅有关记录，并对生物安全防范措施进行检查监管。

12.3 输入的动物病原微生物应专门用于有关的科学研究。

12.4 输入的动物病原微生物应单独存放，由专人负责管理，并采取有效措施，防止扩散。

12.5 使用单位应做好动物病原微生物使用记录，记录应包括使用时间、使用单位、使用数量、使用的环境和过程、使用地点、使用人以及使用后的处理方法。

12.6 未经国家质量监督检验检疫总局批准，不得将输入的动物病原微生物以任何方式转移给其他单位或个人。

12.7 发生泄漏等意外情况时，使用单位应在 4 h 内向所在地检验检疫机构报告，由直属出入境检验检疫局及时向国家质量监督检验检疫总局报告，并及时组织、监督和指导进口及使用存放单位采取紧急处理措施，严防病原体扩散，并做好消毒及防护工作。

12.8 所进口的动物病原微生物在使用或按要求处理完毕后，进口或使用单位应该及时将有关情况书面报告直属出入境检验检疫局。有关报告需单位负责人签字、加盖公章并附相关记录复印件。

13 资料归档

进境动物源性实验材料所有资料由国家质量监督检验检疫总局和所在地检验检疫机构按照有关规定归档。

动物检疫实验室
管理标准

（一）实验室通用要求

中华人民共和国出入境检验检疫行业标准

SN/T 2024—2007

出入境动物检疫实验室生物安全分级技术要求

Requirements of biosafety levels for entry and exit animal quarantine laboratories

2007-12-24 发布　　2008-07-01 实施

中华人民共和国国家质量监督检验检疫总局 发布

前 言

本标准的编制主要修改采用了WHO《实验室生物安全手册》[第三版(修订版),2004],与上述标准不同的是,本标准仅适用于出入境动物检疫实验室的生物安全分级,不涉及其他进行生物因子操作的各类实验室以及具体的生物安全管理要求、内务行为、安全工作行为等,更强调动物病原体的危害特征和分级以及对应的物理设施和安全防护设施等要求,结合出入境动物检疫实验室实际,防护要求更为具体和严格,操作性更强。

本标准的附录A是规范性附录,附录B是资料性附录。

本标准由国家认证认可监督管理委员会提出并归口。

本标准由中华人民共和国上海出入境检验检疫局负责起草,中华人民共和国山西出入境检验检疫局、中华人民共和国山东出入境检验检疫局参加起草。

本标准主要起草人:李健、廉慧锋、邱璐、梁成珠、胡永强、熊炜。

本标准系首次发布的出入境检验检疫行业标准。

出入境动物检疫实验室生物安全分级技术要求

1 范围

本标准规定了出入境动物检疫实验室生物安全防护的基本原则和生物安全分级、各级实验室基本设施和配置。

本标准适用于出入境动物检疫实验室的建设、使用和管理。

本标准为最低要求，此类实验室还应同时符合国家其他相关规定的要求。

2 规范性引用文件

下列文件中的条款通过本标准的引用而成为本标准的条款。凡是注日期的引用文件，其随后所有的修改单(不包括勘误的内容)或修订版均不适用于本标准，然而，鼓励根据本标准达成协议的各方研究是否可使用这些文件的最新版本。凡是不注日期的引用文件，其最新版本适用于本标准。

GB 14925 实验动物 环境及设施

GB/T 15481 检测和校准实验室能力的通用要求(idt ISO/IEC 17025:1999)

GB 19489 实验室 生物安全通用要求

GB 50346 生物安全实验室建筑技术规范

动物病原微生物分类名录 (农业部 2005)

兽医实验室生物安全技术管理规范 (农业部 2003 年 10 月 15 日)

生物安全手册(WHO)

3 术语和定义

下列术语和定义适用于本标准。

3.1

动物检疫实验室 animal quarantine laboratory

从事与动物及其产品有关的动物传染病、寄生虫病的病原学、免疫学、酶学、血清学、分子生物学、生物化学诊断的专设场所。

3.2

动物 animal

饲养、野生的活动物，如畜、禽、兽、蛇、龟、鱼、虾、蟹、贝、蚕、蜂等。

3.3

病原体 pathogens

可使人或动物致病的生物因子。

3.4

危险废弃物 hazardous waste

有潜在生物危险、可燃、易燃、腐蚀、有毒、放射和起破坏作用的对人、动植物、环境有害的一切废弃物。

3.5

风险 risk

伤害发生的概率及其严重性的综合。

3.6

气溶胶　aerosol

悬浮于气体介质中粒径为 0.001 μm～100 μm 的固态或液态微小粒子形成的相对稳定的胶溶状态分散体系。

3.7

生物安全　biosafety

避免危险生物因子造成实验室人员暴露，向实验室外扩散并导致危害的综合措施。

3.8

高效空气过滤器　high efficiency particulate air-filter，HEPA

通常以滤除大于或等于 0.3 μm 微粒为目的，滤除效率符合相关要求的空气过滤器。

3.9

安全罩　safety hood

置于实验室工作台或仪器设备上的负压排风罩，以减少实验室工作者的暴露危险。

3.10

生物安全柜　biological safety cabinet，BSC

负压过滤排风柜，防止操作者和环境暴露于实验过程中产生的生物气溶胶。通常分为Ⅰ级、Ⅱ级和Ⅲ级。

3.11

个人防护装备　personal protective equipment，PPE

防止人员受到化学和生物等有害因子伤害的器材和用品。

4　病原体危害分级

4.1　生物危害 1 级

对个体和群体危害程度低，已知的不能对健康成年人和动物致病的细菌、真菌、病毒和寄生虫等病原体。

4.2　生物危害 2 级

对个体危害程度为中度，对群体危害有限，能引起人或动物发病，但一般情况下对健康工作者、群体、动物或环境不会引起严重危害，实验室感染不导致严重疾病，具备有效治疗和预防措施，并且传播风险有限的病原体。

4.3　生物危害 3 级

对个体危害程度高，对群体危害程度中等。能引起人或动物严重疾病，或造成严重经济损失，但通常不能因偶然接触而在个体间传播，或能用抗生素抗寄生虫药治疗的病原体。

4.4　生物危害 4 级

对个体和群体的危害程度高，能引起人或动物非常严重的疾病，一般不能治愈，暂无有效预防和治疗措施，容易直接、间接或因偶然接触在人与人，或动物与人，或人与动物，或动物与动物之间传播或未知的危险动物致病病原体。

其他内容见 GB 19489。

5　病原体风险评估

在建设实验室之前或者当实验室活动涉及传染或潜在传染性病原体时，应结合人和动物对其易感性、气溶胶传播的可能性、有无预防和治疗措施对拟操作的病原体进行风险评估。

在通过风险评估来确立适当的生物安全水平时，要考虑病原体危害等级以及其他一些因素，不应单纯根据所使用病原体所属的某一危害等级来机械地确定所需的实验室生物安全水平。

风险评估应至少包括下列内容:病原体的种类(已知的、未知的、基因修饰的或未知传染性的生物材料)、来源、传染性、致病性和毒力、宿主范围、传播途径、在环境中的稳定性、感染剂量、浓度、动物实验数据、所引起疾病的发病率和死亡率、疾病的传播媒介、动物体内或环境中病原的量和浓度、排出物传播的可能性、疫病的地方流行特性、暴露的潜在后果、交叉污染的可能性、获得有效疫苗、预防和治疗药物的程度。除考虑特定病原体固有的致病危害外,风险评估还应包括:产生气溶胶的可能性、操作方法(体外、体内或攻毒,实验室操作如超声处理、气溶胶化、离心等),对重组微生物还应评估其基因特征(毒力基因和毒素基因)、宿主适应性改变、基因整合、增殖力和回复野生型的能力等。

根据风险评估可以确定生物安全水平级别,选择合适的个体防护装备,并结合其他安全措施制定标准操作规范,以确保在最安全的水平下开展工作。

对相关信息了解较少时进行风险评估(如一些现场收集的标本或流行病学样品),应当谨慎地采取一些较为保守的样品处理方法。

6 动物检疫实验室生物安全防护的基本原则

6.1 总则

6.1.1 动物检疫实验室生物安全防护内容包括安全设备、个体防护装置和措施(一级防护屏障),实验室的特殊设计和建设要求(二级防护屏障),严格的管理制度和标准化的操作程序与规程。

6.1.2 动物检疫实验室除了防范病原体对实验室工作人员的感染外,还应采取相应措施防止病原体的逃逸。

6.1.3 对每一特定实验室,应制定有关生物安全防护综合措施,编写各实验室的生物安全管理手册,并有专人负责生物安全工作。

6.1.4 生物安全水平根据病原体的危害程度和防护要求分为 4 个等级,即Ⅰ、Ⅱ、Ⅲ、Ⅳ级。

6.2 安全设备和个体防护

6.2.1 实验室应配备相应级别的生物安全设备。所有可能使病原体逸出或产生气溶胶的操作,应在相应等级的生物安全控制条件下进行。

6.2.2 实验室工作人员应配备个体防护用品(如:防护帽、护目镜、口罩、工作服、手套等)。

6.3 实验室选址、设计和建造的要求

6.3.1 实验室的选址、设计和建造应考虑对周围环境的影响。实验室的设计应保证实验区域中生物、化学、辐射和物理危害的防护水平控制在经过评估的相应风险程度,为关联的办公区和临近的公共空间提供安全的工作环境,及防止风险进入周围社区,通向出口的走廊和通道应无障碍,见 GB/T 15481 和 GB 50346。

6.3.2 实验室应依据所需要的防护级别和标准进行设计和建造,并满足相关标准中的最低设计要求和运行条件。实验室内温度、湿度、照度、噪声和洁净度等内环境符合工作要求和有关要求。

6.3.3 动物实验室除满足相应生物安全级别要求外,还应隔离,并根据其相应生物安全级别,保持与中心实验室的相应压差。

6.3.4 实验室的每个出口和入口应可分辨,入口处应有标记,标记应包括国际通用的危险标志(如:生物危险标志、火险标志和放射性标志)以及其他有关的规定的标记。应设紧急出口并有标记以和普通出口区别,紧急撤离路线应有在黑暗中也可明确辨认的标识。

6.3.5 实验室入口应有可锁闭的门。门锁应不妨碍紧急疏散。实验室的进入应仅限于经授权的人员。房间内的门按需要安装门锁,操作高危险样本时应有进入限制。存放高危险样本、培养物、化学试剂或供应品,还需采取其他的保安措施,如可锁闭的门、可锁闭的冷冻箱、特殊人员的进入限制等。应评估生物材料、样本、药品、化学品和机密资料被偷盗和不正当使用的危险,采取相应措施防范其发生。

6.4 生物安全操作规程

不同级别的动物检疫实验室应在各自的生物安全管理手册中明列生物安全操作规程,并结合实际

制定相应的实施方案。

6.5 危害性病原体及其毒素样品的保存

应根据其危害等级分级保存。

6.6 使用放射性同位素的生物安全防护要求

参照有关规定执行。

6.7 去污染与废弃物(废气、废液和固形物)处理。

6.7.1 应有专门设计以确保存储、转运、收集、处理和处置危险物料的安全。去污染包括灭菌(彻底杀灭所有微生物)和消毒(杀灭特殊种类的病原体),是防止病原体扩散造成生物危害的重要防护屏障。

6.7.2 被污染的废弃物或各种器皿在废弃或清洗前应进行灭菌处理;实验室在病原体意外泄漏、重新布置或维修、可疑污染设备的搬运以及空气过滤系统检修时,均应对实验室设施及仪器设备进行消毒。

6.7.3 根据被处理物性质选择适当的处理方法,如高压灭菌、化学消毒、熏蒸、γ-射线照射或焚烧等。

6.7.4 对实验动物尸体及动物产品应按规定作无害化处理。

6.7.5 污染区、半污染区产生的废水应排入专门配备的废水处理系统,经处理达标后方可排放。

7 动物检疫实验室生物安全的防护屏障和生物安全水平分级

7.1 防护屏障

7.1.1 一级防护屏障

实验室的生物安全柜和个人防护装备等构成的防护屏障。

7.1.2 二级防护屏障

实验室的设施结构和通风系统等构成的防护屏障。二级防护的能力取决于实验室分区和室内气压,要根据实验室的安全要求进行设计。一般把实验室分为洁净、半污染和污染三个区。实验室保持密闭,通风的气流方向始终保持:外界→HEPA→洁净区→半污染区→污染区→HEPA→外界。三级和四级生物安全水平的实验室中污染区和半污染区气压相对于大气压压差最小负压分别不应小于－50Pa和－30Pa。

7.2 生物安全水平分级

生物安全水平依赖于一级防护屏障、二级防护屏障和操作规程。根据所操作病原体的危害程度和采取的防护措施,将生物安全的防护水平(biosafety level,BSL)分为四级,Ⅰ级防护水平最低,Ⅳ级防护水平最高。

8 动物检疫实验室的分类、生物安全分级及其技术要求

8.1 分类

8.1.1 生物安全实验室

是指对病原体进行试验操作时所产生的生物危害具有物理防护能力的动物检疫实验室,适用于病原体的临床检验检测、分离培养、鉴定以及各种生物制剂的研究等工作。

8.1.2 生物安全动物实验室

是指对病原体的动物生物学试验研究时所产生的生物危害具有物理防护能力的动物检疫实验室,也适用于动物传染病临床诊断、治疗、预防研究等工作。

8.2 生物安全分级

8.2.1 生物安全水平(BSL)分级依据

一级生物安全水平(BSL-1):能够安全操作对实验室工作人员和动物无明显致病性的、对环境危害程度微小的、特性清楚的病原体的生物安全水平。

二级生物安全水平(BSL-2):能够安全操作对实验室工作人员和动物致病性低的、对环境有轻微危害的病原体的生物安全水平。

三级生物安全水平(BSL-3):能够安全地从事国内和国外的、可能通过呼吸道感染、引起严重或致死性疾病的病原体工作的生物安全水平。与上述相近的或有抗原关系的、但尚未完全认知的病原体,也应在此种水平条件下进行操作,直到取得足够的数据后,才能决定是继续在此种安全水平下工作还是在其他等级生物安全水平下工作。

四级生物安全水平(BSL-4):能够安全地从事国内和国外的、能通过气溶胶传播、实验室感染高度危险、严重危害人和动物生命和环境的,没有特效预防和治疗方法的病原体工作的生物安全水平。与上述相近的或有抗原关系的,但尚未完全认识的病原体也应在此种水平条件下进行操作,直到取得足够的数据后,才能决定是继续在此种安全水平下工作还是在低一级安全水平下工作。

8.2.2 生物安全动物实验室(ABSL)安全水平分级依据

见附录A。

8.3 实验室病原体的生物安全等级

有关内容见《动物病原微生物分类名录》和《兽医实验室生物安全技术管理规范》。

8.4 生物安全实验室分级技术要求

8.4.1 一级生物安全实验室

8.4.1.1 总则

实验室所用设施、设备和材料(含防护屏障)均应符合国家相关的标准和要求。参见附录B。

8.4.1.2 生物安全设施要求

a) 无需特殊选址,普通建筑物即可,但应有防止节肢动物和啮齿动物进入的设计;
b) 每个实验室应设洗手池,宜设置在靠近出口处;
c) 在实验室门口处应设挂衣装置,个人便装与实验室工作服分开设置;
d) 实验室的墙壁、天花板和地面应平整、易清洁、不渗水、耐化学品和消毒剂的腐蚀。地面应防滑,不应铺设地毯;
e) 实验台面应防水,耐腐蚀、耐热。一般无须使用生物安全柜,或使用Ⅰ级生物安全柜;
f) 实验室器具应当坚固耐用,在实验台、橱柜和其他设备之间及其下面要保证有足够的空间以便进行清洁;
g) 应当为安全操作及储存溶剂、放射性物质、压缩气体和液化气提供足够的空间和设施;应注意废弃物品的分类、回收及处理;
h) 实验室如有可开启的窗户,应设置纱窗;
i) 实验室内应保证工作照明,避免不必要的反光和强光。应安有火灾警报器,并有逃生门及其明显标志;
j) 应有适当的消毒设备和应急救护用品,实验场所有明显的紧急救助措施的文字材料。

8.4.1.3 生物安全设备要求

实验室应确保配备足量的设备,并能正确使用。选择设备时应符合一些基本原则,即:

a) 在设计上应能阻止或限制操作人员与感染性物质间的接触;
b) 设备装配后应无毛刺、锐角以及易松动的部件;
c) 设备的设计、建造与安装应便于操作、易于维护、清洁、清除污染和进行质量检验。应尽量避免使用玻璃及其他易碎或锐利的物品。

8.4.1.4 个人防护设备要求

8.4.1.4.1 实验室防护

实验室所用任何个人防护装备应符合国家有关标准的要求。在危害评估的基础上,按不同级别的防护要求选择适当的个人防护装备。实验室对个人防护装备的选择、使用、维护应有明确的书面规定、程序和使用指导。

实验室应确保具备足够的有适当防护水平的清洁防护服可供使用。不用时,应将清洁的防护服置于专用存放处，污染的防护服应于适当标记的防漏袋中放置并搬运。

每隔适当的时间应更换防护服以确保清洁，当知道防护服已被危险材料污染应立即更换。离开实验室区域之前应脱去防护服。

当具潜在危险的物质极有可能溅到工作人员时，应使用塑料围裙或防液体的长罩服。在这种工作环境中，如必要，还应穿戴其他的个人防护装备，如手套、防护镜、面具、头部面部保护罩等。

手套应在实验室工作时可供使用，以防生物危险、化学品、辐射污染、冷和热、产品污染、刺伤、擦伤和动物抓咬伤等。

手套应按所从事操作的性质符合舒服、合适、灵活、握牢、耐磨、耐扎和耐撕的要求，并应对所涉及的危险提供足够的防护。应对实验室工作人员进行选择手套、使用前及使用后的配戴及摘除等培训。应保证：

a) 所戴手套无漏损；
b) 戴好手套后可完全遮住手及腕部，如必要，可覆盖实验室长罩服或外衣的袖子；
c) 在撕破、损坏或怀疑内部受污染时更换手套；
d) 手套为实验室工作专用。在工作完成或中止后应消毒、摘掉并安全处置。

8.4.1.4.2 鞋

鞋应舒适，鞋底防滑。推荐使用皮制或合成材料的不渗液体的鞋类。在从事可能出现漏出的工作时可穿一次性防水鞋套。

8.4.2 二级生物安全实验室

8.4.2.1 总则

指按照 BSL-2 标准建造的实验室。在建筑物中，实验室无需与一般区域隔离。实验室人员需经一般生物专业训练。除应满足 8.4.1 全部要求外，还包括 8.4.2.2～8.4.2.4 的要求。

8.4.2.2 生物安全设施要求

a) 实验室门应带锁并可自动关闭，门上有适当的危险标志。实验室的门应有可视窗；
b) 应有足够的存储空间摆放物品以方便使用。在实验室工作区域外还应当有供长期使用的存储空间；
c) 在实验室内应使用专门的工作服，应戴乳胶手套；
d) 在实验室工作区域外应有存放个人衣物的条件；
e) 在实验室所在的建筑物内应配备高压蒸汽灭菌器，并按期检查和验证，以保证符合要求；
f) 应在实验室内配备生物安全柜，并按期检查和验证，以保证符合要求；
g) 应设洗眼设施，必要时应有应急喷淋装置；
h) 应通风，如使用窗户自然通风，应有防虫纱窗。建议设置机械通风系统，以使空气向内单向流动；
i) 有可靠的电力供应和应急照明。必要时，重要设备如培养箱、生物安全柜、冰箱等应设备用电源；
j) 实验室出口应有在黑暗中可明确辨认的标识；
k) 应当配备具有适当装备并易于进入的急救区。

8.4.2.3 生物安全设备要求

a) 移液辅助器：避免用口吸的方式移液。
b) 生物安全柜，在以下情况使用：

——处理感染性物质；如果使用密封的安全离心杯，并在生物安全柜内装样、取样，则这类材料可在开放实验室离心；

——空气传播感染的危险增大时；

——进行极有可能产生气溶胶的操作时(包括离心、研磨、混匀、剧烈摇动、超声破碎、打开内部压力和周围环境压力不同的盛放感染性物质的容器、动物鼻腔接种及从动物或卵胚采集感染性组织)。当可能产生微生物气溶胶或出现溅出的操作时,可使用Ⅰ级生物安全柜;当处理感染性材料时,应使用部分或全部排风的Ⅱ级生物安全柜。若涉及处理化学致癌剂、放射性物质和挥发性溶媒,则只能使用Ⅱ级全排风生物安全柜;

c) 一次性塑料接种环,也可在生物安全柜内使用电加热接种环,以减少生成气溶胶;

d) 螺口盖试管及瓶子;

e) 一次性巴斯德塑料移液管,尽量避免使用玻璃制品。

8.4.2.4 个人防护设备要求

除满足8.4.1.4的要求外,还应该注意面部及身体保护。处理样本的过程中,如可产生含生物因子的气溶胶,应在适当的生物安全柜中操作。在处理危险材料时应有许可使用的安全眼镜、面部防护罩或其他的眼部面部保护装置可供使用。进行容易产生高危害气溶胶的操作时,要求同时使用适当的个人防护装备、生物安全柜和(或)其他物理防护设备。

8.4.3 三级生物安全实验室

8.4.3.1 总则

指按照BSL-3标准建造的实验室,也称为生物安全实验室。实验室需与建筑物中的一般区域隔离。应在建筑物中自成隔离区(如出入控制)或为独立建筑物,具体可将实验室置于走廊的盲端,或设隔离区和隔离门,或经缓冲间(即双门通过)进入。缓冲间是一个在实验室和邻近空间保持压差的专门区域,其中应设有分别放置洁净衣服和脏衣服的设施,而且也可能需要有淋浴设施,缓冲间的门可自动关闭且互锁,以确保某一时间只有一扇门是开着的,应当配备能击碎的面板供紧急撤离时使用。除应满足8.4.2全部要求外,还包括8.4.3.2~8.4.3.8的要求。

8.4.3.2 布局

a) 由清洁区、半污染区和污染区组成。污染区和半污染区之间设缓冲间。必要时,半污染区和清洁区之间应设缓冲间;

b) 在半污染区应设供紧急撤离使用的安全门;

c) 污染区与半污染区之间、半污染区和清洁区之间设置传递窗,传递窗双门不能同时处于开启状态,传递窗内应设物理消毒装置。

8.4.3.3 围护结构

a) 实验室围护结构内表面光滑、耐腐蚀、防水,以易于消毒清洁;所有缝隙应可靠密封,防震防火;

b) 围护结构外围墙体应有适当的抗震和防火能力;

c) 天花扳、地板、墙间的交角均为圆弧形且可靠密封;

d) 地面应防渗漏、无接缝、光洁、防滑;

e) 实验室内所有的门应可自动关闭;实验室出口应有在黑暗中可明确辨认的标识;

f) 外围结构不应有窗户;内设窗户应防破碎、防漏气及安全;

g) 所有出入口处应采用防止节肢动物和啮齿动物进入的设计。

8.4.3.4 送排风系统

a) 应安装独立的送排风系统以控制实验室气流方向和压力梯度。应确保在实验室时气流由清洁区流向污染区,同时确保实验室空气只能通过高效过滤后经专用排风管道排出;

b) 送风口和排风口的布置应使污染区和半污染区内的气流死角和涡流降至最小程度;

c) 送排风系统应为直排式,不应采用回风系统;

d) 由生物安全柜排出的经内部高效过滤的空气可通过系统的排风管直接排出。应确保生物安全柜与排风系统的压力平衡;

e) 实验室的送风应经初、中、高三级过滤,保证污染区的静态洁净度达到7级到8级;

f) 实验室的排风应经高效过滤后向空中排放。外部排风口应远离送风口并设置在主导风的下风向，应至少高出所在建筑 2 m，应有防雨、防鼠、防虫设计，但不应影响气体直接向上空排放；

g) 高效空气过滤器应安装在送风管道的末端和排风管道的前端。所有的 HEPA 过滤器应安装成可以进行气体消毒和检测的方式；

h) 通风系统、高效空气过滤器的安装应牢固，符合气密性要求。高效过滤器在更换前应消毒，或采用可在气密袋中进行更换的过滤器，更换后应立即进行消毒或焚烧。每台高效过滤器安装、更换、维护都应按照经确认的方法进行检测，进行后每年至少进行一次检测以确保其性能；

i) 在送风和排风总管处应安装气密型密闭阀，不要时可完全关闭以室内化学熏蒸消毒；

j) 安装风机和生物安全柜启动自动联锁装置，确保实验室内不出现正压和确保生物安全柜内气流不倒流。排风机一备一用；

k) 在污染区和半污染区内不应另外安装分体空调、暖气和电风扇等。

8.4.3.5 环境参数

a) 相对室外大气压，污染区最小负压不应小于－50Pa(名义值)，半污染区不应小于－30Pa，并与生物安全柜等装置内气压保持安全合理压差。保持定向气流并保持各区之间气压差均匀；

b) 实验室内的温度、湿度符合工作要求且适合于人员工作；

c) 实验室的人工照明应符合工作要求；

d) 实验室内噪声水平应符合国家相关标准。

8.4.3.6 特殊设备装置

a) 应有符合安全和工作要求的Ⅱ级和Ⅲ级生物安全柜，其安装位置应离开污染区入口和频繁走动区域，且避开门和通风系统的交叉区。所有和感染性物质有关的操作均需在生物安全柜或其他基本防护设施中进行；

b) 低温高速离心机或其他可能产生气溶胶的设备应置于负压罩或其他排风装置(如:通风橱、排气罩等)之中，应将其可能产生的气溶胶经高效过滤后排出；

c) 污染区内应设置不排蒸汽的高压蒸汽灭菌器或其他消毒装置。如果感染性废弃物需运出实验室处理，则应根据国家或国际的相应规定，密封于不易破裂的、防渗漏的容器中；

d) 应在实验室入口处的显著位置设置带报警功能的室内压力显示装置，显示污染区、半污染区的负压状况。当负压值偏离控制区间时应通过声、光等手段向实验室内外的人员发出警报。还应设置高效过滤器气流阻力的显示。必要时设内部视频监控系统和出入口控制系统；

e) 应有备用电源以确保实验室工作期间有不间断的电力供应；

f) 应在污染区和半污染区出口处设洗手装置。洗手装置的供水应为非手动开关。供水管应安装防回流装置。不应在实验室内安设地漏。下水道应与建筑物的下水管线完全隔离，且有明显标识。下水应直接通往独立的液体消毒系统集中收集，经有效消毒后处置。

8.4.3.7 其他

a) 实验台表面应防水、耐腐蚀、耐热；

b) 实验室中的家具应牢固。为便于清洁，实验室设备彼此之间应保持一定距离；

c) 实验室所需压力设备(如:泵、压缩气体等)不应影响室内负压的有效梯度；

d) 实验室应设置通讯系统；

e) 实验记录等资料应妥善保存，通过传真机、计算机等手段发送至实验室外；

f) 清洁区设置淋浴装置。必要时，在半污染区，设置紧急消毒淋浴装置；

g) 要求使用专用鞋(如:一次性或橡胶靴子)。

8.4.3.8 健康和医学监测

对在三级生物安全水平的防护实验室内工作的所有人员，要强制进行医学检查。内容包括一份详细的病史记录和针对具体职业的体检报告。

8.4.4　**四级生物安全实验室**

8.4.4.1　**总则**

指按照 BSL-4 标准建造的实验室，也称为高度生物安全实验室。实验室为独立的建筑物，或在建筑物内一切其他区域相隔离的可控制的区域。为防止病原体传播和污染环境，BSL-4 实验室应实施特殊的设计和工艺。在此没有提到的 BSL-3 要求的各条款在 BSL-4 中都应做到。人员或物品的进出应经过气锁室或通过系统。人员进入时，需更换全部衣服，而离开时，在穿上自己的日常服装前应淋浴。BSL-4 实验室根据使用的生物安全柜的类型和穿着防护服的不同，可分为安全柜型、正压服型和混合型实验室。

8.4.4.2　**安全柜型 BSL-4 实验室**

8.4.4.2.1　**选址**

实验室应建造在独立建筑物内或建筑物中独立的完全隔离区域内，该建筑物应远离城区。

8.4.4.2.2　**布局**

a) 由清洁区、半污染区和安放有Ⅲ级生物安全柜的污染区组成。清洁区包括外更衣室、淋浴室和内更衣室。相邻区由缓冲间连接。对于不能从更衣室携带进出安全柜型实验室的材料、物品，应通过双门结构的高压灭菌器或熏蒸室送入；
b) 应在半污染区和清洁区墙上、半污染区和污染区墙上设置不排蒸汽的双扉高压灭菌器和浸泡消毒渡槽或熏蒸消毒室或带有消毒装置的通风互锁传递窗，以便传递和消毒不能从更衣室携带进出的材料、物品和器材；
c) 污染区和半污染区墙上设置不排蒸汽的双扉高压灭菌器应与Ⅲ级生物安全柜直接相连；
d) 半污染区应设紧急出口，紧急出口通道应设置缓冲间和紧急消毒处理室。

8.4.4.2.3　**围护结构**

按 8.4.3.3 的规定。

8.4.4.2.4　**送排风系统**

排风系统应连续经过两个高效过滤器处理。其他要求按 8.4.3.4 的规定。

8.4.4.2.5　**环境参数**

按 8.4.3.5 的规定。

8.4.4.2.6　**安全装置及特殊设备**

应有符合安全和工作要求的Ⅲ级生物安全柜。其他要求按 8.4.3.6 的规定。

8.4.4.2.7　**其他**

按 8.4.3.7、8.4.3.8 的规定。

8.4.4.3　**正压服型 BSL-4 实验室**

8.4.4.3.1　**总则**

由 BSL-4 级实验设施、Ⅱ级生物安全柜和具有生命支持供气系统的正压防护服组成。

8.4.4.3.2　**选址**

按 8.4.4.2.1 的规定。

8.4.4.3.3　**布局**

a) 由清洁区、半污染区和安放有Ⅱ级生物安全柜的污染区组成，相邻区由缓冲间连接。清洁区包括外更衣室、淋浴室、内更衣室（可兼缓冲间），污染区、半污染区之间的缓冲间应设化学淋浴装置，工作人员离开实验室时，经化学淋浴对正压防护服表面进行消毒；
b) 其他要求按 8.4.4.2.2 的 b)和 d)的规定。

8.4.4.3.4　**围护结构**

按 8.4.3.3 的规定。

8.4.4.3.5 送排风系统

按 8.4.4.2.4 的规定。

8.4.4.3.6 环境参数

按 8.4.3.5 的规定。

8.4.4.3.7 安全装置及特殊设备

a) 应使用Ⅱ级外排风型生物安全柜;

b) 进入污染区的工作人员应穿着正压防护服。生命支持系统包括提供超量清洁呼吸气体的正压供气装置,报警器和紧急支援气罐。工作服内气压相对周围环境应为持续正压,并符合要求。生命支持系统应有自动启动的紧急电源供应;

c) 其他要求按 8.4.3.6 的规定。

8.4.4.3.8 其他

按 8.4.3.7、8.4.3.8 的规定。

8.4.4.4 混合型 BSL-4 实验室

在本级实验设施基础上,同时使用Ⅲ级生物安全柜和具有生命支持供气系统(正压防护服)。应同时符合本标准 8.4.4.2 和 8.4.4.3 的全部要求。

8.5 生物安全动物实验室分级技术要求

见附录 A。

9 生物危害标识及使用

9.1 生物危害标识

见 WHO《生物安全手册》。

9.2 生物危害标识的使用

9.2.1 在 BSL-2/ABSL-2 级动物检疫实验室入口的明显位置应粘贴标有危险级别的生物危害标识。

9.2.2 在 BSL-3/ABSL-3 级及以上级别动物检疫实验室所在的建筑物入口、实验室入口及操作间均应粘贴标有危害级别的生物危害标识,同时应标明正在操作的病原微生物种类。

9.2.3 凡是盛装生物危害物质的容器、运输工具、进行生物危险物质操作的仪器和专用设备等都应粘贴标有相应危害级别的生物危害标识。

附 录 A
（规范性附录）
生物安全动物实验室分级依据和技术要求

A.1 技术要求

生物安全动物实验室的生物安全防护设施应参照 BSL1～BSL4 实验室的相应要求，根据动物生物安全等级，在设计特征、设备、防范措施方面的要求严格程度也逐渐增加。

还应考虑对动物呼吸、排泄、毛发、抓咬、挣扎、逃逸、动物实验（如：染毒、医学检查、取样、解剖、检验等）、动物饲养、动物尸体及排泄物的处置等过程产生的潜在生物危害的防护。应特别注意对动物源性气溶胶的防护，例如对感染动物的剖检应在负压剖检台上进行。

关于动物实验室中使用的病原体，需要考虑的因素包括：正常传播途径、使用的容量和浓度、接种途径、能否和以何种途径被排出。关于动物实验室中使用的动物，需要考虑的因素包括：动物的自然特性亦即动物的攻击性和抓咬倾向性、自然存在的体内外寄生虫、易感的动物疾病、播散过敏原的可能性。

应根据动物的种类、身体大小、生活习性、实验目的等选择具适当防护水平专用于动物并符合国家相关标准的生物安全柜、动物饲养设施、动物实验设施、消毒设施和清洗设施等。

实验室建筑应确保实验动物不能逃逸，非实验室动物（如：野鼠、昆虫等）不能进入。实验室设计（如：空间、进出通道等）应符合所用动物的需要。

动物实验室空气不应循环。动物源气溶胶应经适当高效过滤和（或）消毒后排出，不能进入室内循环。

如动物需要饮用无菌水，供水系统应可安全消毒。

动物实验室内的温度、湿度、照度、噪声、洁净度等饲养环境应符合国家相关标准的要求，见 GB 14925。

A.2 生物安全动物实验室（ABSL）安全水平分级依据

一级生物安全动物实验室（ABSL-1）：能够安全地进行没有发现肯定能引起健康成人发病的，对实验室工作人员、动物和环境危害微小的、特性清楚的病原体感染动物工作的生物安全水平。

二级生物安全动物实验室（ABSL-2）：能够安全地进行对工作人员、动物和环境有轻微危害的病原体感染动物的生物安全水平。这些病原微生物通过消化道和皮肤、粘膜暴露而产生危害。

三级生物安全动物实验室（ABSL-3）：能够安全地从事国内和国外的，可能通过呼吸道感染、引起严重或致死性疾病的病原体感染动物工作的生物安全水平。与上述相近的或有抗原关系的但尚未完全认识的病原体感染，也应在此种水平条件下进行操作，直到取得足够的数据后，才能决定是继续在此种安全水平下工作还是在低一级安全水平下工作。

四级生物安全动物实验室（ABSL-4）：能够安全地从事国内和国外的，能通过气溶胶传播、实验室感染高度危险、严重危害人和动物生命和环境的，没有特效预防和治疗方法的病原体感染动物工作的生物安全水平。与上述相近的或有抗原关系的，但尚未完全认知的病原体动物试验也应在此种水平条件下进行操作，直到取得足够数据后，才能决定是继续在此种安全水平下工作还是在低一级安全水平下工作。

A.3 一级生物安全动物实验室

一级生物安全水平的动物设施适用于饲养大多数经过检疫的储备实验动物（灵长类除外，关于这类动物应向国家权威机构咨询），以及专门接种了危险度 1 级病原体的动物。要求应用微生物学操作技术规范(GMT)。动物设施的主任应制定动物操作和进入饲养场所应遵循的政策、规程和方案,为工作人员制定适宜的医学监测方案,制定并执行安全或操作手册。除满足8.4.1的要求外,还应满足以下要求:

a) 建筑物内动物设施应与开放的人员活动区分开。动物室应是一个独立分开的部分,如果它与实验室毗连,则设计上应当同实验室的公共部分分开,并便于清除污染与杀灭虫害。设施的设计应易于清洁和管理;
b) 门应向内开,应安装自动闭门器,当有实验动物时应保持锁闭状态;
c) 如果有地漏,应始终用水或消毒剂液封;
d) 动物笼具的洗涤应满足清洁要求;
e) 要有适宜的温度、通风和照明;
f) 如果采用机械通风,则气流的方向应向内。排出的空气要排到室外,不应在建筑物内循环使用;
g) 授权人员方可进入;
h) 仅接纳实验用动物。

A.4 二级生物安全动物实验室

二级生物安全水平的动物设施适用于专门接种了危险度2级病原体的动物,除满足8.4.2和第A.3章的要求外,还应满足以下要求:

a) 出入口应设缓冲间;
b) 动物实验室的门应当具有可视窗,可以自动关闭,并有适当的火灾报警器。在门及其他适宜的地方张贴生物危害警告标志;
c) 为保证动物实验室运转和控制污染的要求,用于处理固体废弃物的高压灭菌器应经过特殊设计,合理摆放,加强保养;焚烧炉应经过特殊设计,同时配备扑燃和消烟设备;污染的废水应经过消毒处理;
d) 应制定节肢动物和啮齿类动物的控制方案;
e) 如有窗户,应是安全、抗击碎的。如果窗户可以打开,则应安装防节肢动物的纱网;
f) 可能产生气溶胶的工作应使用生物安全柜(Ⅰ级或Ⅱ级)或隔离箱,隔离箱要带有专用的供气和经HEPA过滤的排气装置;
g) 动物设施的现场或附近备有高压灭菌器;
h) 应有洗手设施。人员离开动物设施前应洗手。

A.5 三级生物安全动物实验室

三级生物安全水平的动物设施适用于专门接种了危险度3级微生物的动物,或根据危险度评估结果来确定。所有系统、操作和规程每年都需要重新检查及认证。除满足8.4.3和第A.4章的要求外,还应满足以下要求:

a) 建筑物应有符合要求的抗震能力,防鼠、防虫、防盗;
b) 由清洁区、半污染区和污染区(动物饲养间)组成。污染区和半污染区之间应设缓冲间。必要时,半污染区和清洁区之间应设缓冲间。缓冲间内应配备洗手设施和淋浴设施;
c) 相对室外大气压,污染区为-60Pa(名义值),并与生物安全柜等装置内气压保持安全合理压差。保持定向气流并保持各区之间气压差均匀;
d) 室内应配备人工或自动消毒器具(如:消毒喷雾器、臭氧消毒器)并备有足够的消毒剂;
e) 当房间内有感染动物时,应戴防护面具;
f) 感染危险度3级微生物的动物的饲养笼具,应置于隔离器或在笼具后装有通风系统排风口的房间中。垫料应尽量无尘。工作人员应进行适当的免疫接种。

A.6 四级生物安全动物实验室

应满足本标准 8.4.4 和第 A.5 章的要求，并符合以下要求：

a) 应增加动物进入的通道；

b) 感染动物应饲养在具有Ⅲ级生物安全柜性能的隔离器内；

c) 动物饲养方法要保证动物气溶胶经高效过滤后排放，不能进入室内；

d) 一般情况，操作感染动物，包括接种、取血、解剖、更换垫料、传递等，都要在物理防护条件下进行，能在生物安全柜内进行的应在其内进行。特殊情况下，不能在生物安全柜内饲养的大动物或动物数量较多时，要根据情况特殊设计，例如设置较大的生物安全柜和可操作的物理防护设备，尽可能在其内进行高浓度污染的操作。

A.7 无脊椎动物

和脊椎动物一样，动物设施的生物安全等级由所研究的或自然存在的病原体的危险度等级决定，或根据危险度评估结果来确定。对于某些节肢动物，尤其是飞行昆虫，应另外采取如下的预防措施：

a) 已感染和未感染的无脊椎动物应分开房间饲养；

b) 房间能密闭进行熏蒸消毒；

c) 备有喷雾型杀虫剂；

d) 应配备制冷设施，以备必要时降低无脊椎动物的活动性；

e) 进入设施的缓冲间内应安装捕虫器，并在门上安装防节肢动物的纱网；

f) 所有通风管道和可开启的窗户均要安装防节肢动物的纱网；

g) 水槽和排水管上的存水弯管内不能干涸；

h) 所有废弃物应高压灭菌，因为对于某些无脊椎动物，任何消毒剂均不能将其杀死；

i) 对会飞、爬、跳跃的节肢动物的幼虫和成虫应坚持计数检查；

j) 放置蜱螨的容器应竖立置于油碟中；

k) 已感染或可能感染的飞行昆虫应收集在有双层网的笼子中；

l) 应在生物安全柜或隔离箱中操作已感染或可能感染的节肢动物；

m) 已感染或可能感染的节肢动物可以在冷却盘上操作。

附 录 B
（资料性附录）
安全水平与实验操作、设施汇总表（WHO 生物安全手册）

表 B.1 与微生物危险度等级相对应的生物安全水平、操作和设备

危险度等级	生物安全水平	实验室类型	实验室操作	安全设施
1 级	基础实验室——一级生物安全水平	基础的教学、研究	GMT	不需要；开放实验台
2 级	基础实验室——二级生物安全水平	初级卫生服务；诊断、研究	GMT 加防护服、生物危害标志	开放实验台，此外需 BSC 用于防护可能生成的气溶胶
3 级	防护实验室——三级生物安全水平	特殊的诊断、研究	在二级生物安全防护水平上增加特殊防护服、进入制度、定向气流	BSC 和（或）其他所有实验室工作所需要的基本设备
4 级	最高防护实验室——四级生物安全水平	危险病原体研究	在三级生物安全防护水平上增加气锁入口、出口淋浴、污染物品特殊处理	Ⅲ级 BSC 或Ⅱ级 BSC 并穿着正压服、双开门高压灭菌器（穿过墙体）、经过滤的空气

注：BSC：生物安全柜；GMT：微生物学操作技术规范。

表 B.2 不同生物安全水平对设施的要求

设 施	生物安全水平			
	一级	二级	三级	四级
实验室隔离[a]	不需要	不需要	需要	需要
房间能够密闭消毒	不需要	不需要	需要	需要
通风——向内的气流	不需要	最好有	需要	需要
通过建筑系统的通风设备	不需要	最好有	需要	需要
HEPA 过滤排风	不需要	不需要	需要/不需要[b]	需要
双门入口	不需要	不需要	需要	需要
气锁	不需要	不需要	不需要	需要
带淋浴设施的气锁	不需要	不需要	不需要	需要
通过间	不需要	不需要	需要	—
带淋浴设施通过间	不需要	不需要	需要/不需要[c]	不需要
污水处理	不需要	不需要	需要/不需要[c]	需要
现场高压灭菌器	不需要	最好有	需要	需要
室内高压灭菌器	不需要	不需要	最好有	需要
双门高压灭菌器	不需要	不需要	最好有	需要
生物安全柜	不需要	最好有	需要	需要
人员安全监控[d]	不需要	不需要	最好有	需要

a 在环境与功能上与普通流动环境隔离。

b 取决于排风位置。

c 取决于实验室中所使用的微生物因子。

d 例如：观察窗、闭路电视、双向通讯设备。

表 B.3 动物设施的防护水平:实验操作和安全设备汇总

危险度等级	防护水平	实验室操作和安全设施
1 级	ABSL-1	限制出入,穿戴防护服和手套
2 级	ABSL-2	ABSL-1 的操作加:危险警告标志。可产生气溶胶的操作应使用Ⅰ级或Ⅱ级 BSC。废弃物和饲养笼具在清洗前先清除污染
3 级	ABSL-3	ABSL-2 的操作加:进入控制。所有操作均在 BSC 内进行,并穿着特殊防护服
4 级	ABSL-4	ABSL-3 的操作加:严格限制出入。进入前更衣。配备Ⅲ级 BSC 或正压防护服。离开时淋浴。所有废弃物在清除出设施前需先清除污染
注:ABSL:动物设施生物安全水平;BSC:生物安全柜。		

（二）实验室生物安全标准

中华人民共和国出入境检验检疫行业标准

SN/T 2025—2007

动物检疫实验室生物安全操作规范

Operating procedures for biosafety of animal quarantine laboratories

2007-12-24 发布　　　　2008-07-01 实施

中华人民共和国国家质量监督检验检疫总局　发布

前　言

本标准的编制主要参考了 WHO《实验室生物安全手册》[第三版(修订版),2004],与上述标准不同的是,本标准仅适用于动物检疫实验室的生物安全操作规范,不涉及其他进行生物因子操作的各类实验室以及具体的物理设施和安全防护设施等要求,更强调生物安全管理、内务行为、安全工作行为等生物安全操作方面的要求,并结合动物病原体特征和质检系统动物检疫实验室实际其操作内容更为明确具体和严格,实用性更强。

本标准的附录 A、附录 E 是规范性附录,附录 B、附录 C、附录 D 是资料性附录。

本标准由国家认证认可监督管理委员会提出并归口。

本标准由中华人民共和国上海出入境检验检疫局负责起草,中华人民共和国广东出入境检验检疫局、中华人民共和国山东出入境检验检疫局参加起草。

本标准主要起草人:李健、熊炜、林志雄、梁成珠、邱璐、胡永强。

本标准系首次发布的出入境检验检疫行业标准。

动物检疫实验室生物安全操作规范

1 范围

本标准规定了动物检疫实验室生物安全的管理要求、内务行为和操作规范，此类实验室还应同时符合国家其他相关规定的要求。

本标准适用于动物检疫实验室的使用和管理。

2 规范性引用文件

下列文件中的条款通过本标准的引用而成为本标准的条款。凡是注日期的引用文件，其随后所有的修改单（不包括勘误的内容）或修订版均不适用于本标准，然而，鼓励根据本标准达成协议的各方研究是否可使用这些文件的最新版本。凡是不注日期的引用文件，其最新版本适用于本标准。

GB 14925 实验动物 环境及设施

GB/T 15481 检测和校准实验室能力的通用要求（idt ISO/IEC 17025:1999）

GB 19489 实验室 生物安全通用要求

GB 50346 生物安全实验室建筑技术规范

动物病原微生物分类名录（农业部 2005）

兽医实验室生物安全技术管理规范（农业部 2003 年 10 月 15 日）

3 术语和定义

下列术语和定义适用于本标准

3.1

动物检疫实验室 animal quarantine laboratory

动物检疫实验室是从事与动物及其产品有关的动物传染病、寄生虫病的病原学、免疫学、酶学、血清学、分子生物学、生物化学诊断的专设场所。

3.2

动物 animal

饲养、野生的活动物，如畜、禽、兽、蛇、龟、鱼、虾、蟹、贝、蚕、蜂等。

3.3

病原体 pathogens

可使人或动物致病的生物因子。

3.4

危险废弃物 hazardous waste

有潜在生物危险、可燃、易燃、腐蚀、有毒、放射和起破坏作用的对人、动植物和环境有害的一切废弃物。

3.5

风险 risk

伤害发生的概率及其严重性的综合。

3.6

气溶胶 aerosol

悬浮于气体介质中粒径为 0.001 μm～100 μm 的固态或液态微小粒子形成的相对稳定的胶溶状态

分散体系。

3.7

生物安全　biosafety

避免危险生物因子造成实验室人员暴露，向实验室外扩散并导致危害的综合措施。

3.8

高效空气过滤器　high efficiency particulate air-filter，HEPA

通常以滤除大于或等于 0.3 μm 微粒为目的，滤除效率符合相关要求的空气过滤器。

3.9

安全罩　safety hood

置于实验室工作台或仪器设备上的负压排风罩，以减少实验室工作者的暴露危险。

3.10

生物安全柜　biological safety cabinet，BSC

负压过滤排风柜，防止操作者和环境暴露于实验过程中产生的生物气溶胶。

3.11

个人防护装备　personal protective equipment，PPE

防止人员受到化学和生物等有害因子伤害的器材和用品。

4　动物检疫实验室生物安全管理要求

4.1　管理责任

实验室管理层对所有员工和实验室来访者的安全负责，最终责任由实验室负责人或指定的与其地位相当者承担，应任命一名有适当资质和经验的实验室安全负责人协助管理层负责安全事宜。安全负责人应制定、维护和监督有效的实验室安全计划，一个有效的实验室安全计划应包括教育、定岗及培训、审核及评估、促进实验室安全行为的程序。实验室安全负责人应有权阻止不安全的活动，如设有安全委员会，实验室安全负责人如果不是该委员会的主任，至少应是该委员会有职权的成员。

实验室负责人应制定规定和程序确保实验室设施、设备、个人防护设备、材料等符合国家有关安全要求，定期检查、维护、更新，确保不降低其设计性能。

其他管理要求见 GB/T 15481。

4.2　员工健康管理

所有人员应有文件证明其对工作及实验室全部设施中潜在的风险受过培训，应要求所有人员根据可能接触的有害生物因子接受免疫以预防感染，应保存免疫记录。

4.3　程序

应根据实验对象、生物危害程度评估、研究内容、设施特点、设备具体制定相应的标准操作程序。实验室的标准操作程序应包括对涉及的任何危险以及如何在风险最小的情况下开展工作之详细的作业指导书，负责工作区活动的管理责任人每年应对这些程序至少评审和更新一次，应制定书面计划，至少包括以下内容：

a)　员工的健康监护。如有必要，应为所有实验室人员提供适宜的医学评估、监测和治疗；

b)　实施危害评估，记录结果及采取措施的安排；

c)　化学品和其他危险物品的确认(包括适当的标识要求)、安全存放与处置及监控程序；

d)　操作有害材料的安全行为的程序；

e)　防止高风险和污染材料失窃的程序；

f)　确认培训需求和教材的方法；

g)　获得、维持和分发实验室所有使用材料之安全数据单(MSDS)的程序；

h)　实验室设备安全去污染和维护的程序；

i) 紧急程序,包括泄漏处理程序;

j) 事件记录、报告及调查;

k) 废弃物处理和处置;

l) 制定节肢动物和啮齿动物的控制方案。

4.4 安全计划的审核及检查

4.4.1 安全计划的审核

每年应(由受过适当培训的人员)对安全计划至少审核和检查一次,包括但不限于下列要素:

a) 安全和健康规定;

b) 书面的工作程序包括安全工作行为;

c) 教育及培训;

d) 对工作人员的监督;

e) 常规检查;

f) 危险材料和物质;

g) 健康监护;

h) 急救服务及设备;

i) 事故及病情调查;

j) 健康和安全委员会评审;

k) 记录及统计;

l) 确保落实审核中提出需要采取的全部措施的计划;

m) 为每个领域特制的检查表可有效地协助审核工作。

4.4.2 安全检查

实验室管理层有责任确保安全检查的执行。每年应对工作场所至少检查一次,以保证:

a) 应急装备、警报体系和撤离程序功能及状态正常;

b) 用于危险物质泄漏控制的程序和物品状态,包括紧急淋浴;

c) 对可燃易燃性、可传染性、放射性和有毒物质的存放进行适当的防护和控制;

d) 去污染和废弃物处理程序的状态;

e) 实验室设施、设备、人员的状态。

4.4.3 安全手册

要求所有员工阅读的安全手册应在工作区随时可用。手册应针对实验室的需要,主要包括但不限于以下几方面:

a) 生物危险;

b) 消防;

c) 电气安全;

d) 化学品安全;

e) 辐射;

f) 危险废弃物处理和处置。

安全手册应对从工作区撤离和事件处理规程有详细说明,实验室管理层应至少每年对安全手册评审和更新。实验室中其他有用的信息来源还包括(但不限于)实验室涉及的所有材料的安全数据单、教科书和权威性杂志文章等参考资料。

4.5 记录

4.5.1 职业性疾病、伤害和有害事件记录

应有机制记录并报告职业性疾病、伤害、有害事件或事故以及所采取的相应行动,同时应尊重个人机密。应保持人员培训记录,应包括对每一员工的安全指导和安全预备状态的年度更新资料。

4.5.2 风险评估记录

应有正式的风险评估体系，可利用安全检查表对风险评估过程记录及文件化，安全审核记录和事件趋势分析记录有助于制定和采取补救措施。

4.5.3 危险废弃物记录

危险废弃物处理和处置记录应是安全计划的一个组成部分，危险废弃物处理和处置、危害评估、安全调查记录和所采取的相应行动记录应按有关规定的期限保存并可查阅。

4.5.4 危险标识

应系统而清晰地标识出危险区，且适用于相关的危险区。在某些情况下，宜同时使用标记和物质屏障标识出危险区，应清楚地标识在实验室或实验室设备上使用的具体危险材料。

通向工作区的所有进出口都应标明存在其中的危险，尤其应注意火险以及易燃、有毒、放射性、有害和生物危险材料。实验室管理层应负责定期评审和更新危险标识系统以确保其适用现有的危险，该活动每年应至少进行一次。

应使涉及的非实验室员工（如：维护人员、合同方、分包方）知道其可能遇到的任何危险。

员工应受培训，熟悉并有关于紧急程序的专用书面指导。

应标识和评审对孕妇健康和易感人员的潜在危险。

4.5.5 事件、伤害、事故和职业性疾病的报告

实验室应有程序报告实验室事件、伤害、事故、职业性疾病以及潜在危险，所有事件（包括伤害）报告应形成文件，应包括事件的详细描述、原因评估、预防类似事件发生的建议以及为实施建议所采取的措施，事件报告（包括补救措施）应经高层管理者、安全委员会或实验室安全负责人评审。

4.6 培训

实验室负责人应保证对实验室所有相关人员包括运输和清洁员工等工作人员安全培训计划的实施，培训应强调安全工作行为。

一项全面的培训计划始于书面的规划，应包括对新员工的指导以及对有经验员工的周期性再培训。管理者应确保将安全的实验室操作及程序融合到工作人员的基本培训中，安全措施方面的培训是新工作人员岗前培训的有机组成部分，应向工作人员介绍生物安全操作规范和实验室操作指南，包括安全手册或操作手册。应采用诸如签名传阅的方法，来确保工作人员阅读并理解了这些规程包括其执行日期。

一项安全培训计划至少要有消防和预备状态、化学和放射安全、生物危险和传染预防，课程应按照员工的岗位制定，应适当考虑怀孕、免疫缺陷和身体残障情况，应有一套系统评估每个员工对提供给其信息的理解力。

实验室应保证全体人员受过急救培训。应提供物品和程序以减少涉及潜在传染性材料、化学品或有害物质的不利作用和事件的发生。

应有救治指南，必要时还应有与实验室内可能遇到的危险相适应的紧急医学处理措施。

人员培训的内容应始终包括如何采用安全的方法来进行下列所有实验室工作人员都会经常遇到的高危操作，包括：

a) 吸入危险（气溶胶产物），如使用接种环、划线接种琼脂平板、移液、制作涂片、打开培养物、采集血液/血清标本、离心等；
b) 食入危险，如处理标本、涂片以及培养物；
c) 操作尖利器具及装置如在使用注射器和针头时刺伤皮肤的危险；
d) 处理动物时被咬伤、抓伤；
e) 处理血液以及其他有潜在危害的材料；
f) 感染性材料的清除污染和处理。

4.7 个人责任

4.7.1 食品、饮料及类似物品

食品、饮料及类似物品只应在指定的区域中准备和食用。食品和饮料只应存放于非实验室区域内指定的专用处，冰箱应适当标记以明确其规定用途，实验室内不应吸烟。

4.7.2 化妆品、头发、珠宝

不应在工作区内使用化妆品和处理隐形眼镜，长发应束在脑后，在工作区内不应配带戒指、耳环、腕表、手镯、项链和其他珠宝。

4.7.3 免疫状态

所有实验室工作人员应接受免疫以预防其可能被所接触的生物因子感染，应按有关规定保存免疫记录，对一特定实验室的免疫计划应根据文件化的实验室传染危害评估和地方公共卫生部门的建议制定。

4.7.4 个人物品

个人物品不应放在有规定禁放的和可能发生污染的区域。

5 动物检疫实验室良好内务行为

应指定专人监督保持良好内务。工作区应时刻保持整洁有序。不应在工作场所存放可能导致阻碍和绊倒危险的大量一次性材料。

所有用于处理污染性材料的设备和工作表面在每班工作结束、有任何漏出或发生了其他污染时应使用适当的试剂清洁和消毒。

对漏出的样本、化学品、放射性核素或培养物应在风险评估后清除并对涉及区域去污染，清除时应使用经核准的安全预防措施、安全方法和个人防护装备。

内务行为改变时应报告实验室负责人以确保避免发生无意识的风险或危险。实验室行为、工作习惯或材料改变可能对内务和(或)维护人员有潜在危险时，应报告实验室负责人，并书面告知内务和维护人员的管理者。

应制定在发生事故或漏出导致生物、化学或放射性污染时，设备保养或修理之前对每件设备去污染、净化和消毒的专用规程。

6 各级生物安全实验室生物安全操作规范

6.1 总则

动物检疫实验室操作的病原体(见《动物病原微生物分类名录》)对人和动物的危害程度不同，危害性质不同的病原体依据其风险评估的结论，可以采取不同的操作规范要求。如果经评估后实验室操作的病原体对人无害或很低危害的，下列操作规范中部分人体防护的内容可以简化或忽略。其他要求见 GB 19489 和《兽医实验室生物安全技术管理规范》。

6.2 一级生物安全实验室(BSL-1)

6.2.1 实验室进入

实验室人员需经一般生物专业训练，只有经批准的人员方可进入实验室工作区域，实验室的门应保持关闭。儿童不应被批准或允许进入实验室工作区域，可能增加获得性感染的危险性或感染后可能引起严重后果的人员不允许进入实验室，与实验室工作无关的动物不应带入实验室。

6.2.2 生物安全操作要求

6.2.2.1 人员防护

a) 在实验室工作时，任何时候都应穿着工作服；

b) 在进行可能直接或意外接触到血液、体液以及其他具有潜在感染性的材料或感染性动物的操作时，应戴上合适的手套。手套用完后，应先消毒再摘除，随后应洗手。在离开实验室工作区

域前应洗手,实验室应为过敏或对某些消毒防腐剂中的特殊化合物有其他反应的工作人员提供洗手用的替代品,洗手池不应用于其他目的。在限制使用洗手池的地点,建议使用基于乙醇的“无水”手部清洁产品;

c) 为了防止眼睛或面部受到泼溅物、碰撞物或人工紫外线辐射的伤害,必要时应戴安全眼镜、面罩(面具)或其他防护设备;

d) 严禁穿着实验室防护服离开实验室,如去餐厅、办公室、图书馆、员工休息室和卫生间;

e) 在实验室内用过的防护服不应和日常服装放在同一柜子内。

6.2.2.2 样本的安全操作

6.2.2.2.1 容器

样本容器应当坚固,正确地用盖子或塞子盖好后应无泄漏。在容器外部不能有残留物,容器上应当正确地粘贴标签以便于识别。样本的要求或说明书要分开放置,最好放置在防水的袋子里。

6.2.2.2.2 样本在设施内的传递

所有样本应以防止污染工作人员或环境的方式运送到实验室,样本、培养物和其他生物材料在实验室间或其他机构间的运送方式应符合相应的安全规定。

为了避免意外泄漏或溢出,应当使用盒子等二级容器,并将其固定在架子上使装有样本的容器保持直立。二级容器可以是金属或塑料制品,应该可以耐高压灭菌或耐受化学消毒剂的作用。密封口最好有一个垫圈,要定期清除污染。

6.2.2.2.3 样本接收

需要接收大量样本的实验室应当安排专门的房间或空间。接收和打开样本的人员应当了解样本对身体健康的潜在危害,并接受过如何采用标准防护方法的培训,尤其是处理破碎或泄漏的容器时更应如此。

6.2.2.3 生物安全标准操作

a) 实验室应保持清洁整齐,严禁摆放和实验无关的物品;

b) 工作台面至少每天消毒一次,发生具有潜在危害性的材料溢出以及在每天工作结束之后,都应清除工作台面的污染;

c) 严禁用嘴吸取试验液体,应该使用专用的移液管,严禁将实验材料置于口内,严禁舔标签;

d) 防止皮肤损伤。不应用手对任何利器剪、弯、折断、重新戴套或从注射器上移去针头;

e) 所有操作均需小心,避免外溢和气溶胶的产生;

f) 所有受到污染的材料、标本和培养物在废弃或清洁再利用之前,应清除污染;

g) 在进行包装和运输时应遵循国家和(或)国际的相关规定;

h) 尽可能减少使用利器和尽量使用替代品。应限制使用皮下注射针头和注射器,除了进行肠道外注射或抽取实验动物体液,皮下注射针头和注射器不能用于替代移液管或作其他用途;

i) 出现溢出、事故以及明显或可能暴露于感染性物质时,应向实验室主管报告,实验室应保存这些事件或事故的书面报告;

j) 应制定关于如何处理溢出物的书面操作程序,并予以遵守执行;

k) 污染的液体在排放到生活污水管道以前应清除污染(采用化学或物理学方法),根据所处理的微生物因子的危险度评估结果,可能需要准备污水处理系统;

l) 需要带出实验室的手写文件应保证在实验室内没有受到污染;

m) 所有废弃物在处理之前用公认有效的方法灭菌消毒;

n) 昆虫和啮齿类动物控制方案应参照其他有关规定进行。

6.2.3 危险废弃物处理和丢弃程序

6.2.3.1 总则

实验室废弃物处置的管理应符合国家、地区或地方的相关要求。实验室管理层应确保由经过适当培训的人员使用适当的个人防护装备和设备处理危险废弃物。废弃物处理的首要原则是所有感染性材料应在实验室内清除污染、高压灭菌或焚烧。

所有不再需要的样本、培养物和其他生物性材料应弃置于专门设计的、专用的和有标记的用于处置危险废弃物的容器内。生物废弃物容器的充满量不能超过其设计容量。

不允许积存垃圾和实验室废弃物,已装满的容器应定期运走。在去污染或最终处置之前,应存放在指定的安全地方,通常在实验室区内。

所有弃置的实验室生物样本、培养物和被污染的废弃物在从实验室中取走之前,应使其达到生物学安全。生物学安全可通过高压消毒处理或其他被承认的技术达到。

实验室废弃物应置于适当的密封且防漏容器中安全运出实验室。

有害气体、气溶胶、污水、废液应经适当的无害化处理后排放,应符合国家相关的要求。动物尸体和组织的处置和焚化应符合国家相关的要求,有关规定见 GB 50346。

6.2.3.2 废弃物分类

a) 可重复或再使用,或按普通“家庭”废弃物丢弃的非污染(非感染性)废弃物;

b) 污染(感染性)锐器包括:皮下注射用针头、手术刀、刀子及破碎玻璃。这些废弃物应收集在带盖的不易刺破的容器内,并按感染性物质处理;

c) 通过高压灭菌和清洗来清除污染后重复或再使用的污染材料。任何必要的清洗、修复应在高压灭菌或消毒后进行;

d) 高压灭菌后丢弃的污染材料;

e) 直接焚烧的污染材料。焚烧应得到公共卫生、环保部门以及实验室生物安全官员的批准。

6.2.3.3 清除污染

高压蒸汽灭菌是清除污染时的首选方法,需要清除污染并丢弃的物品应装在容器中[如根据内容物是否需要进行高压灭菌和(或)焚烧而采用不同颜色标记的可以高压灭菌的塑料袋],也可采用其他可以除去和(或)杀灭微生物的替代方法。

6.2.3.4 锐器

单独使用或带针头使用的一次性注射器用过后不应再重复使用,包括不能从注射器上取下、回套针头护套、截断等,应放在盛放锐器的一次性容器内焚烧,如需要可先高压灭菌。

盛放锐器的一次性容器应是不易刺破的,而且不能将容器装得过满。当达到容量的四分之三时,应将其放入“感染性废弃物”的容器中进行焚烧,如果实验室规程需要,可以先进行高压灭菌处理。盛放锐器的一次性容器绝对不能丢弃于垃圾场。

6.2.3.5 污染材料

除了锐器按上面的方法进行处理以外,所有其他污染(有潜在感染性)材料在丢弃前应放置在防渗漏的容器(如有颜色标记的可高压灭菌塑料袋)中高压灭菌。如果实验室中配有焚烧炉,污染材料可以放在指定的容器(如有颜色标记的袋子)内直接运送到焚烧炉中。可重复使用的运输容器应是防渗漏的,有密闭的盖子。这些容器在送回实验室再次使用前,应进行消毒清洁。

应在每个工作台上放置盛放废弃物的容器、盘子或广口瓶,最好是不易破碎的容器(如塑料制品)。当使用消毒剂时,应使废弃物充分接触消毒剂(即不能有气泡阻隔),并根据所使用消毒剂的不同保持适当接触时间。盛放废弃物的容器在重新使用前应高压灭菌并清洗。

6.2.4 其他

化学品、火、电或辐射事故可以间接导致病原体屏障系统的破坏。因此,所有微生物实验室在这些方面应坚持很高的安全标准,具体要求见附录 A。

6.2.5 部分仪器使用的安全操作要求

参见附录 B。

6.2.6 意外事故应对程序

参见附录C。

6.3 二级生物安全实验室(BSL-2)

6.3.1 总则

除应执行下列补充条款外,应完全满足6.2全部操作程序要求。

6.3.2 实验室进入

实验室门上应标有国际通用的生物危害警告标志,包括通用的生物危险性标志,标明传染因子、实验室负责人或其他人姓名、电话、以及进入实验室的特殊要求。操作传染性材料的人员,由负责人指定。负责人要告知工作人员工作中的潜在危险和所需的防护措施(如免疫接种),否则不能进入实验室工作。其余要求按6.2.1规定。

6.3.3 生物安全操作要求

6.3.3.1 总则

除执行下列补充条款外,其余要求按6.2.2的规定。

6.3.3.2 健康和医学监测

实验室主任来确保实验室全体工作人员接受适当的健康监测。

a) 应有录用前或上岗前的体检。记录个人病史,并进行一次有目的的职业健康评估,促进实验室感染的早期检测;

b) 实验室管理人员要保存工作人员的疾病和缺勤记录;

c) 不应让高度易感人群(如孕妇或免疫损伤人员)在高危险实验室中工作,育龄期成人(尤其妇女)应知道某些病原体的职业暴露对后代和胎儿的危害。

6.3.3.3 生物安全特殊操作

a) 实验室人员需操作某些人畜共患病病原体时应接受相应的疫苗免疫或检测试验(如:狂犬病疫苗和TB皮肤试验);

b) 实验室负责人对实验人员和辅助人员要进行针对性的生物危害防护的专业训练,定期培训。应防止微生物暴露、学会评价暴露危害的方法;

c) 培养物、组织或体液标本的收集、处理、加工、储存、运输过程,应放在防漏的容器内进行。如果样本在收到时有损坏或泄漏,应由穿着个人防护装备之受过培训的人员开启样本以防止漏出或产生气溶胶,应在生物安全柜内开启此类容器。如果污染过量或认为样本有不可接受的损坏,则应将样本安全地废弃而勿开启;

d) 妥善保管菌、毒种,使用要经负责人批准并登记使用量;

e) 操作传染性材料后,应对使用的仪器表面和工作台面进行有效的消毒,特别是发生传染性材料外溢、溅出或其他污染时更要严格消毒。污染的仪器在送出检修、打包、运输之前都要给予消毒处理;

f) 发生传染性材料溅出或其他事故要立即报告负责人,负责人要进行恰当的危害评价、监督、处理,并记录存档。

6.3.4 一级防护屏障要求

a) 实验室内工作应穿防护工作服,离开实验室到非工作区(如:餐厅、图书室和办公室)之前要脱掉工作服。所有工作服或在实验室处理或由洗衣房清洗,不准带回家;

b) 可能接触传染性材料和接触污染表面时要戴乳胶手套,完成传染性材料工作之后需经过消毒处理,方可脱掉手套。待处理的手套不能接触清洁表面(如:微机键盘、电话等),不能丢弃至实验室外面。脱掉手套后要洗手,如果手套破损,先消毒后脱掉;

c) 能产生传染物外溢、溅出和气溶胶的操作,包括离心、研磨、搅拌、强力振荡混合、超声波破碎、打开装有传染性材料的容器、动物鼻腔注射、收取感染动物和孵化卵的组织等,都要使用Ⅱ级生物安全柜和物理防护设备；

d） 离心高浓度和大容量传染性材料时，如果使用密闭转头、带有安全帽的离心机可在开放的实验室内进行，否则只能在生物安全柜内进行。生物安全柜的清洁消毒参见附录D。对于新安装的生物安全柜和安全罩及其高效过滤器的安装与更换，应由有资格的人员进行。实验室应时常监测生物安全柜以确保其设计性能能够符合相关要求，应保存检查记录和任何功能性测试结果。在安全柜上应有作为检查证明的标记；

e） 当操作(病原体)不应不在安全柜外面进行时，应采取严格的面部安全防护措施(如：护目镜、口罩、面罩或其他设施)，并防止气溶胶发生。

6.4 三级生物安全实验室(BSL-3)

6.4.1 总则

除应执行下列补充条款以外，应完全满足6.3全部操作程序要求。

6.4.2 实验室进入

张贴在实验室入口门上的国际生物危害警告标志应注明生物安全级别以及管理实验室出入的负责人姓名，并说明进入该区域的所有特殊条件诸如需要免疫接种、佩戴防护面具或其他个人防护器具等。实验室主管应限制无关人员进入实验室、接触操作及辅助操作人员。

实验室使用期间，应谢绝所有人员参观，如参观应经过批准并在个体条件和防护达到要求时方能进入。与工作无关的动植物和其他物品不允许带入实验室，其余要求按6.3.2的规定。

6.4.3 生物安全操作要求

6.4.3.1 总则

除执行下列补充条款外，其余要求按6.3.3的规定。

6.4.3.2 生物安全基本操作

a） 所有涉及传染性物质的开放性操作应在生物安全柜或其他防扩散区间内的物理防扩散装置中进行，不能在开放台面的敞口容器中进行。可应用防水纸巾擦拭法清洁生物安全柜内的无孔工作台面。感染性材料的操作如感染动物的解剖、组织培养、鸡胚接种、动物体液的收取等，都应在Ⅱ级以上生物安全柜内进行。离心、粉碎、搅拌等不能在Ⅱ级生物安全柜内进行的工作可在较大或特制的Ⅰ级生物安全柜内进行；

b） 有些实验室操作应配备呼吸防护装备；

c） 完成每一项试验(感染性材料的操作、动物解剖)或转换实验区时都应更换第二层手套，摘下的手套应立即置于盛有消毒剂的容器中；

d） 应使用螺口可密闭的离心管或试管进行离心，操作时应先在生物安全柜内装入待离心的液体，平衡后拧紧离心管螺盖，用酒精棉球擦拭离心管外部，进行表面消毒后进行操作；

e） 所有培养物、储存物和其他日常废弃物在处理之前都要用高压灭菌器进行有效的灭菌处理。需要在实验室外面处理的材料，要装入牢固不漏的容器内，加盖密封后传出实验室；

f） 操作的菌、毒种应两人保管，保存在安全可靠的设施内，使用前应办理批准手续，说明使用剂量，并详细登记，两人同时到场方能取出。试验要有详细使用和销毁记录。

6.4.3.3 生物安全特殊操作

a） 实验过程中实验室放有传染性材料或感染动物时，实验室的门应保持紧闭，门口要示以危害警告标志，如挂红牌或文字说明实验的状态，不应进入或靠近；

b） 实验室负责人负责确保所有实验人员在进行BSL-3级水平相关病原体操作前，熟练掌握标准微生物学操作和技术以及其他本实验室所需进行的操作，或参加特定培训课程。采取的生物安全预防措施应与标准技术规程相结合。实验人员应了解特殊危险并熟读与遵守操作规程；

c） 溅出的传染性材料的消毒由适合的专业人员处理和清除，或由其他经过训练和有使用高浓度传染物工作经验的人处理；

d) 一切废弃物处理之前都要高压灭菌,一切潜在的实验室污物(如:手套、工作服等)均需在处理或丢弃之前消毒;

e) 当生物安全柜或实验室出现持续正压时,室内人员应立即停止操作并戴上防护面具,采取措施恢复负压。如不能及时恢复和保持负压,应停止实验,及早按规程退出。负责人和当事人应对其事故进行紧急、科学、合理的处理。事后,当事人和负责人应提供切合实际的医学危害评价,进行医疗监督和预防治疗。实验室负责人对事件的过程要予以调查和公布。

6.4.4 安全设备(一级防护屏障)

a) 实验室内工作人员要穿防护性实验服,防护服应是正面不开口的或反背式的隔离衣、清洁服、连体服、带帽的隔离衣,必要时穿着鞋套或专用鞋。实验室防护服不能在实验室外穿着,且应在清除污染后再清洗。如有明显的污染应及时换掉,作为污弃物处理;

b) 在操作传染性材料、感染动物和污染的仪器时应戴手套,戴双层为好,必要时再戴上不易损坏的防护手套。更换手套前,戴在手上消毒冲洗,一次性手套不应重复使用;

c) 当操作不能在生物安全柜内进行时,个人防护(Ⅲ级以上类似防护设备的具体要求)和其他物理防护设备(离心机安全帽,或密封离心机转头)并用;

d) 污染区、半污染区应备有防护面具以便紧急使用,当房间内有感染动物时要戴面具保护;

e) 污染区或半污染区备用防护面具、冲洗眼睛的器具和药品等,随时可用。

6.5 四级生物安全实验室(BSL-4)

6.5.1 总则

因为四级生物安全实验室中工作的高度复杂性,应单独制定详细的工作手册,并在培训中进行检查。此外还应制定应急方案,应与国家和地方的卫生主管机构积极协作,也要包括消防、警察、定点收治医院等其他应急服务机构。除应执行下列修改以外,应完全满足 6.4 程序要求。

6.5.2 实验室进入

严格限制进入,只有工作需要的人员和设备运转需要的人员经过系统的生物安全培训,并经过批准后方能进入实验室。不应单独工作,应遵守双人工作制度。工作人员应已经接受过最高水平的微生物学培训,熟悉其工作中所涉及的危险以及必要的预防措施。采用门禁系统限制人员进入。

人员或物品的进出应经过气锁室或通过系统。人员进入时,需更换全部衣服,而离开时,在穿上自己的日常服装前应淋浴。

在四级生物安全水平的最高防护实验室中的工作人员与实验室外面的支持人员之间,应建立常规情况和紧急情况下的联系方法。

6.5.3 生物安全操作要求

6.5.3.1 总则

除下列补充条款外,其余要求按 6.4.3 的规定。

6.5.3.2 生物安全特殊操作

a) 实验室负责人有责任保证,在 BSL-4 内工作之前,所有工作人员已经高度熟练掌握标准微生物操作技术、特殊操作和设施运转的特殊技能。这包括实验室负责人和具有丰富的安全微生物操作和工作经验专家培训时所提供的内容和安全委员会的要求;

b) 工作人员要接受试验病原体或实验室内潜在病原微生物的免疫注射;

c) 对实验室所有工作人员和其他有感染危险的人员采集本底血清并保存,再根据操作情况和实验室功能不定期血样采集,进行血清学监督。要保证每个阶段血清样本的检测,并把结果通知本人;

d) 工作人员应学习物理防护设备和设施的设计原理和特点。每年训练一次,规程一旦修改要增加训练次数。工作人员要接受人员受伤或疾病状态下紧急撤离程序的培训;

e) 紧急通道只有在紧急情况下才能经过气闸门进出实验室,实验室内要有紧急通道的明显标识;

f) 在安全柜型实验室中，工作人员的衣服在外更衣室脱下保存。穿上全套的实验服装（包括外衣、裤子、内衣或者连衣裤、鞋、手套）后进入。在离开实验室进入淋浴间之前，在内更衣室脱下实验服装，服装洗前应高压灭菌。在防护服型实验室中，工作人员应穿正压防护服方可进入。离开时，应进入消毒淋浴间消毒；

g) 实验材料和用品要通过双扉高压灭菌器、熏蒸消毒室或传递窗送入，每次使用前后对这些传递室进行适当消毒；

h) 从 BSL-4 拿出活的或原封不动的材料时，先将其放在坚固密封的一级容器内，再密封在不能破损的二级容器里，经过消毒剂浸泡或消毒熏蒸后通过专用气闸取出；

i) 除活体或原封不动的生物材料以外的物品，除非经过消毒灭菌，否则不能从 BSL-4 拿出。不耐高热和蒸汽的器具物品可在专用消毒通道或小室内用熏蒸消毒；

j) 建立报告实验室暴露事故、雇员缺勤制度和系统，以便进行医学监督。对该系统要建造一个病房或观察室，以便需要时，检疫、隔离、治疗与实验室相关的病人；

k) 在设施污染和半污染工作区域内的一切操作都应在Ⅲ级生物安全柜内进行。如工作人员穿着具有生命支持通风系统的正压防护服，可在Ⅱ级生物安全柜内进行实验操作。

6.5.3.3 污水的净化消毒

所有源自防护服型实验室、用于清除污染的传递间、浴室或Ⅲ级生物安全柜的污水，在最终排往下水道之前，应经过净化消毒处理。首选加热消毒（高压灭菌）法。污水在排出前，还需将 pH 值调至中性。个人淋浴室和卫生间的污水可以不经任何处理直接排到下水道中。

7 各级生物安全动物实验室生物安全操作规范

见附录 E。

附　录　A
（规范性附录）
化学品、放射、火等其他实验室安全要求

A.1　化学品安全

在实验室中，对化学品的存放、处理、使用及处置的规定和程序均应符合良好化学实验室行为标准。应按照相关标准在每个储存容器上标明每个产品的危害性质和风险性，还应在“使用中”材料的容器上清楚标明。

对化学、物理及火灾危害应有足够可行的控制措施，应定期对这些措施进行监督以确保其有效可用，应保存监督结果记录。

应要求所有人员按安全操作规程工作，包括使用被认为适用于所从事工作的安全装备或装置。

对实验室内所用的每种化学制品的废弃和安全处置应有明确的书面程序，其应包括对相关法规的充分及详细说明，以保证完全符合其要求，使这些物质安全及合法地脱离实验室控制。

A.2　放射安全

在批准使用放射性核素之前，实验室负责人应对使用的理由、限度和地点进行评估。

实验室应保存充分的放射性核素的获取、使用和处置记录，所有放射性化学品的存放应安全及保险。所有操作或接触放射性核素的实验室人员应接受放射性基础知识、相关技术和放射性防护的指导和培训，应符合放射性安全规定和程序。

实验室应有适当的、满足工作需要的书面标准操作程序和相关的法规。程序应包括清楚的作业指导书，在使用放射性核素的地方应重点显示作业指导书之摘要、在出现放射性事故和漏出时应采取行动的详细说明。程序应详细说明安全处置不用的放射性材料、与放射性材料相混合或受其污染的材料的方法。

应公示经过批准的警告和不应标志。

从事放射性工作的实验室应向相关主管部门征询有关放射性防护行为和法律要求的建议，包括对实验室设计和设备标准的所有要求，并制定适当的措施确保遵守。

实验室应任命一名放射防护安全员，其负有设计、执行及维护可操作性放射防护计划的专门责任。实验室应任命若干放射防护监督员监督日常与离子辐射相关的工作，以保证执行良好放射性行为。

应制定系统性监督计划以保证对工作场所进行全面及经常性监督，应保存监督记录，应制定并实施常规清洁和去污染规程。

应定期评审放射性核素的使用情况，经常监督工作行为并及时更新。补救措施或程序性变化应记录并按相关要求规定的期限保存。放射活性废物应有标志并存放在专用于此目的之安全且防辐射的储存库。在每个需弃置的包装上应清楚地说明风险的性质和程度，储存及处置应遵守相关规定。

A.3　紫外线和激光光源（包括高强度光源的光线）

在使用紫外线和激光光源的场所，应提供适用且充分的个人防护装备，应有适当的标识公示，应为安全使用设备提供培训，这些光源只能用于其设计目的。

A.4　电气设备

电气设备的设计及制造应符合相关安全标准的要求。为确保安全，某些设备应连接备用电源。新的、改装过的或修理过的电气设备在未经合格的人员（如：有资质的电工或生物医学工程师）完成电气安

全测试和设备符合安全使用要求之前,不允许使用。

电气设备使用人员应接受正确操作的培训,操作方式应不降低电气安全性。电气设备使用人员应定期检查设备的可能引起电气故障之破损。只有合格的人员许可从事电气设备和电路工作,未经授权的不应工作。应采取措施对设备去污染以减少维护人员受化学或生物性污染的风险。

A.5 防火

建筑防火规格应以实验室所含危险的类型而定,应指定主出口路线,应备有辅助出口确保人员可从实验室安全撤离,指定的消防出口应通向防火区。

应在使用或存放可燃气体或液体的所有实验室区内备有自动烟雾和热量探测及报警系统,应定期检测报警系统以确保其功能正常并使所有人员熟知其运行。

应对实验室工作人员及建筑物内所有人员进行消防指导和培训。内容包括:

a) 火险的识别及评估;

b) 制定减少火险的计划;

c) 失火时应采取的全部行动。

现场应配备符合相关要求的适当设备用于扑灭可控制的火灾及帮助人员撤离火场。实验室人员的责任是确保人员安全有序地撤离而不是试图去灭火,应寻求消防部门援助。

A.6 水灾和其他自然灾害

应制定灾害应急预案。如可能,救援人员应事先了解危险物的性质、数量和存放位置,应熟悉实验室的布局和设备。

当遇水灾、地震或其他自然灾害时,视建筑物或实验室遭破坏程度,应采取隔离污染区域和污染源、有效消毒、疏散人员等紧急措施。应对危害进行评估,并采取进一步措施,应有灾害报告制度。

A.7 紧急撤离

应制定紧急撤离的行动计划。该计划应考虑到生物性、化学性、失火和其他紧急情况,应包括所采取的使留下的建筑物处于尽可能安全状态的措施。

所有人员都应了解行动计划、撤离路线和紧急撤离的集合地点,所有人员每年应至少参加一次演习。

实验室负责人应确保有用于急救和紧急程序的设备在实验室内可供使用。

附　录　B
（资料性附录）
常规仪器使用的生物安全要求

B.1　移液管和移液辅助器的使用

a)　所有移液管应带有棉塞以减少移液器具的污染；
b)　不能向含有感染性物质的溶液中吹入气体；
c)　感染性物质不能使用移液管反复吹吸混合；
d)　不能将液体从移液管内用力吹出；
e)　刻度对应(Mark-to-mark)移液管不需要排出最后一滴液体，因此最好使用这种移液管；
f)　污染的移液管应该完全浸泡在盛有适当消毒液的防碎容器中。移液管应当在消毒剂中浸泡适当时间后再进行处理；
g)　盛放废弃移液管的容器不能放在外面，应当放在生物安全柜内；
h)　在打开隔膜封口的瓶子时，应使用可以使用移液管的工具，而避免使用皮下注射针头和注射器；
i)　为了避免感染性物质从移液管中滴出而扩散，在工作台面应当放置一块浸有消毒液的布或吸有消毒液的纸，使用后将其按感染性废弃物处理。

B.2　生物安全柜的使用

a)　应参考国家标准和相关文献，对所有可能的使用者都介绍生物安全柜的使用方法和局限性。应当发给工作人员书面的规章、安全手册或操作手册。特别需要明确的是，当出现溢出、破损或不良操作时，安全柜就不再能保护操作者；
b)　生物安全柜运行正常时才能使用；
c)　生物安全柜在使用中不能打开玻璃观察挡板；
d)　安全柜内应尽量少放置器材或标本，不能影响后部压力排风系统的气流循环；
e)　安全柜内不能使用本生灯。允许使用微型电加热器，但最好使用一次性无菌接种环；
f)　所有工作应在工作台面的中后部进行，并能够通过玻璃观察挡板看到；
g)　尽量减少操作者身后的人员活动。操作者不应反复移出和伸进手臂以免干扰气流；
h)　不要使实验记录本、移液管以及其他物品阻挡空气格栅；
i)　工作完成后以及每天下班前，应使用适当的消毒剂对生物安全柜的表面进行擦拭；
j)　在安全柜内的工作开始前和结束后，安全柜的风机应至少运行 5 min；
k)　在生物安全柜内操作时，不能进行文字工作。

B.3　离心机的使用

a)　在使用实验室离心机时，仪器良好的机械性能是保障微生物安全的前提条件；
b)　应按照操作手册来操作离心机；
c)　离心机放置的高度应当使小个子工作人员也能够看到离心机内部，以正确放置十字轴和离心桶；
d)　离心管和盛放离心标本的容器应当由厚壁玻璃或最好为塑料制品制成，并且在使用前应检查是否破损；
e)　用于离心的试管和标本容器应当始终牢固盖紧(最好使用螺旋盖)；

f) 离心桶的装载、平衡、密封和打开应在生物安全柜内进行；
g) 离心桶和十字轴应按质量配对，并在装载离心管后正确平衡；
h) 操作指南中应给出液面距离心管管口需要留出的空间大小；
i) 空离心桶应当用蒸馏水或乙醇来平衡；
j) 对于危险度3级和4级的微生物，应使用可封口的离心桶(安全杯)；
k) 当使用固定角离心转子时，应小心不能将离心管装得过满，否则会导致漏液；
l) 应当每天检查离心机内转子部位的腔壁是否被污染或弄脏。如污染明显，应重新评估离心操作规范；
m) 应当每天检查离心转子和离心桶是否有腐蚀或细微裂痕；
n) 每次使用后，要清除离心桶、转子和离心机腔的污染。将离心桶倒置存放使平衡液流干。

B.4 匀浆器、摇床、搅拌器和超声处理器的使用

a) 实验室不能使用家用(厨房)匀浆器，因为它们可能泄漏或释放气溶胶。使用实验室专用搅拌器和消化器更为安全；
b) 盖子、杯子或瓶子应当保持正常状态，没有裂缝或变形。盖子应能封盖严密，衬垫应处于正常状态；
c) 在使用匀浆器、摇床和超声处理器时，容器内会产生压力，含有感染性物质的气溶胶就可能从盖子和容器间隙逸出。由于玻璃可能破碎而释放感染性物质并伤害操作者，建议使用塑料容器，尤其是聚四氟乙烯(polytetrafluoroethylene，PTFE)容器；
d) 使用匀浆器、摇床和超声处理器时，应该用一个结实透明的塑料箱覆盖设备，并在用完后消毒。可能的话，这些仪器可在生物安全柜内覆盖塑料罩进行操作；
e) 操作结束后，应在生物安全柜内打开容器；
f) 应对使用超声处理器的人员提供听力保护。

B.5 组织研磨器的使用

拿玻璃研磨器时应戴上手套并用吸收性材料包住，塑料(聚四氟乙烯)研磨器更加安全，操作和打开组织研磨器时应当在生物安全柜内进行。

B.6 冰箱与冰柜的维护和使用

a) 冰箱、低温冰箱和干冰柜应当定期除霜和清洁，应清理出所有在储存过程中破碎的安瓿和试管等物品。清理时应戴厚橡胶手套并进行面部防护，清理后要对内表面进行消毒；
b) 储存在冰箱内的所有容器应当清楚地标明内装物品的科学名称、储存日期和储存者的姓名，未标明的或废旧物品应当高压灭菌并丢弃；
c) 应当保存一份冻存物品的清单；
d) 除非有防爆措施，否则冰箱内不能放置易燃溶液，冰箱门上应注明这一点。

B.7 感染性物质安瓿的开启与储存

安瓿应该在生物安全柜内打开，建议按下列步骤打开安瓿：
a) 首先清除安瓿外表面的污染；
b) 如果管内有棉花或纤维塞，可以在管上靠近棉花或纤维塞的中部锉一痕迹；
c) 用一团酒精浸泡的棉花将安瓿包起来以保护双手，然后手持安瓿从标记的锉痕处打开；
d) 将顶部小心移去并按污染材料处理；
e) 如果塞子仍然在安瓿上，用消毒镊子除去；

f) 缓慢向安瓿中加入液体来重悬冻干物，避免出现泡沫。

装有感染性物质的安瓿不能浸入液氮中，因为这样会造成有裂痕或密封不严的安瓿在取出时破碎或爆炸。如果需要低温保存，安瓿应当储存在液氮上面的气相中。此外，感染性物质应储存在低温冰箱或干冰中。当从冷藏处取出安瓿时，实验室工作人员应当进行眼睛和手的防护。

附　录　C
（资料性附录）
意外事故应对方案和应急程序

每一个从事感染性微生物工作的实验室都应当制定针对所操作微生物和动物危害的安全防护措施。在任何涉及处理或储存危险度3级和4级微生物的实验室(三级生物安全水平的防护实验室和四级生物安全水平的最高防护实验室),都应有一份关于处理实验室和动物设施意外事故的书面方案。

C.1　意外事故应对方案

C.1.1　应对方案应提供的操作规范：

a)　防备自然灾害,如火灾、洪水、地震和爆炸；
b)　生物危害的危险度评估；
c)　意外暴露的处理和清除污染；
d)　人员和动物从现场的紧急撤离；
e)　人员暴露和受伤的紧急医疗处理；
f)　暴露人员的医疗监护和临床处理；
g)　流行病学调查；
h)　事故后的继续操作。

C.1.2　应对方案应考虑的问题：

a)　高危险度等级微生物的鉴定；
b)　高危险区域的地点,如实验室、储藏室和动物房；
c)　明确处于危险的个体和人群；
d)　明确责任人员及其责任,如生物安全官员、安全人员、地方卫生部门、临床医生、微生物学家、兽医学家、流行病学家以及消防和警务部门；
e)　列出能接受暴露或感染人员进行治疗和隔离的单位；
f)　暴露或感染人员的转移；
g)　列出免疫血清、疫苗、药品、特殊仪器和物资的来源；
h)　应急装备的供应,如防护服、消毒剂、化学和生物学的溢出处理盒、清除污染的器材物品。

C.2　微生物实验室应急程序

C.2.1　刺伤、切割伤或擦伤

受伤人员应当脱下防护服,清洗双手和受伤部位,使用适当的皮肤消毒剂,必要时进行医学处理。要记录受伤原因和相关的微生物,并应保留完整适当的医疗记录。

C.2.2　潜在感染性物质的食入

应脱下受害人的防护服并进行医学处理。要报告食入材料的鉴定和事故发生的细节,并保留完整适当的医疗记录。

C.2.3　潜在危害性气溶胶的释放(在生物安全柜以外)

所有人员应立即撤离相关区域,任何暴露人员都应接受医学咨询。应当立即通知实验室负责人和生物安全官员。在一定时间内严禁人员入内,应张贴“不应进入”的标志。过了相应时间后,在生物安全官员的指导下来清除污染。应穿戴适当的防护服和呼吸保护装备。

C.2.4　容器破碎及感染性物质的溢出

应当立即用布或纸巾覆盖受感染性物质污染或受感染性物质溢洒的破碎物品。首先在上面倒上消毒剂，并使其作用适当时间。然后将布、纸巾以及破碎物品清理掉，玻璃碎片应用镊子清理。最后再用消毒剂擦拭污染区域。如果用簸箕清理破碎物，应当对他们进行高压灭菌或放在有效的消毒液内浸泡。用于清理的布、纸巾和抹布等应当放在盛放污染性废弃物的容器内。在所有这些操作过程中都应戴手套。

如果实验表格或其他打印或手写材料被污染，应将这些信息复制，并将原件置于盛放污染性废弃物的容器内。

C.2.5 未装可封闭离心桶的离心机内盛有潜在感染性物质的离心管发生破裂

如果机器正在运行时发生破裂或怀疑发生破裂，应关闭机器电源，让机器密闭(如：30 min)使气溶胶沉积。如果机器停止后发现破裂，应立即将盖子盖上，并密闭(如：30 min)。发生这两种情况时都应通知生物安全官员。

随后的所有操作都应戴结实的手套(如：厚橡胶手套)，必要时可往外面戴适当的一次性手套。当清理玻璃碎片时应当使用镊子，或用镊子夹着的棉花来进行。所有破碎的离心管、玻璃碎片、离心桶、十字轴和转子都应放在无腐蚀性的、已知对相关微生物具有杀灭活性的消毒剂内。未破损的带盖离心管应放在另一个有消毒剂的容器中，然后回收。

离心机内腔应用适当浓度的同种消毒剂擦拭，并再次擦拭，然后用水冲洗并干燥。清理时所使用的全部材料都应按感染性废弃物处理。

C.2.6 在可封闭的离心桶(安全杯)内离心管发生破裂

所有密封离心桶都应在生物安全柜内装卸。如果怀疑在安全杯内发生破损，应该松开安全杯盖子并将离心桶高压灭菌。另一种方法是，安全杯可以采用化学消毒。

C.3 火灾和自然灾害

在制定的应急预案中应包括消防人员和其他服务人员，应事先告知他们哪些房间有潜在的感染性物质。发生自然灾害时，应就实验室建筑内和(或)附近建筑物的潜在危险向当地或国家紧急救助人员提出警告。只有在受过训练的实验室工作人员的陪同下，他们才能进入这些地区。感染性物质应收集在防漏的盒子内或结实的一次性袋子中。由生物安全人员依据当地的规定决定继续利用或是最终丢弃。

C.4 紧急求助对象

在设施内应显著张贴以下电话号码及地址：研究所和实验室本身的电话及地址，研究所所长或实验室主任，实验室主管，生物安全官员，消防队，医院、急救机构、医务人员，派出所，负责的技术员，水、气和电的维修部门。

C.5 急救装备

应配备以下紧急装备：

a) 急救箱，包括常用的和特殊的解毒剂；
b) 合适的灭火器和灭火毯。建议配备以下设备，但可根据具体情况有所不同：全套防护服(连体防护服、手套和头套用于涉及危险度3级和4级微生物的事故)；带有能有效防护化学物质和颗粒的滤毒罐的全面罩式防毒面具(full-face respirator)；
c) 房间消毒设备，如喷雾器和甲醛熏蒸器；
d) 担架；
e) 工具，如锤子、斧子、扳手、螺丝刀、梯子和绳子；
f) 划分危险区域界限的器材和警告标示。

附 录 D
（资料性附录）
生物安全柜的清洁与消毒

生物安全柜内的所有物品，包括设备，都应在工作完成之后进行表面去污处理并从柜内取出。安全柜的内表面应在每次使用前与使用后进行去污处理。要用消毒剂擦拭工作台表面及内壁面，使用的消毒剂应能杀死柜内可能存在的所有微生物。1 d工作结束时，应进行最后表面去污处理，即对工作台、各个侧面、背面及玻璃的里面进行全面擦拭，可以使用漂白粉液或70%酒精。建议工作柜在清洁、消毒时处在工作状态。如果其未处在工作状态，则应运行 5 min，以便在安全柜关闭前将其中的气体清除掉。

清除Ⅰ级和Ⅱ级生物安全柜的污染时，要使用能让甲醛气体独立发生、循环和中和的设备。应当将适量的多聚甲醛（空气中的终浓度达到 0.8%）放在电热板上面的长柄平锅中（在生物安全柜外进行控制）。然后将含有比多聚甲醛多 10%的碳酸氢铵置于另一个长柄平锅中（在生物安全柜外进行控制）。在柜外将该平锅放置到第二个加热板上，在安全柜外将电热板接上插头通电，以便需要时在柜外通过开关电源插头控制盘子的操作。如果相对湿度低于 70%，在使用强力胶带密封前部封闭板前，还要在安全柜内部放置一个开口的盛有热水的容器。如果前部没有封闭板，则可以用大块塑料布粘贴覆盖在前部开口和排气口以保证气体不会泄漏进入房间。同时供电线穿过前封闭板的穿透孔应用管道胶带密封。将放有多聚甲醛平锅的加热板插上插头接通电源，在多聚甲醛完全蒸发时拔掉插头以断电。使生物安全柜静置至少 6 h。然后给放有第二个平锅的加热板插上插头通电，使碳酸氢铵蒸发。然后拔掉电插头，接通生物安全柜电源两次，每次启动约 2 s 来让碳酸氢铵气体循环。在移去前封闭板（或塑料布）和排气口罩单前，应使生物安全柜静置 30 min。使用前应擦掉生物安全柜表面上的残渣。

附 录 E
（规范性附录）
各级生物安全动物实验室生物安全操作规范

生物安全动物实验室分4级，所配备的动物设施、设备和操作分别适用于生物安全Ⅰ～Ⅳ级的病原微生物感染动物的工作，安全水平逐级提高，同时符合GB 14925的规定。

E.1 一级生物安全动物实验室生物安全操作规范

E.1.1 通用要求

一级生物安全水平的动物设施适用于饲养大多数经过检疫的储备实验动物（灵长类除外，关于这类动物应向国家权威机构咨询），以及专门接种了危险度1级微生物的动物。要求应用微生物学操作技术规范（GMT）。动物设施的主任应制定动物操作和进入饲养场所应遵循的政策、规程和方案，为工作人员制定适宜的医学监测方案，制定并执行安全或操作手册。

E.1.2 标准操作

a) 动物实验室工作人员需经专业培训才能进入实验室。人员进入前，要熟知工作中潜在的危险，并由熟练的安全员指导；
b) 动物实验室要有适当的医疗监督措施；
c) 制定安全手册，工作人员要认真贯彻执行，知悉特殊危险；
d) 在动物实验室内不允许吃、喝、抽烟、处理隐形眼镜和使用化妆品、储藏食品等；
e) 所有实验操作过程均须十分小心，以减少气溶胶的产生和外溢；
f) 实验中，病原微生物意外溢出及其他污染时要及时消毒处理；
g) 从动物室取出的所有废弃物，包括动物组织、尸体、垫料，都要放入防漏带盖的容器内，并焚烧或做其他无害化处理，焚烧要合乎环保要求；
h) 对锋利物要制定安全对策，尽可能限制锐利器具的使用，锐器应始终收集在带盖的防刺破容器中，并按感染性物质处理；
i) 工作人员在操作培养物和动物以后要洗手消毒，离开动物设施之前脱去手套、洗手；
j) 在动物实验室入口处都要设置生物安全标志，写明病原体名称、动物实验室负责人及其电话号码，指出进入本动物实验室的特殊要求（如需要免疫接种和呼吸道防护）。

E.1.3 安全设备（一级防护屏障）

a) 工作人员在设施内应穿实验室工作服；
b) 与非人灵长类动物接触时应考虑粘膜暴露对人的感染危险，要戴保护眼镜和面部防护器具；
c) 不要使用净化工作台，需要时使用Ⅰ级或2A型生物安全柜。

E.2 二级生物安全动物实验室生物安全操作规范

E.2.1 通用要求

二级生物安全水平的动物设施适用于专门接种了危险度2级微生物的动物，应符合一级生物安全水平动物设施的所有操作要求。

E.2.2 标准操作

a) 除了制定紧急情况下的标准安全对策、操作程序和规章制度外，还应依据实际需要制定特殊的对策。把特殊危险告知每位工作人员，要求认真贯彻执行安全规程。应制定节肢动物和啮齿类动物的控制方案；
b) 动物实验室应有合适的医疗监督，根据试验微生物或潜在微生物的危害程度，决定是否对实

验人员进行免疫接种或检验(如:狂犬病疫苗和TB皮试)。如有必要,应实施血清监测;

c) 所有实验操作过程均应十分小心,以减少气溶胶的产生和防止外溢。可能产生气溶胶的工作应使用生物安全柜(Ⅰ级或Ⅱ级)或隔离箱,隔离箱要带有专用的供气和经HEPA过滤的排气装置。清理动物的垫料时应尽量减少气溶胶和灰尘的产生;

d) 操作传染性材料以后所有设备表面和工作表面用有效的消毒剂进行常规消毒,特别是有感染因子外溢和其他污染时更要严格消毒;

e) 所有样品收集放在密闭的容器内并贴标签,避免外漏。所有动物室的废弃物(包括动物尸体、组织、污染的垫料、剩下的饲料、锐利物和其他垃圾)应放入密闭的容器内,高压蒸汽灭菌,然后建议焚烧。焚烧地点应是远离城市、人员稀少、易于空气扩散的地方;

f) 严格执行菌(毒)种保管制度。

E.2.3 特殊操作

a) 对动物管理人员和试验人员应进行与工作有关的专业技术培训,应避免微生物暴露,了解评价暴露的方法。每年定期培训,保存培训记录,当安全规程和方法变化时要进行培训。一般来讲,感染危险可能性增加的人和感染后果可能严重的人不允许进入动物设施,除非有办法除去这种危险;

b) 只允许用做实验的动物进入动物实验室;

c) 所有设备拿出动物室之前应消毒。动物笼具在使用后应清除污染;

d) 造成明显病原微生物暴露的实验材料外溢事故,应立刻妥善处理并向设施负责人报告,及时进行医学评价、监督和治疗,并保留记录。

E.2.4 安全设备(一级防护屏障)

a) 动物室内工作人员穿工作服,离开时脱去工作服。在操作感染动物和传染性材料时戴手套;

b) 在评价认定危害的基础上使用个人防护器具。在室内有传染性非人灵长类动物时要戴防护面罩;

c) 进行容易产生高危险气溶胶的操作包括对感染动物和鸡胚的尸体、体液的收集和动物鼻腔接种,都要同时使用生物安全柜或其他物理防护设备和个人防护器具(如:口罩和面罩);

d) 必要时,把感染动物饲养在和动物种类相宜的一级生物安全设施里。建议鼠类实验使用带过滤帽的动物笼具。

E.3 三级生物安全动物实验室生物安全操作规范

E.3.1 通用要求

三级生物安全水平的动物设施适用于专门接种了危险度3级微生物的动物,或根据危险度评估结果来确定。所有系统、操作和规程每年都需要重新检查及认证。应符合一级和二级生物安全水平动物设施的所有操作要求。

E.3.2 标准操作

a) 限制对工作不熟悉的人员进入动物室。为了工作或服务应进入者,要告知他们工作中潜在的危险,严格控制进入;

b) 动物室的入口处应有生物危害的标志,危害标志应说明使用病原微生物的种类、负责人的名单和电话号码,特别要指出对进入动物室人员的特殊要求(如免疫接种和面罩);

c) 所有收集的样品应贴上标签,放在能防止微生物传播的传递容器内;

d) 实验和实验辅助人员要经过与工作有关的潜在危害防护的针对性培训。

E.3.3 特殊操作

a) 用过的动物笼具清洗拿出之前要高压蒸汽灭菌或用其他方法消毒。设施内仪器设备拿出检修打包之前应消毒;

b) 实验材料发生了外溢，要消毒打扫干净。及时提供正确医疗评价、医疗监督和处理并保存记录；

c) 所有的动物室内废弃物在焚烧或进行其他最终处理之前应高压灭菌；

d) 与实验无关的物品和生物体不允许带入动物实验室。

E.3.4 安全设备(一级防护屏障)

a) 在危害评估确认的基础上使用个人防护器具。操作传染性材料和感染动物都要使用个体防护器具，工作人员进入动物实验室前要按规定穿戴工作服，再穿特殊防护服，不应穿前开口的工作服。离开动物室前应脱掉工作服，并进行适合的包装，消毒后清洗，所有的防护服在洗烫前应先清除污染；

b) 操作感染动物时要戴手套，实验后以正确方式脱掉；

c) 将感染动物饲养放在Ⅱ级生物安全设备中(如负压隔离器)；

d) 操作具有产生气溶胶危害的感染动物和鸡胚的尸体、收取的组织和体液或鼻腔接种动物时，应该使用Ⅱ级以上生物安全柜，戴口罩或面具。

E.4 四级生物安全动物实验室生物安全操作规范

E.4.1 通用要求

正常情况下，此类设施中的工作与四级生物安全水平的最高防护实验室中的工作有关，国家和地方的规章和规定应协调以同时适用于这两种实验室。应符合一级、二级及三级生物安全水平动物设施的所有操作要求。严格限制进入，不应单独工作，应遵守双人工作制度。

E.4.2 标准操作

a) 未经培训的人员不应进入动物实验室。因为工作或实验应进入者，应对其说明工作的潜在危害。对于易受感染的人员，或感染后可能异常危险者，例如小孩、孕妇，皆不允许进入实验室或动物房；

b) 所有进入 ABSL-4 设施的人应建立医疗监督，监督项目应包括适当免疫接种、血清收集及暴露危险等有效性协议和潜在危害预防措施；

c) 负责人要告知工作人员工作中特殊的危险，让他们熟读安全规程并遵照执行。工作人员应了解所可能接触到的特殊危险物，熟读及遵循操作准则上之规定；

d) 全部废弃物(含动物组织、尸体和污染垫料)、其他处理物和需要洗的衣服均需用安装在次级屏障墙壁上的双扉高压蒸汽灭菌器消毒，废弃物要焚烧；

e) 动物实验室工作人员要接受与工作有关的潜在危害的防护培训。每年定期培训，操作程序发生变化时还要增加培训，所有培训都要记录、归档；

f) 进行传染性实验应指派 2 名以上的实验人员，尽可能减少工作中感染因子的暴露；

g) 与实验无关的材料不许进入动物实验室。所有动物应饲养在隔离器内。

E.4.3 特殊操作

a) 应控制人员进入(24 h 监视和登记进出)。人员进出只能经过更衣室和淋浴间，每一次离开设施都要淋浴。除非紧急情况，不应经过气锁门离开设施；

b) 在安全柜型实验室中，工作人员的衣服在外更衣室脱下保存。穿上全套的实验服装(包括外衣、裤子、内衣或者连衣裤、鞋、手套)后进入。在离开实验室进入淋浴间之前，在内更衣室脱下实验服装，服装洗前应高压灭菌。在防护服型实验室中，工作人员应穿正压防护服方可进入。离开时，应进入消毒淋浴间消毒；

c) 进入设施的实验用品和材料要通过双门高压锅或传递消毒室。高压灭菌器应双门互连锁，不排蒸汽，冷凝水自动回收灭菌，避免外门处于开启状态；

d) 建立事故、差错、暴露、雇员缺勤报告制度和动物实验室有关潜在疾病的医疗监督系统，这个系统要附加以潜在的和已知的与动物实验室有关疾病的检疫、隔离和医学治疗设施；

e) 定期收集血清样品进行检测并把结果通知本人。

E.4.4 安全设备(一级防护屏障)

a) 在安全柜型实验室中，感染动物均在Ⅲ级生物安全设备中(如：手套箱型隔离器)饲养，所有操作均在Ⅲ级生物安全柜内进行，并配备相应传递和消毒设施。在防护服型实验室中，工作人员应穿正压防护服方可进入。感染动物可饲养在局部物理防护系统中(如把开放的笼子放在负压层流柜或负压隔离器中)，操作可在Ⅱ级生物安全柜内进行；

b) 重复使用的物品，包括动物笼在拿出设施前应消毒。废弃物拿出设施之前应高压消毒，然后焚烧，焚烧应符合环保要求。